U0192040

"十二五"职业教育国家规划教材
经全国职业教育教材审定委员会审定

住房城乡建设部土建类学科专业"十三五"规划教材

住房和城乡建设部中等职业教育建筑施工与建筑装饰专业指导委员会规划推荐教材

建筑工程施工监理实务

（第二版）

（建筑工程施工专业）

杨建华　梁颖智　主　编
朱　平　副主编

中国建筑工业出版社

图书在版编目（CIP）数据

建筑工程施工监理实务 / 杨建华，梁颖智主编．—2 版．—北京：中国建筑工业出版社，2021.10（2024.6重印）
“十二五”职业教育国家规划教材　经全国职业教育教材审定委员会审定　住房城乡建设部土建类学科专业“十三五”规划教材　住房和城乡建设部中等职业教育建筑施工与建筑装饰专业指导委员会规划推荐教材．建筑工程施工专业
ISBN 978-7-112-26453-7

Ⅰ.①建…　Ⅱ.①杨…　②梁…　Ⅲ.①建筑工程—施工监理—职业教育—教材　Ⅳ.①TU712

中国版本图书馆CIP数据核字（2021）第161660号

本书以《建设工程监理规范》GB 50319 以及有关现行法律、法规规章为依据，全面系统地介绍了建设工程监理制度的基本理论和方法，并与工程实践相结合，突出建设工程监理的实用性和操作性。全书包括工程监理机构组建实务、监理规划编写实务、监理实施细则编写实务、建设工程监理主要工作方式和工作内容、建筑工程安全监理、建设工程质量控制实务、建设工程进度控制实务、建设工程投资控制实务、建设工程合同管理实务、建设工程信息管理与监理资料归档实务等模块。

本书可作为大中专院校工程管理、工程监理、建筑工程施工等专业的专业教材，也可供施工现场施工管理人员参考和使用。

为便于教学和提高学习效果，本书作者制作了教学课件，索取方式为：1. 邮箱 jckj@cabp.com.cn；2. 电话（010）58337285；3. 建工书院 http://edu.cabplink.com；4. 交流 QQ 群 796494830。

责任编辑：刘平平　李　阳　聂　伟
责任校对：张　颖

QQ 群 796494830

“十二五”职业教育国家规划教材
经全国职业教育教材审定委员会审定
住房城乡建设部土建类学科专业“十三五”规划教材
住房和城乡建设部中等职业教育建筑施工与建筑装饰专业指导委员会规划推荐教材
建筑工程施工监理实务（第二版）
（建筑工程施工专业）
杨建华　梁颖智　主　编
朱　平　副主编
*
中国建筑工业出版社出版、发行（北京海淀三里河路9号）
各地新华书店、建筑书店经销
北京点击世代文化传媒有限公司制版
建工社（河北）印刷有限公司印刷
*
开本：787 毫米 ×1092 毫米　1/16　印张：21¾　字数：344 千字
2021 年 10 月第二版　2024 年 6 月第三次印刷
定价：**65.00** 元（赠教师课件）
ISBN 978-7-112-26453-7
（37859）

本系列教材编委会

序言
Preface

住房和城乡建设部中等职业教育专业指导委员会是在全国住房和城乡建设职业教育教学指导委员会、住房和城乡建设部人事司的领导下，指导住房城乡建设类中等职业教育（包括普通中专、成人中专、职业高中、技工学校等）的专业建设和人才培养的专家机构。其主要任务是：研究建设类中等职业教育的专业发展方向、专业设置和教育教学改革；组织制定并及时修订专业培养目标、专业教育标准、专业培养方案、技能培养方案，组织编制有关课程和教学环节的教学大纲；研究制订教材建设规划，组织教材编写和评选工作，开展教材的评价和评优工作；研究制订专业教育评估标准、专业教育评估程序与办法，协调、配合专业教育评估工作的开展等。

本套教材是由住房和城乡建设部中等职业教育建筑施工与建筑装饰专业指导委员会（以下简称专指委）组织编写的。该套教材是根据教育部2014年7月公布的《中等职业学校建筑工程施工专业教学标准（试行）》《中等职业学校建筑装饰专业教学标准（试行）》编写的。专指委的委员参与了专业教学标准和课程标准的制定，并将教学改革的理念融入教材的编写，使本套教材能体现最新的教学标准和课程标准的精神。教材编写体现了理论实践一体化教学和做中学、做中教的职业教育教学特色。教材中采用了最新的规范、标准、规程，体现了先进性、通用性、实用性的原则。本套教材中的大部分教材，经全国职业教育教材审定委员会的审定，被评为“十二五”职业教育国家规划教材。

教学改革是一个不断深化的过程，教材建设是一个不断推陈出新的过程，需要在教学实践中不断完善，希望本套教材能对进一步开展中等职业教育的教学改革发挥积极的推动作用。

住房和城乡建设部中等职业教育建筑施工与建筑装饰专业指导委员会

2015年6月

第二版前言

“建筑工程施工监理实务”是建筑工程管理专业的一门重要课程，对学生职业能力的培养和职业素质的形成起着至关重要的作用。该门课程，可作为毕业后从事施工管理、工程监理等职业打下坚实的基础。

本书在上一版的基础上加以修订，根据教育部2014年公布的《中等职业学校建筑工程施工专业教学标准（试行)》编写，以国家最新颁布的行业规范、规程和标准为依据。在内容上，本书以监理工作流程为主线，以施工管理、工程监理等工作岗位能力的培养为导向，将全书分为10个模块。每个模块注重实践练习，增加了模块案例分析，增加了课后作业的题型，填空、选择、简答、判断、案例分析等多种题型以强化对学生实际能力的培养，突出教学的应用性和实践性。本书建议安排48 ~ 60学时进行教学。

针对“建筑工程施工监理实务”课程的特点，为了使学生能更加有效的学习，同时也方便教师教学讲解，本书在相关知识点旁，以二维码的形式链接了编者编制的微课视频、课后作业参考答案、案例分析等数字化资源，学生可以通过扫描二维码来阅读更多的学习资料。

本书由江苏城乡建设职业学院杨建华任第一主编，广州市城市建设职业学校梁颖智任第二主编，江苏城乡建设职业学院朱平任副主编，广州市城市建设职业学校廖志雄、广州市城市建设职业学校陈毅俊任参编。具体编写分工如下：杨建华编写模块1、模块2、模块3、模块6、模块9，梁颖智编写模块4、模块5，朱平编写模块7、模块8、模块10。全书内容整理修订由梁颖智负责。二维码数字资源编写工作由廖志雄、陈毅俊、梁颖智共同完成。

在本书的编写过程中引用了大量的专业文献和资料，未能全部注明出处，在此对资料的提供者深表谢意。限于者经验和水平，书中难免存在不妥之处，恳请广大读者批评指正。

前言

本书根据教育部2014年公布的《中等职业学校建筑工程施工专业教学标准（试行）》，结合新颁布的《建设工程监理规范》GB 50319–2013编写。本书根据中职教学的特点，紧紧围绕以培养德智体美全面发展的高素质劳动者和技能型人才的目标，同时吸收有关学校教学改革的成果，反映当前工程实践的客观需要。教材充分体现“应用性、实用性、综合性、先进性”原则。

本书由江苏常州建设高等职业技术学校的杨建华任主编，朱平任副主编。本书具体编写分工是：杨建华编写模块1、模块2、模块3、模块4、模块7，朱平编写模块5、模块6、模块8。本书在编写过程中得到兄弟院校的支持，在此一并致谢。

由于编者水平有限，加之时间仓促，书中肯定存在不少缺点和错误，恳请读者批评指正。

目录

模块 1 工程监理机构组建实务

【模块概述】

工程监理机构是工程监理单位派驻工程负责履行建设工程监理合同的组织机构。工程监理单位实施监理时，应在施工现场派驻项目监理机构。项目监理机构的组织形式和规模，可根据建设工程监理合同约定的服务内容、服务期限、工程特点、规模、技术复杂程度、环境等因素确定。

【学习目标】

通过本模块的学习，学生能够：了解工程监理企业的组织形式；熟悉工程监理企业的资质管理的要求、工程监理企业的资质等级标准的划分；了解工程监理企业资质相应许可的业务范围；掌握工程监理人员的组成、工程监理人员的职责；了解监理工程师职业资格考试相关内容；掌握项目监理机构的组织形式；了解项目监理设施配备的要求。

单元 1.1 工程监理企业

【单元描述】

工程监理企业是依法成立并取得建设主管部门颁发的工程监理企业资质

证书，从事建设工程监理与相关服务活动的服务机构。工程监理单位受建设单位委托，根据法律法规、工程建设标准、勘察设计文件及合同，在施工阶段对建设工程质量、进度、造价进行控制，对合同、信息进行管理，对工程建设相关方的关系进行协调，并履行建设工程安全生产管理法定职责的服务活动。

【学习支持】

1.1.1 工程监理企业的组织形式

1. 工程监理企业组织形式的分类

根据我国现行法律法规的规定，监理企业的组织形式大致有三种，即个人独资监理企业、合伙制监理企业和公司制监理企业。

（1）个人独资监理企业

个人独资监理企业是指依法设立，由一个自然人投资，财产为投资人个人所有，投资人以其个人财产对监理企业债务承担无限责任的经营实体。

（2）合伙制监理企业

合伙制监理企业是依法设立，由各合伙人订立合伙协议，共同出资，合伙经营，共享收益，共担风险，并对监理企业债务承担无限连带责任的营利组织。

（3）工程监理有限责任公司

公司制监理企业，又可分为有限责任公司和股份有限公司。

工程监理有限责任公司是依法设立，股东以其出资额为限对公司承担责任，公司以其全部资产对公司的债务承担责任的企业法人。

（4）工程监理股份有限公司

工程监理股份有限公司是依法设立，其全部股本分为等额股份，股东以其所持股份为限对公司承担责任，公司以其全部资产对其债务承担责任的企业法人。工程监理股份有限公司是与其所有者即股东相独立和相区别的法人。

上述监理企业组织形式都属于现代企业的范畴，具有明晰的产权，体现了不同层次的生产力发展水平和行业的特点。

2. 工程监理企业组织形式选择的影响因素

工程监理企业组织形式的确定与许多因素有关，主要有以下几个方面：

（1）监理企业的出资者及产权

它决定了建立企业的财产关系、责任关系和组织关系，是决定监理企业组织形式的最根本因素。在我国，由于工程监理制实行之初，许多工程监理企业是由国有企业或教学、科研、勘察设计单位按照传统的国有企业模式设立的，普遍存在产权不明确、政企不分等一系列阻碍监理企业和监理行业发展的情况。因此，在考虑监理企业的组织形式时，重要的一点就应该是理顺关系，明晰产权。

（2）建设监理行业的自身特点

每个行业都有自身的经营特点，企业的组织形式必须适应行业的特点，否则就会制约企业的发展。工程监理行业的特点可概括为：高素质、小企业、责任重。因此，选择监理单位的组织形式应能适应这种特点。目前在监理行业，存在企业组织形式和行业特点不相适应的问题，使得该行业的某些问题难于解决，从而也在一定程度上制约了监理的发展。

（3）监理企业的权责及风险

监理企业的利润如何分配、责任和风险由谁来承担，和企业的产权息息相关，是企业组织形式的本质内容。目前我国大多数的监理企业中，监理工程师在工作中承担很大的社会责任和风险，但不拥有企业的产权，无法享受企业的利润，权责不对称。因此监理企业的利润和风险如何分担，是选择组织形式时应该解决的问题。

总之，工程监理企业组织形式的选择，一方面要符合我国的社会性质，适应社会主义市场经济的要求；另一方面要能充分体现工程监理行业特点。

从 1949 到 2021，几十年弹指一挥间。十亿级人口的工业化进程，灿若群星的城市崛起，无与伦比的规模效应，让我们逐渐接近一个梦想，几十年的风雨兼程、几十年的砥砺前行、几十年的厚积薄发，几十年的春华秋实。只有不断地奋斗、不断地进取、不断地前行，中国才能发展得更好。我们既要总结已经取得的成就、知晓自己的不足，也要展望未来、制定出可行的发展规划。未来的中国，一定会发展得更加辉煌与灿烂！

建筑行业作为国家的支柱产业，为我国社会城镇建设作出了巨大贡献，令业界自豪、为世人赞叹。工程监理为实现建筑业的辉煌起到了重要作用。

【知识拓展】

工程监理企业是指具有工程监理企业资质证书，从事工程监理业务的经济组织，它是监理工程师的执业机构。工程监理企业为业主提供技术咨询服务，属于从事第三产业的企业。

工程监理企业必须具备三个基本条件：①持有《监理企业资质证书》；②持有《监理企业营业执照》；③从事建设工程监理业务。

1.1.2　工程监理企业的资质管理

1. 工程监理企业资质

工程监理企业资质是企业技术能力、管理水平、业务经验、经营规模、社会信誉等综合性实力指标的体现。对工程监理企业实行资质管理的制度是我国政府实行市场准入控制的有效手段。

工程监理企业应当按照所拥有的注册资本、专业技术人员数量和工程监理业绩等资质条件申请资质，经审查合格，取得相应等级的资质证书后，才能在其资质等级许可的范围内从事工程监理活动。

工程监理企业的注册资本不仅是企业从事经营活动的基本条件，也是企业清偿债务的保证，工程监理企业所拥有的专业技术人员数量主要体现在注册监理工程师的数量，这反映企业从事监理工作的工程范围和业务能力。工程监理业绩则反映工程监理企业开展监理业务的经历和成效。

2. 工程监理企业的资质等级标准

工程监理企业资质分为综合资质、专业资质和事务所资质。其中，专业资质按照工程性质和技术特点划分为若干工程类别。

综合资质、事务所资质不分级别。专业资质分为甲级、乙级；其中，房屋建筑、水利水电、公路和市政公用专业资质可设立丙级。

【知识拓展】

工程监理企业的注册资本不仅是企业从事经营活动的基本条件，也是企业清偿债务的保证，工程监理企业所拥有的专业技术人员数量主要体现在注册监理工程师的数量，这反映企业从事监理工作的工程范围和业务能力。工程监理业绩则反映工程监理企业开展监理业务的经历和成效。

3. 工程监理企业资质相应许可的业务范围（见表 1-1）

专业工程类别和等级表　　表 1-1

序号	工程类别		一级	二级	三级
一	房屋建筑工程	一般公共建筑	28 层以上；36m 跨度以上（轻钢结构除外）；单项工程建筑面积 3 万 m^2 以上	14 ～ 28 层；24 ～ 36m 跨度（轻钢结构除外）；单项工程建筑面积 1 万～ 3 万 m^2	14 层以下；24m 跨度以下（轻钢结构除外）；单项工程建筑面积 1 万 m^2 以下
		高耸构筑工程	高度 120m 以上	高度 70 ～ 120m	高度 70m 以下
		住宅工程	小区建筑面积 12 万 m^2 以上；单项工程 28 层以上	建筑面积 6 万～ 12 万 m^2；单项工程 14 ～ 28 层	建筑面积 6 万 m^2 以下；单项工程 14 层以下
二	公路工程	公路工程	高速公路	高速公路路基工程及一级公路	一级公路路基工程及二级以下各级公路
		公路桥梁工程	独立大桥工程；特大桥总长 1000m 以上或单跨跨径 150m 以上	大桥、中桥桥梁总长 30 ～ 1000m 或单跨跨径 20 ～ 150m	小桥总长 30m 以下或单跨跨径 20m 以下；涵洞工程
		公路隧道工程	隧道长度 1000m 以上	隧道长度 500 ～ 1000m	隧道长度 500m 以下
		其他工程	通信、监控、收费等机电工程，高速公路交通安全设施、环保工程和沿线附属设施	一级公路交通安全设施、环保工程和沿线附属设施	二级及以下公路交通安全设施、环保工程和沿线附属设施
三	市政公用工程	城市道路工程	城市快速路、主干路，城市互通式立交桥及单孔跨径 100m 以上桥梁；长度 1000m 以上的隧道工程	城市次干路工程，城市分离式立交桥及单孔跨径 100m 以下的桥梁；长度 1000m 以下的隧道工程	城市支路工程、过街天桥及地下通道工程
		给水排水工程	10 万 t / 日以上的给水厂；5 万 t / 日以上污水处理工程；$3m^3$/ 秒以上的给水、污水泵站；$15m^3$/ 秒以上的雨泵站；直径 2.5m 以上的给排水管道	2 万～ 10 万 t / 日的给水厂；1 万～ 5 万 t / 日污水处理工程；1 ～ $3m^3$/ 秒的给水、污水泵站；5 ～ $15m^3$/ 秒的雨泵站；直径 1 ～ 2.5m 的给水管道；直径 1.5 ～ 2.5m 的排水管道	2 万 t / 日以下的给水厂；1 万 t / 日以下污水处理工程；$1m^3$/ 秒以下的给水、污水泵站；$5m^3$/ 秒以下的雨泵站；直径 1m 以下的给水管道；直径 1.5m 以下的排水管道

续表

序号	工程类别		一级	二级	三级
三	市政公用工程	燃气热力工程	总储存容积 $1000m^3$ 以上液化气贮罐场（站）；供气规模 15 万 m^3/ 日以上的燃气工程；中压以上的燃气管道、调压站；供热面积 150 万 m^2 以上的热力工程	总储存容积 $1000m^3$ 以下的液化气贮罐场（站）；供气规模 15 万 m^3/ 日以下的燃气工程；中压以下的燃气管道、调压站；供热面积 50 万～ 150 万 m^2 的热力工程	供热面积 50 万 m^2 以下的热力工程
		垃圾处理工程	1200t / 日以上的垃圾焚烧和填埋工程	500 ～ 1200t / 日的垃圾焚烧及填埋工程	500t / 日以下的垃圾焚烧及填埋工程
		地铁轻轨工程	各类地铁轻轨工程		
		风景园林工程	总投资 3000 万元以上	总投资 1000 万～ 3000 万元	总投资 1000 万元以下

注：1. 表中的“以上”含本数，“以下”不含本数。

2. 未列入本表中的其他专业工程，由国务院有关部门按照有关规定在相应的工程类别中划分等级。

3. 房屋建筑工程包括结合城市建设与民用建筑修建的附建人防工程。

4. 资质申请和审批

（1）申请综合资质、专业甲级资质

应当向企业工商注册所在地的省、自治区、直辖市人民政府建设主管部门提出申请。省、自治区、直辖市人民政府建设主管部门应当自受理申请之日起 20 日内初审完毕，并将初审意见和申请材料报国务院建设主管部门。

国务院建设主管部门应当自省、自治区、直辖市人民政府建设主管部门受理申请材料之日起 60 日内完成审查，公示审查意见，公示时间为 10 日。其中，涉及铁路、交通、水利、通信、民航等专业工程监理资质的，由国务院建设主管部门送国务院有关部门审核。国务院有关部门应当在 20 日内审核完毕，并将审核意见报国务院建设主管部门。国务院建设主管部门根据初审意见审批。

（2）申请专业乙级、丙级资质和事务所资质

由企业所在地省、自治区、直辖市人民政府建设主管部门审批。

专业乙级、丙级资质和事务所资质许可、延续的实施程序由省、自治区、直辖市人民政府建设主管部门依法确定。

省、自治区、直辖市人民政府建设主管部门应当自作出决定之日起 10 日内，将准予资质许可的决定报国务院建设主管部门备案。

(3) 工程监理企业资质证书

分为正本和副本，每套资质证书包括一本正本，四本副本。正、副本具有同等法律效力。工程监理企业资质证书的有效期为 5 年。

工程监理企业资质证书由国务院建设主管部门统一印制并发放。

【知识拓展】

取得专业资质的企业申请晋升专业资质等级或者取得专业甲级资质的企业申请综合资质的，除前款规定的材料外，还应当提交企业原工程监理企业资质证书正、副本复印件，企业《监理业务手册》及近两年已完成代表工程的监理合同、监理规划、工程竣工验收报告及监理工作总结。

单元 1.2　工程监理人员

【单元描述】

工程监理人员是监理人派驻到工程所在地进行监理服务的监理人员，应能够胜任监理合同约定的监理服务工作，监理人员的配备须满足招标文件的要求和监理规范的规定。

【学习支持】

1.2.1　工程监理人员的组成

1. 总监理工程师

由工程监理单位法定代表人书面任命，负责履行建设工程监理合同、主持项目监理机构工作的注册监理工程师。

2. 总监理工程师代表

经工程监理单位法定代表人同意，由总监理工程师书面授权，代表总监理工程师行使其部分职责和权力，具有工程类注册执业资格或具有中级及以上专业技术职称、3 年及以上工程实践经验并经监理业务培训的人员。

3. 专业监理工程师

由总监理工程师授权，负责实施某一专业或某一岗位的监理工作，有相应监理文件签发权，具有工程类注册执业资格或具有中级及以上专业技术职称、2 年及以上工程实践经验并经监理业务培训的人员。

4. 监理员

从事具体监理工作，具有中专及以上学历并经过监理业务培训的人员。

【知识拓展】

根据《建设工程监理规范》GB/T 50319－2013 规定，工程监理单位实施监理时，应在施工现场派驻项目监理机构，项目监理机构的监理人员应由总监理工程师、专业监理工程师和监理员组成，且专业配套、数量应满足建设工程监理工作需要，必要时可设总监理工程师代表。

工程监理单位在建设工程监理合同签订后，应及时将项目监理机构的组织形式、人员构成及对总监理工程师的任命书面通知建设单位。

总监理工程师任命书应按表 1–2 的要求填写。

总监理工程师任命书　　表 1–2

工程名称：　　编号：

致：________________（建设单位）

兹任命________（注册监理工程师注册号：________）为我单位________项目总监理工程师。负责履行建设工程监理合同、主持项目监理机构工作。

工程监理单位（盖章）

法定代表人（签字）

年　　月　　日

注：本表一式三份，项目监理机构、建设单位、施工单位各一份。

1.2.2 工程监理人员的职责

1. 总监理工程师应履行下列职责：

（1）确定项目监理机构人员及其岗位职责。

（2）组织编制监理规划，审批监理实施细则。

（3）根据工程进展及监理工作情况调配监理人员，检查监理人员工作。

（4）组织召开监理例会。

（5）组织审核分包单位资格。

（6）组织审查施工组织设计、（专项）施工方案。

（7）审查开复工报审表，签发工程开工令、暂停令和复工令。

（8）组织检查施工单位现场质量、安全生产管理体系的建立及运行情况。

（9）组织审核施工单位的付款申请，签发工程款支付证书，组织审核竣工结算。

（10）组织审查和处理工程变更。

（11）调解建设单位与施工单位的合同争议，处理工程索赔。

（12）组织验收分部工程，组织审查单位工程质量检验资料。

（13）审查施工单位的竣工申请，组织工程竣工预验收，组织编写工程质量评估报告，参与工程竣工验收。

（14）参与或配合工程质量安全事故的调查和处理。

（15）组织编写监理月报、监理工作总结，组织整理监理文件资料。

【知识拓展】

总监理工程师不得将下列工作委托给总监理工程师代表：

1. 组织编制监理规划，审批监理实施细则。

2. 根据工程进展及监理工作情况调配监理人员。

3. 组织审查施工组织设计、（专项）施工方案。

4. 签发工程开工令、暂停令和复工令。

5. 签发工程款支付证书，组织审核竣工结算。

6. 调解建设单位与施工单位的合同争议，处理工程索赔。

7. 审查施工单位的竣工申请，组织工程竣工预验收，组织编写工程质量评估报告，参与工程竣工验收。

8. 参与或配合工程质量安全事故的调查和处理。

2. 专业监理工程师应履行下列职责：

（1）参与编制监理规划，负责编制监理实施细则。

（2）审查施工单位提交的涉及本专业的报审文件，并向总监理工程师报告。

（3）参与审核分包单位资格。

（4）指导、检查监理员工作，定期向总监理工程师报告本专业监理工作实施情况。

（5）检查进场的工程材料、构配件、设备的质量。

（6）验收检验批、隐蔽工程、分项工程，参与验收分部工程。

（7）处置发现的质量问题和安全事故隐患。

（8）进行工程计量。

（9）参与工程变更的审查和处理。

（10）组织编写监理日志，参与编写监理月报。

（11）收集、汇总、参与整理监理文件资料。

（12）参与工程竣工预验收和竣工验收。

3. 监理员应履行下列职责：

（1）检查施工单位投入工程的人力、主要设备的使用及运行状况。

（2）进行见证取样。

（3）复核工程计量有关数据。

（4）检查工序施工结果。

（5）发现施工作业中的问题，及时指出并向专业监理工程师报告。

1.2.3 监理工程师职业资格考试

1. 报考监理工程师的条件

国际上多数国家在设立职业资格时，通常比较注重职业人员的专业学历和工作经验。他们认为这是职业人员的基本素质，是保证职业工作有效实施的主要条件。我国根据对监理工程师业务素质和能力要求，对参加监理工程师职业资格考试的报名条件也从两方面做出了限制：一是要具有一定的学历；二是要具有一定年限的工程建设实践经验。

2. 考试内容

由于监理工程师的业务主要是控制建设工程质量、投资、进度，监督管理建设工程合同，协调工程建设各方的关系，所以，监理工程师职业资格考试的内容主要是工程建设监理基本概论、工程质量控制、工程进度控制、工程投资控制、建设工程合同管理和涉及工程监理的相关法律法规等方面的理论知识和实务技能。

单元 1.3 项目监理机构

【单元描述】

监理机构的设置及人员配置数量应按照监理委托合同规定或招标文件的要求，不同的组织机构模式产生不同的组织效应，采用什么样的监理组织机构模式，是做好监理工作首先应考虑的问题。

【学习支持】

1.3.1 项目监理机构及其一般规定

项目监理机构是监理单位为履行委托监理合同派驻施工现场的临时组织机构。监理单位应根据委托监理合同规定的服务内容、服务期限、工程类别、规模、技术复杂程度、工程环境等因素确定项目监理机构的组织形式和规模。项目监理机构在完成委托监理合同约定的监理工作后，可撤离施工现场。

项目监理机构设置的一般规定：

（1）工程监理单位实施监理时，应在施工现场派驻项目监理机构。项目监理机构的组织形式和规模，可根据建设工程监理合同约定的服务内容、服务期限，以及工程特点、规模、技术复杂程度、环境等因素确定。

（2）项目监理机构的监理人员应由总监理工程师、专业监理工程师和监理员组成，且专业配套，数量应满足建设工程监理工作需要，必要时可设总监理工程师代表。

（3）工程监理单位应于委托监理合同签订10日内，将项目监理机构的组织形式、人员构成及对总监理工程师的任命书面通知建设单位。

（4）工程监理单位调换总监理工程师时，应征得建设单位书面同意；调换专业监理工程师、监理员时，总监理工程师应书面通知建设单位，调整监理人员应考虑监理工作的延续性，并应做好相应的交接工作。

（5）一名注册监理工程师可担任一项建设工程监理合同的总监理工程师。当需要同时担任多项建筑工程监理合同的总监理工程师时，应经建设单位书面同意，且最多不得超过三项。

（6）施工现场监理工作全部完成或建设工程监理合同终止时，项目监理机构可撤离施工现场。

1.3.2 项目监理机构组织形式

项目监理机构的组织形式是指项目监理机构具体采用的管理组织结构，其形式应结合工程项目特点及监理工作的需要来确定。监理机构组织形式有以下几种：直线制监理组织形式、职能制监理组织形式、直线职能制监理组织形式、矩阵制监理组织形式等。

1. 直线制监理组织形式

这种组织形式的特点是项目监理机构中任何一个下级只接受唯一上级的命令。各级部门主管人员对所属部门的问题负责，项目监理机构中不再另设投资控制、进度控制、质量控制及合同管理等职能部门。最典型的特征就是没有职能部门，如果假设自己处于最低层次，只有一个上级可以发布指令。

1. 项目监理机构组织形式

直线制监理组织形式可依据工程项目特点及管理方式不同，分为按子项目分解、按建设阶段分解、按专业内容分解的直线制监理组织形式。

按子项目分解的直线制监理组织形式适用于能划分为若干相对独立的子项目的大、中型建设工程，如图1–1所示，总监理工程师负责整个工程的规划、组织和指导，并负责整个工程范围内各方面的指挥、协调工作；子项目监理组分别负责各子项目的目标控制，具体领导现场专业或专项监理组的工作。

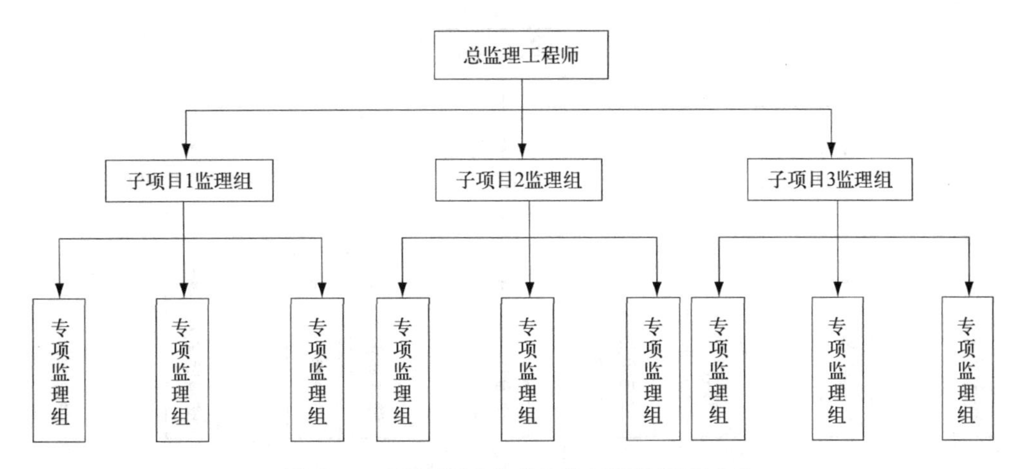

图 1-1　按子项目分解的直线制监理组织形式

按建设阶段分解的直线制监理组织形式适用于业主委托监理单位对建设工程实施全过程监理。如图 1–2 所示。

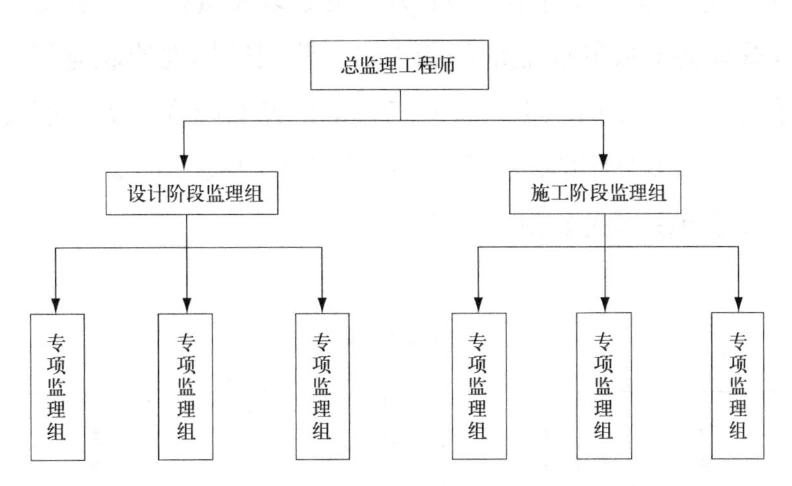

图 1-2　按建设阶段分解的直线制监理组织形式

按专业内容分解的直线制监理组织形式适用于小型建设工程，目前多数工程项目采用这种监理组织形式。如图 1–3 所示。

直线制监理组织形式的主要优点是组织机构简单，权力集中，命令统一，职责分明，决策迅速，隶属关系明确；缺点是实行没有职能部门的“个人管理”。这就要求总监理工程师通晓各种业务，通晓多种知识技能，成为“全能”式人物。

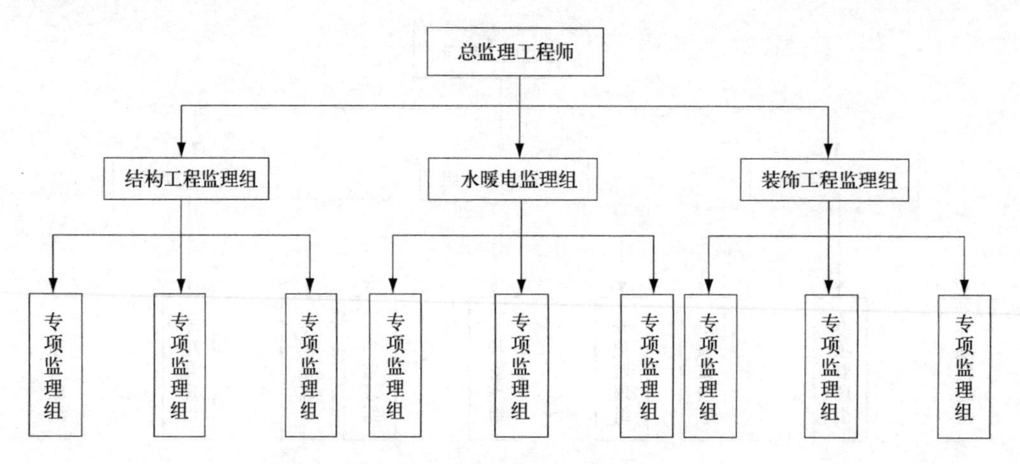

图 1-3　按专业内容分解的直线制监理组织形式

2. 职能制监理组织形式

职能制监理组织形式是把管理部门和人员分为两类：一类是以子项目监理为对象的直线指挥部部门和人员；另一类是以投资控制、进度控制、质量控制及合同管理为对象的职能部门和人员。监理机构内的职能部门按总监理工程师授予的权力和监理职责有权对指挥部门发布指令。如果假设自己处于最低层，可以有很多个职能部门和指挥部门对自己发布指令。

职能制监理组织形式如图 1–4 所示。

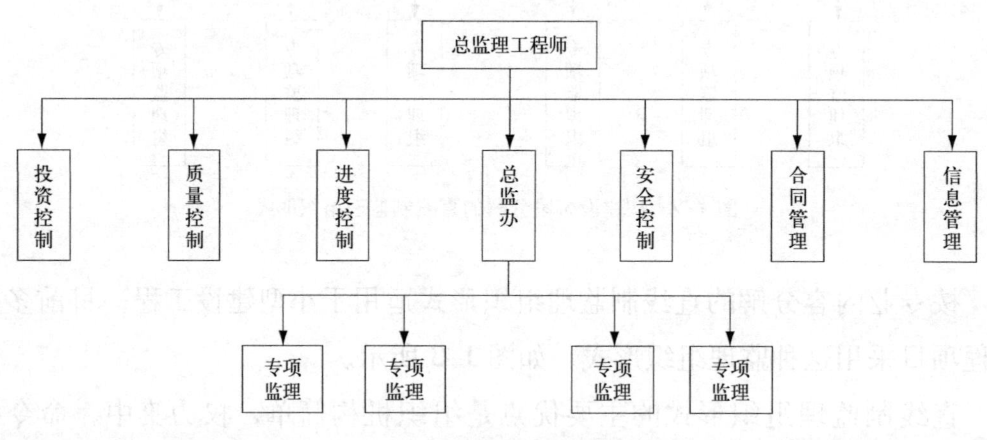

图 1-4　职能制监理组织形式

这种组织形式的主要优点是加强了项目监理目标控制的职能化，能够发挥职能机构的专业管理作用，提高管理效率，减轻总监理工程师负担。但由于直线指挥部门人员受职能部门多头指令，如果这些指令相互矛盾，将使直线指挥部门人员在监理工作中无所适从。

3. 直线职能制监理组织形式

直线职能制监理组织形式是吸收了直线制监理组织形式和职能制监理组织形式的优点而形成的一种组织形式。直线指挥部门拥有对下级实行指挥和发布命令的权力，并对该部门的工作全面负责；职能部门是直线指挥人员的参谋，他们只能对指挥部门进行业务指导，而不能对指挥部门直接进行指挥和发布命令。如果假定自己处于最低层次，只有一个上级可以发布指令（与职能制相区别），又有多个职能部门存在（与直线制相比较），如图 1–5 所示。

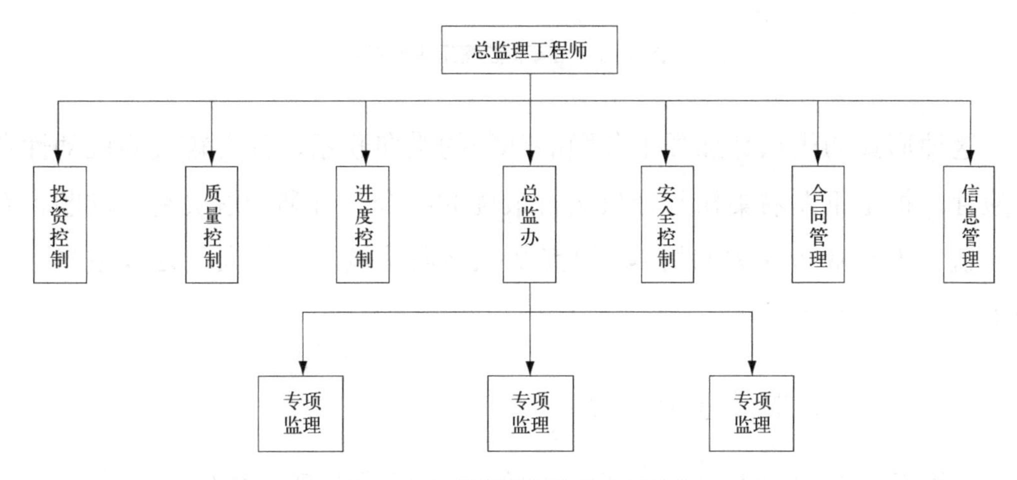

图 1–5　直线职能制监理组织形式

这种形式保持了直线制组织实行直线领导、统一指挥、职责清楚的优点，另一方面又保持了职能制组织目标管理专业化的优点；其缺点是职能部门与指挥部门易产生矛盾，信息传递路线长，不利于互通情报。

4. 矩阵制监理组织形式

矩阵制监理组织形式是由纵、横两套管理系统组成的矩阵型组织结构，一套是纵向的职能系统，另一套是横向的子项目系统，职能部门和指挥部门纵横交叉，呈棋盘状。如图 1–6 所示。这种组织形式的纵、横两套管理系统在监理工作中是相互融合关系。图中实线所绘的交叉点上，表示了两者协同以共同解决问题。如子项目 1 的质量验收由子项目 1 监理组和质量控制组共同进行。

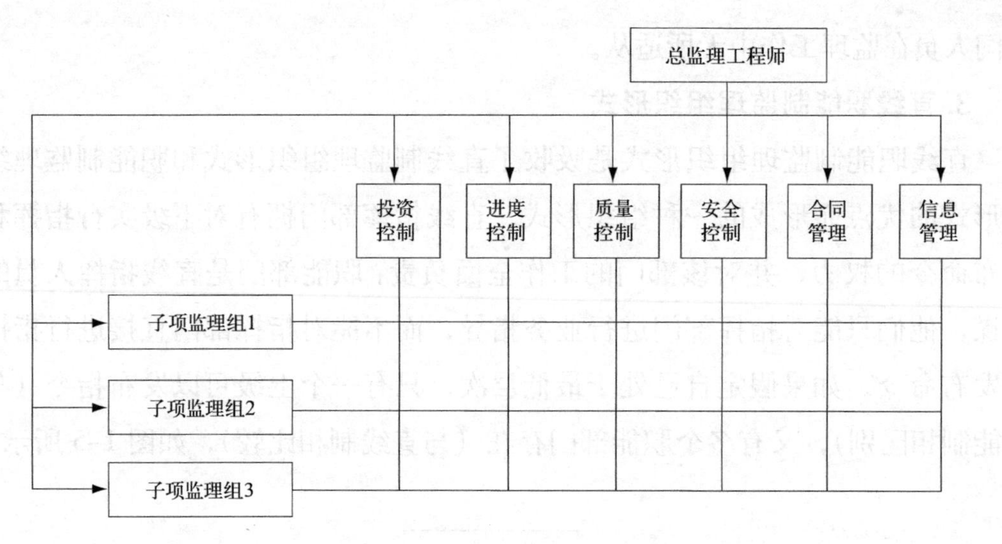

图 1-6　矩阵制监理组织形式

这种形式的优点是加强了各职能部门的横向联系，具有较大的机动性和适应性，把上下左右集权与分权实行最优的结合，有利于解决复杂难题，有利于监理人员业务能力的培养；缺点是纵横向协调工作量大，处理不当会造成扯皮现象，产生矛盾。

1.3.3　项目监理设施配备

建设单位应按建设工程监理合同约定，提供监理工作需要的办公、交通、通信、生活等设施。项目监理机构宜妥善使用和保管建设单位提供的设施，并应按建设工程监理合同约定的时间移交建设单位。工程监理单位宜按建设工程监理合同约定，配备满足监理工作需要的检测设备和工器具。

单元 1.4　案例分析

广州白云国际机场迁建工程项目监理机构的设置与实施

1.4.1　工程项目概况

1. 迁建工程

广州白云国际机场迁建工程（图 1–7）是国家“十五”期间重点工程项目之一，是我国第一个导入中枢机场理念而设计的机场，也是我国第一个同期建设两条跑道的机场，该机场独具特色的工程建筑、完备先进的服务设施、优雅舒适的候机环境和安全高效的保障能力，跻身现代化国际一流航空港的行列，可进一步完善我国民用机场布局，极大地推进广州城市化进程，带动地方基础设施和社会经济的发展。

图 1-7　广州白云国际机场俯视图

广州白云国际机场位于广州北部白云区人和镇与花都区新华镇的交界处，距广州市中心 28km。广州白云国际机场遵循“统一规划、一次征地、分期建设、滚动发展”的指导思想，分两期进行建设。第一期工程建设目标年为 2010 年，总投资 196 亿元，征地 21840 亩，其中场内用地 21510 亩，约为原白云机场的 4.6 倍。航站楼一期面积 35.2 万 m^2，可满足年旅客吞吐量 2500 万人次，货物吞吐量 100 万吨，飞机起降 18.6 万架次，典型高峰小时飞机起降 90 ~ 100 架次、旅客吞吐量 9300 人的要求。停机坪面积为 86 万 m^2，拥有登机口 46 个、远机位 12 个、货机位 5 个、过夜停机位 6 个，此外还有专机位 2 个。飞行区等级指标为 4F，其中东跑道长 3800m、宽 60m，西跑道长 3600m、宽 45m，可满足超大型飞机起降要求，远期规划 3 条跑道，年飞机起降 36 万架次，终端旅客吞吐量 8000 万人次。

2. 联合监理

广州白云国际机场二期工程见表 1–3。

广州白云国际机场迁建工程一期概况见表 1–4。

广州白云国际机场二期工程　　表 1-3

序号	项目名称	面积	投资估算	计划二期	备注
1	新增 31 个停机位		15.5 亿元	计划 2007 年下半年完成	
2	机场中性货站和货机坪	货站 40000m^2、货机坪 8800m^2、3 个机位	4.3 亿元	计划 2006 年底投产	二期工程还包括停车楼道路快捷收费系统、绿化等附属工程
3	二号航站楼	320000m^2，登机桥位 35 个	54.3 亿元	计划 2006 年下半年开工、2010 年上半年投入使用	

广州白云国际机场迁建工程一期概况　　表 1-4

单位工程	工程规模概述	备注
航站楼	一期面积 352000m^2，可满足年旅客运量 2500 万人次，货物吞吐量 100 万吨，飞机起降 18.6 万人次，典型高峰小时飞机起降 90 ~ 100 架次，旅客吞吐量 9300 人	
停机坪	面积 860000m^2，登机桥 46 个，运机位 12 个，货机位 5 个，过夜停机位 6 个，专机位 2 个	
飞行区	等级指标为 4F，东跑道长 3800m、宽 60m，西跑道长 3600m、宽 45m；远期规划 3 条跑道，年飞机起降 36 万架次，终端旅客吞吐量 8000 万人次	
工程特点概述	国内跨度最大的钢结构屋顶；亚洲最大的单体桁架钢结构机库；全球面积最大的点式玻璃幕墙；全球最为先进的多级行李安检系统；国内民用机场中最高的管式塔台；国内民航界规模最大的飞行区；最“聪明”的灯光计算机监视系统	

2. 航站楼工程

航站楼工程包括主楼、东楼连接楼（含东连接桥）、西楼连接楼（含西连接桥）、东一指廊、东二指廊、西一指廓、西二指廊、东西独立设备机房、南北出港高架桥共 9 个子单位工程，总建筑面积 352000m^2。

广州白云国际机场航站楼子单位工程概况见表 1–5。

工程于 2000 年 8 月 28 日正式开工，历经将近 4 年的建设，即 ±0.000m 以下基础工程、±0.000m 以上结构工程、玻璃幕墙及机电安装工程、精装修及弱电工程、航站楼整体联动调试，于 2004 年 6 月 10 日工程通过国家初验，7 月 9 日通过国家发改委组织的正式验收，8 月 2 日落成，8 月 5 日正式通航。

广州白云国际机场航站楼子单位工程概况　　表 1-5

<table>
<tr><th>工程名称</th><th>平面尺寸</th><th>层数</th><th>结构类型</th><th>护围结构</th><th>监理单位</th></tr>
<tr><td>主楼</td><td>302m × 212m</td><td>地下一层，地上三层，局部四层</td><td rowspan="4">主楼分为南北两部分；主楼、连接桥、指廊均采用嵌岩冲孔灌注桩和预应力静压管桩基础；上下土建结构类型均为钢筋混凝土框架结构桁架体系；屋面均采取铝镁合金板金属屋面系统（局部为玻璃纤维张拉膜采光带和玻璃天窗）</td><td rowspan="4">均为点支式玻璃幕墙和铝板幕墙。航站楼幕墙采用轻钢结构与玻璃结构的“全通透点支式”玻璃幕墙，最高 47m</td><td>上海市建科联合项目监理机构</td></tr>
<tr><td>东西连接楼</td><td>450m × 54m</td><td>地上 3 层，局部 5 层</td><td>中航工程监理有限责任公司</td></tr>
<tr><td>东一西一指廊</td><td>360m × 34m</td><td rowspan="2">地上 3 层</td><td>中航工程监理有限责任公司</td></tr>
<tr><td>东二西二指廊</td><td>252m × 34m</td><td>中航工程监理有限责任公司</td></tr>
<tr><td>南北出港高架桥</td><td colspan="5">对称分布于航站楼主楼南北两侧，南桥全长 662m，北桥全长 672.4m，桥面最宽 42.45m；南北高架桥采用嵌岩冲孔灌注桩桩基础，地上为钢筋混凝土箱梁结构</td></tr>
<tr><td>东西独立设备机房</td><td>位于主楼北侧，面积 4200m²</td><td>单层</td><td>采用嵌岩冲孔灌注和桩桩基础，钢筋混凝结构</td><td>预应力静压管土框架剪力墙</td><td>广东海外建设监理有限责任公司</td></tr>
<tr><td>备注</td><td colspan="5"></td></tr>
</table>

3. 工程特点

在 2000 年开始建设，广州白云国际机场是当时我国民航机场有史以来建设规模最大、技术最先进、设计最复杂的机场。作为整个机场核心的航站楼工程，不仅是座功能性建筑，而且融技术、艺术为一体，达到了 21 世纪先进水平，用最现代的科技展现出当代中国建筑的崭新风貌，并充分体现了广州作为南方改革开放窗口的时代特色和雄伟气势。

该航站楼工程是中国目前在岩溶地区兴建的规模最大的民用公共建筑。该区域工程地质情况复杂，基岩表面缝隙纵横、高差悬殊，土洞、溶洞多而重叠，砂层厚度大，从而给基础工程造成极大困难：冲孔桩全岩面判定困难、预制管桩终桩标准难以统一、大体积混凝土浇筑与裂缝控制难度大、大面积地下室防水施工及雨天施工时间长等。

上部土建结构工程结构跨度大，主梁为宽扁梁且截面尺寸大，配筋非常复杂，楼板厚度薄，所以干缩裂缝较难控制，幕墙和钢结构的大量预埋件位置及标高要求精度很高，钢筋数量巨大，且定位困难。

整个航站楼工程采用了大量的国内外先进设备及新材料、新技术、新工艺，规模大，工期紧张，专业施工单位多，相互交叉进行，协调工作量大，管理困难。

（1）安检系统

该系统是当今世界最为先进的多级行李安全检查系统。新机场将采用包括值机、分拣、输送机等 7 个子系统在内，涵盖机场出发、中转、到达三大操作区域的行李分拣系统。

（2）钢结构屋顶

机场机库的屋盖长 250m、宽 80m，面积约 20000m²，总重量约 4500t。该钢结构屋顶覆盖的面积为全国之最，总重量仅次于总重 6000t 的上海大剧院屋盖。

钢结构工程结构复杂、用钢量大、科技含量高，施工（钢结构制作及吊装）难度在国内外均属少见。航站楼钢结构是中国目前规模最大的相贯焊接空心管结构工程，其中 16 ~ 37m 高的三角形变截面人字形柱和 12m 及 14m 跨度的屋面箱形压型钢板在中国是首次应用。

航站楼屋面工程包括金属屋面和索膜结构屋面，其索膜结构屋面（采光带及采光窗）是目前为止国内建成的最大膜结构项目，张拉膜雨篷也列为国内单体 PTFE 膜结构面积之冠。

（3）玻璃幕墙

采用全通透开敞的点式玻璃幕墙，由于玻璃幕墙面积有 10 万多平方米，是目前世界上面积最大的点式玻璃幕墙。航站楼高层顶盖使用了张拉膜材料，达 6 万 m²，是目前国内建筑使用新型张拉膜的最大面积。航站楼幕墙工程主要采用当今世界流行的轻钢结构与玻璃完美结合的“全通透点支式”玻璃幕墙，最高 47m。其中主楼玻璃幕墙工程是迄今为止世界上单体工程面积最大的预应力自平衡索桁架点支式玻璃幕墙工程。

（4）双跑道独立运行程序

机场拥有我国首个双跑道独立运行程序，可满足飞机双跑道同时起飞着陆的最复杂运行要求，并能同时满足世界上各类大型飞机起降要求。

（5）候机楼灯光

用璀璨夺目、晶莹剔透来形容夜间的候机楼一点也不过分。机场整个灯光系统造价 1.6 亿美元，由 6 万盏华灯搭配透明玻璃幕墙构筑水晶宫般的梦幻效果。

（6）航管塔台

航管塔台高达 106m，位居全国之首。新机场航管楼集导航监控和通信气象等服务设施于一体，与先进的雷达监视系统、仪表着陆系统和中南地区交通管制中心组成高效的航管服务体系。

（7）机库

机库是目前亚洲最大的单体桁架钢结构机库，可同时容纳 2 架宽体客机、9 架窄体客机在内进行大修。此外，新机场供油系统和货运站场面积也是国内首屈一指的。

4. 航站楼的主要设计和施工单位及工作范围

（1）航站楼的主要设计单位及工作范围见表 1–6。

航站楼的主要设计单位及工作范围　　表 1–6

序号	单位名称	工作范围
1	美国 PARSONS 公司	航站区设计（水电、市政）
2	美国 URSOGREINER 公司	航站区设计（建筑结构）
3	广东省建筑设计研究院	航站楼施工图设计
4	深圳三鑫特种玻璃技术股份有限公司	航站楼幕墙设计
5	深圳市洪涛装饰工程公司	贵宾区标段装修方案设计工程
6	广州珠江装修工程公司	头等舱标段装修方案设计工程

（2）航站楼的主要施工单位及工作范围见表 1–7。

航站楼的主要施工单位及工作范围　　表 1–7

序号	单位名称	工作范围
1	中国建筑工程总公司	旅客航站楼总承包管理及主楼和南、北出港高架桥上部土建工程
2	中国建筑第八工程局	旅客航站楼东、西高架连廊和连接楼及指廊上部土建工程
3	中国建筑第八工程局、上海市安装工程有限公司	旅客航站楼安装工程
4	深圳三鑫特种玻璃技术股份有限公司	旅客航站楼主楼幕墙制作与安装工程
5	中山市盛兴幕墙有限公司	旅客航站楼东西连接楼幕墙制作与安装工程

续表

序号	单位名称	工作范围
6	陕西艺林实业有限责任公司	旅客航站楼东西指廊幕墙制作与安装工程
7	中国海外建筑有限公司	旅客航站楼公共区、办公区装修工程（标段一）
8	深圳华明装修家私企业公司和深圳市深装总装饰工程工业有限公司	旅客航站楼公共区、办公区装修工程（标段二）
9	广东省建筑装饰工程公司	旅客航站楼公共区、办公区装修工程（标段三）
10	中国建筑第三工程局、江南造船（集团）有限公司、上海中远川崎重工钢结构有限公司联合体	旅客航站楼钢结构工程
11	广州市建筑集团有限公司、上海市机械施工公司、浙江东南网架集团有限公司联合体	旅客航站楼钢结构工程
12	广州市电力工程公司	航站楼 10kV 变电站安装工程
13	广州市杰赛科技发展有限公司	航站楼控制中心与弱电机房工程
14	广州工程总承包集团有限公司和杭州大地网制造有限公司联合体	登机桥固定廊道工程
15	企荣公司、霍高文公司和中国建筑第二工程局联合体	金属屋面工程
16	SKYSPAN(欧洲)公司	索膜结构屋面体系
17	CRISPI、ANT 公司	行李自动分拣系统
18	芬兰通力公司、日立公司、奥的斯公司	垂直电梯、自动扶梯、自动人行道

5. 航站楼监理单位和工作范围

整个航站楼共有 5 家监理单位，各单位的具体工作内容详见表 1–8。

广州白云国际机场迁建工程航站楼监理单位及工作范围　　表 1–8

序号	单位名称	工作范围
1	上海市建科院联合项目监理机构、广东海外建设监理有限公司联合体	航站楼及高架路的钢结构、装修、机电设备安装等工程
2	北京希达建设监理有限责任公司	航站楼内综合布线、系统集成及与民航系统有关的各弱电系统
3	广东天安工程监理有限公司	航站区 10kV 变电站及电力监控系统的安装、试验、调试的监理工作
4	中航工程监理有限责任公司	4 个指廊、56 个登机桥活动端、44 台飞机专用空调及 44 台 400Hz 电源安装
5	上海市建设工程监理有限公司	总进度策划及登机桥固定端、标识系统、行李分拣安检系统等

1.4.2 联合项目监理机构设置及实施

这里主要介绍上海市建科院监理部与广东海外建设监理有限公司联合体的监理工作。

总体设计及人员安排计划

广州白云国际机场旅客航站楼工程是整个机场的核心建筑，其总建筑面积为 352000m^2 的建筑群，由伸缩缝自然分成主航站楼、连接楼、指廊和高架连廊。其监理工作由两家监理单位组成的联合项目监理机构共同承担。监理工作范围还包括南出港、北出港高架道路及东西设备机房。监理工作内容涉及施工全过程监理的投资控制、进度控制、质量控制、合同管理、信息管理和组织协调及安全文明施工管理工作。因此，在项目开始实施之前，就对联合项目监理机构进行规划设计，确定合适的组织机构形式，配备相应的人员，为完成监理工作提供基本保证。

总体设计设置原则

综合项目的规模、性质、区域、目标（投资、进度、质量）、控制要求及监理工作范围和内容，按照“满足监理工作需要、线条清晰、职能落实、人员精干、办事高效”的原则，联合项目监理机构采用“直线职能制”组织形式，即总监理工程师下设总监办公室、合同管理与投资控制组、进度控制组、技术测量组 4 个职能部门，并按建筑功能、施工区域及专业系统性分设主航站楼（含高架连廊）、东连接楼（含东指楼）、西连接楼（含西指楼）、机电设备安装和高架道路 5 个项目监理组，组织结构如图 1–8 所示。

设置 5 个项目监理组主要考虑使用功能及结构形式的相对独立性（如主航站楼、高架道路两项目监理组的设立），同时还考虑到项目可能采取的承发包模式、分项工程搭接施工的可行性以及监理任务所在的地理位置相对集中等原则。如把东、西指廊分别划归东、西连接楼，设立东、西两个连接楼项目监理组，这是因为指挥部把东、西两个不同区域地理位置分别发包给两个分包施工单位，这样安排也考虑到连接楼与指廊的分项工程可搭接施工，能合理安排监理人员。如按其结构类型相同的 2 个连接楼设置 1 个监理组，4 个指廊再设立另一个监理组，监理人员将面临四处奔波、工作

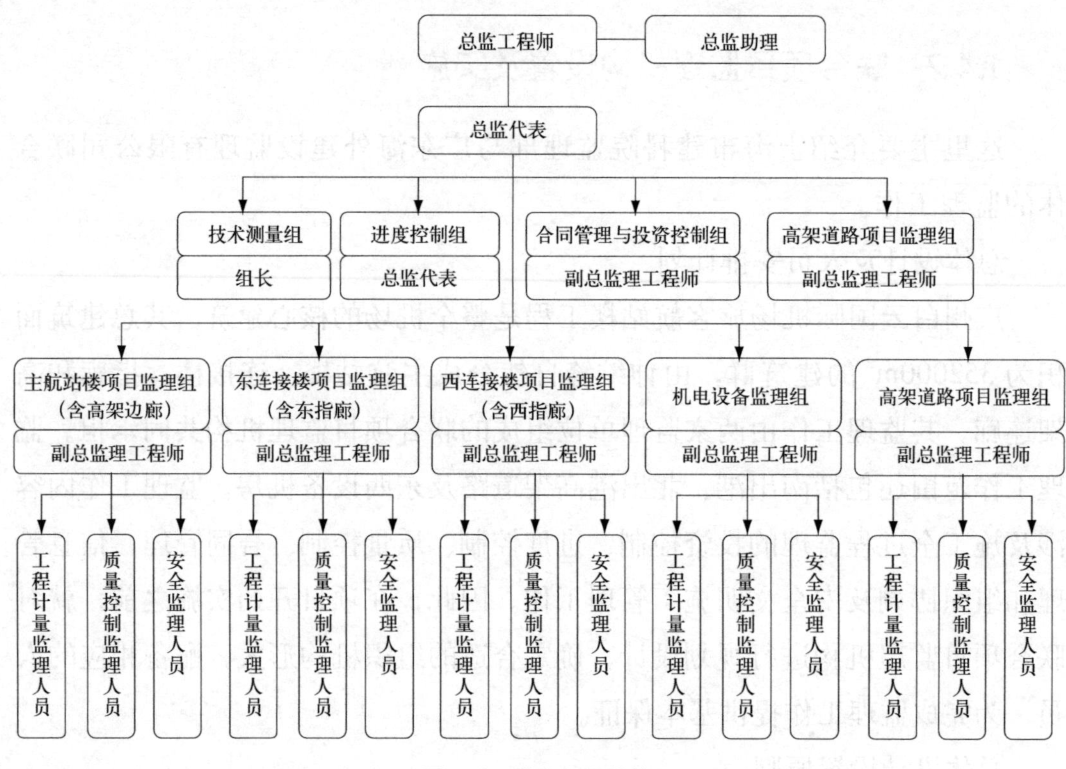

图 1-8 监理组织结构

效率低的尴尬局面。另外，将航站楼的机电设备安装工程设立1个监理组的理由是考虑整个航站楼机电工程的系统性和合理安排机电设备监理人员的工作。这一组织形式的设置解决了“直线制”组织形式“个人管理”的弊端，也解决了“职能制”组织形式“多头领导”的弊病。这种形式的主要优点是集中领导、职责清楚，有利于提高办事效率。

【思考与练习题】

一、填空题

1. 监理企业三种组织形式分别是（　）、（　）和（　）。

2. 工程监理企业资质是（　）、管理水平、（　）、经营规模、（　）等综合性实力指标的体现。

3. 工程监理人员的组成（　）、（　）、（　）和监理员。

4. 直线制监理组织形式可依据工程项目特点及管理方式不同，分为按（　）分解、按（　）分解、按（　）分解的直线制监理组织形式。

二、单选题

1. 工程监理企业是依法成立并取得建设主管部门颁发的（　）资质证书，从事建设工程监理与相关服务活动的服务机构。

A．工程施工企业　　B．工程设计企业

C．工程咨询企业　　D．工程监理企业

2. 工程监理企业组织形式的确定与下列因素无关的是（　）。

A．监理企业的出资者及产权　　B．监理企业的技术人才

C．建设监理行业的自身特点　　D．监理企业的权责及风险

3.（　）具有工程类注册执业资格或具有中级及以上专业技术职称、3年及以上工程实践经验并经监理业务培训的人员。

A．监理员　　B．专业监理工程师

C．总监理工程师代表　　D．总监理工程师

4. 导致职能部门与指挥部门易产生矛盾，信息传递路线长，不利于互通情报的是（　）监理组织形式。

A．矩阵制　　B．直线职能制

C．职能制　　D．直线制

三、判断题

1. 个人不能独资成立监理企业。（　）

2. 监理成员由总监理工程师、专业监理工程师和监理员组成。（　）

3. 项目监理的设施配备由施工单位负责提供。（　）

4. 监理企业是属于第三产业的企业。（　）

5. 进行见证取样是专业监理工程师的职责。（　）

四、简答题

1. 影响工程监理企业组织形式选择的因素有哪些？

2. 监理员应履行的职责有哪些？

3. 分析职能制监理组织形式的优缺点。

五、案例题

背景：

某土建工程，业主单位将监理任务委托给一家监理单位。该监理单位在履行其监理合同时，在施工现场建立了项目监理机构，并根据工程监理合同规定的服务内容确定了项目监理机构的组织形式和规模。

问题：

1. 项目监理机构的监理人员包括哪些？应当由具备什么条件的人员担任？

2. 总监理工程师不能委托总监理工程师代表完成的工作有哪些？

3. 监理员应履行职责有哪些？

模块 2
监理规划编写实务

【模块概述】

监理规划是项目监理机构全面开展建设工程监理工作的指导性文件。做好监理工作，履行好合同赋予的义务和权利，切实提高监理对工程整体的服务质量，首先应编制好监理规划，对监理工作统筹布置，保证全面抓好监理服务工作。

【学习目标】

通过本模块的学习，学生能够：了解监理规划的编制与审批程序；熟悉监理规划的编制原则和要求、编写依据；掌握建设工程监理规划的基本内容、监理工作目标、工作依据。

单元 2.1　监理规划概述

【单元描述】

监理规划是在总监理工程师的主持下编制、经监理单位技术负责人批准，用来指导项目监理机构全面开展监理工作的指导性文件。监理规划应结合工程实际情况，明确项目监理机构的工作目标，确定具体的监理工作制度、内容、程序、方法和措施。

【学习支持】

2.1.1 监理规划的作用

1. 指导项目监理机构全面开展监理工作

工程建设监理的中心任务是控制工程项目目标，而规划是实施控制的前提和依据，监理规划是项目监理组织实施监理活动的行动纲领。它明确规定，项目监理组织在工程监理实施过程中应当做哪些工作？由谁来做这些工作？在什么时间和什么地点做这些工作？如何做好这些工作？对监理活动作出全面、系统的安排。项目监理组织只有依据监理规划，才能做到全面、有序、规范地开展监理工作。

2. 是工程建设监理主管机构对监理实施监督管理的重要依据

工程建设监理主管机构对社会上的所有监理单位以及监理活动都要实施监督、管理和指导。这些监督管理工作主要包括两个方面。一是一般性的资质管理，即对监理单位的管理水平、人员素质、专业配套和监理业绩等进行核查和考评以确认它的资质和资质等级。二是通过监理单位的实际工作来认定它的水平和规范化程度，而监理单位的实际水平和规范化程度可从监理规划和它的实施中充分地表现出来。因此，工程建设监理主管机构把监理规划作为对监理单位实施监督管理的重要依据。

3. 是业主确认监理单位是否全面、认真履行工程建设监理委托合同的重要依据

作为监理的委托方，业主需要而且有权对监理单位履行工程建设监理合同的情况进行了解、确认和监督。监理规划是监理单位是否全面履行监理合同的主要说明性文件，它全面地体现监理单位如何落实业主所委托的各项监理工作，是业主了解、确认和监督监理单位履行监理合同的重要资料。

4. 是监理单位内部考核的依据和重要的存档资料

监理规划的基本作用是指导项目监理组织全面开展监理工作，它的内容随着工程的进展而逐步调整、补充和完善，它在一定程度上真实反映了项目监理的全貌，是监理过程的综合性记录。因此，监理单位、业主都把它们作为重要的存档资料。

2.1.2 监理规划编写的依据

1. 工程建设方面的法律、法规

工程建设方面的法律、法规具体包括三个层次：

（1）国家颁布的工程建设有关的法律、法规和政策

这是工程建设相关法律、法规的最高层次。不论在任何地区或任何部门进行工程建设，都必须遵守国家颁布的工程建设相关方面的法律、法规、政策。

（2）工程所在地或所属部门颁布的工程建设相关的法律、法规、规定和政策

3. 监理规划编写的依据

一项建设工程必然是在某一地区实施的，也必然是归属于某一部门的，这就要求工程建设必须遵守建设工程所在地颁布的工程建设相关的法律、法规、规定和政策，同时也必须遵守工程所属部门颁布的工程建设相关法律、法规、规定和政策。

（3）工程建设的各种标准、规范

工程建设的各种标准、规范具有法律地位，也必须遵守和执行。

2. 政府批准的工程建设文件

政府批准的工程建设文件包括两个方面：

（1）政府工程建设主管部门批准的可行性研究报告、立项批文。

（2）政府规划部门确定的规划条件、土地使用条件、环境保护要求、市政管理规定。

3. 建设工程监理合同

在编写监理规划时，必须依据建设工程监理合同中的以下内容：监理单位和监理工程师的权利和义务，监理工作范围和内容，有关建设工程监理规划方面的要求。

4. 其他建设工程合同

在编写监理规划时，也要考虑其他建设工程合同关于业主和承建单位权利和义务的内容。

5. 监理大纲

监理大纲中的监理组织计划，拟投入的主要监理人员，投资、进度、质量控制方案，合同管理方案，信息管理方案，定期提交给业主的监理工作阶段性成果等内容都是监理规划编写的依据。

2.1.3 监理规划编写的要求

1. 基本构成内容应当力求统一

监理规划基本构成内容的确定，应考虑整个建设监理制度对建设工程监理的内容要求和监理规划的基本作用。

2. 具体内容应具有针对性

每一个监理规划都是针对某一个具体建设工程的监理工作计划，都必然有它自己的投资目标、进度目标、质量目标，有它自己的项目组织形式和项目监理机构，有它自己的目标控制措施、方法和手段以及信息管理制度和合同管理措施。

4. 监理规划编写的要求

3. 监理规划应当遵循建设工程的运行规律

监理规划要随着建设工程的展开不断地补充、修改和完善，为此需要不断收集大量的编写信息。

4. 项目总监理工程师是监理规划编写的主持人

监理规划应当在项目总监理工程师主持下编写制定，要充分调动整个项目监理机构中专业监理工程师的积极性，要广泛征求各专业监理工程师的意见和建议，应当充分听取业主的意见，还应当按照本单位的要求进行编写。

5. 监理规划一般要分阶段编写

监理规划编写阶段可按工程实施的各阶段来划分，例如可划分为设计阶段、施工招标阶段和施工阶段，监理规划的编写还要留出必要的审查和修改的时间。

6. 监理规划的表达方式应当格式化、标准化

为了使监理规划显得更明确、更简洁、更直观，可以用图、表和简单的文字说明编制监理规划，从而体现格式化、标准化的要求。

7. 监理规划应该经过审核

监理单位的技术主管部门是内部审核单位，其技术负责人应当签认。

【知识拓展】

监理规划由项目总监理工程师组织编制，并经监理单位技术负责人审核批准，用以指导项目监理部全面开展监理业务的指导性文件。建设工程监理规划是在建设工程监理合同签订后制定的指导监理工作开展的纲领性文件，它起着对建设工程监理工作全面规划和进行监督指导的重要作用。由于它是在明确监理委托关系以及确定项目总监理工程师以后，在更详细掌握有关项目的基础上编制的，所以其包括的内容与深度比建设工程《监理大纲》更为详细和具体。

建设工程监理规划应在项目总监理工程师的主持下，根据工程项目建设监理合同和业主的要求，在充分收集和详细分析研究工程建设监理项目有关资料的基础上，结合监理单位的具体条件编制。

建设工程监理单位在与业主进行工程项目建设监理委托谈判期间，就应确定项目建设监理的总监理工程师人选，并应参加与项目建设监理合同的谈判工作，在工程项目建设监理合同签订以后，项目总监理工程师应组织人员详细研究建设监理合同内容和工程项目建设条件，主持编制项目的监理规划。建设工程监理规划应将监理合同规定的监理单位承担的责任及监理任务具体化，并在此基础上制定实施监理的具体措施。编制的建设工程监理规划，是编制建设监理细则的依据，是科学、有序地开展工程项目建设监理工作的基础。

建设工程监理是一项系统工程，既然是一项“工程”，就要进行事前的系统策划和设计。监理规划就是进行此项工程的“初步设计”。各专业监理的实施细则则是此项工程的“施工图设计”。

单元 2.2　监理规划的主要内容

【单元描述】

应根据工程实际情况，确定监理规划的主要内容。在实施建设工程监理过程中，实际情况或条件发生变化而需要调整监理规划时，应由总监理工程师组织专业监理工程师修改，并应经工程监理单位技术负责人批准后报建设单位。

【学习支持】

监理规划包括的主要内容

监理规划按照建设工程监理规范的要求可以细化为标准格式，监理规划至少包括以下主要内容，当工程项目较为特殊时还应增加其他必要的内容。

1. 工程项目概况

（1）工程项目特征（工程项目名称、建设地点、建设规模、工程类型、工程特点等）；

（2）工程项目建设实施相关单位名录（建设单位、设计单位、总承包单位等）。

2. 监理工作范围与监理工作依据

监理工作范围是指监理单位所承担的建设标段或子项目划分确定的工程项目的建设监理范围。应根据监理合同界定的工作范围（或称为业主委托的工作范围）划定监理工作范围。

监理工作依据：工程的相关法律、法规及项目审批文件；与建设工程项目有关的标准、设计文件、技术资料；监理大纲；委托监理合同文件以及与建设工程项目相关的合同文件。

3. 监理工作目标

是指监理单位所承担工作项目的投资、工期、质量等的控制目标。应分别按投资、工期、质量控制目标分级。总之，按监理合同确定的监理工作目标为控制目标。

4. 监理工作内容

应根据监理工作界定的范围制定监理工作内容，应按事先控制、事中控制、事后控制分别编制。内容包括：

（1）工程进度控制（如工期控制目标的分解、进度控制程序、进度控制要点和控制进度风险的措施等）；

（2）工程质量控制（如质量控制目标的分解、质量控制程序、质量控制要点和控制质量风险的措施等）；

（3）工程造价控制（如造价控制目标的分解、造价控制程序和控制造价风险的措施等）；

（4）合同其他事项管理（如设计变更、工程洽商、索赔管理的管理要点，管理程序，以及合同争议的协调方法等）。

5. 项目监理组织机构

（1）组织形式、职能部门设置和人员构成；

（2）职能部门的职责分工；

（3）监理人员的职责分工；

（4）监理人员进场计划安排。

6. 监理工作程序、方法与措施

应具有针对性、可操作性和认真原则。

7. 监理工作制度

是监理单位为适应工作和发展而制定的工作制度。包括：

（1）信息和资料管理制度；

（2）监理会议制度；

（3）工地工作报告制度；

（4）其他监理工作制度。

8. 监理设施

按合同约定建设单位应提供的办公、交通、通信、生活设施和监理单位根据工作需要配备的常规检测设备和工具。

9. 制定安全监理方案

审查施工组织设计的安全技术措施和专项施工方案。对专项施工制定监理安全实施细则。

单元 2.3　案例分析

某小区工程监理规划

2.3.1　工程概况

该工程位于 ×× 市建工路以南，公园南路延伸段以西。本工程由四栋 18 层、一栋 6 层、一栋 11 层共 6 栋楼组成，分别为 3 号、4 号、5 号、6 号、7 号，每栋均设一层地下室，并且设有地下车库，2 层裙房为商业用房。

建设单位：×× 房地产开发有限公司

结构形式：剪力墙结构

设计年限：50 年

建筑面积：68698.99m^2

设计单位：×× 设计院

施工单位：×× 建设公司

监理单位：×× 建筑装饰监理有限责任公司

2.3.2　监理依据

1. 国家和 ×× 省工程建设的有关法律、法规、政策和相应规定。

2.《建设工程监理规范》GB/T 50319－2013。

3. 依据的主要验收规范

（1）《建筑地基与基础工程施工质量验收标准》GB 50202－2018；

（2）《混凝土结构工程施工质量验收规范》GB 50204－2015；

（3）《地下防水工程质量验收规范》GB 50208－2011；

（4）《屋面工程质量验收规范》GB 50207－2012；

（5）《砌体结构工程施工质量验收规范》GB 50203－2011；

（6）《钢筋焊接及验收规程》JGJ 18－2012；

（7）《建筑装饰装修工程质量验收标准》GB 50210－2018；

（8）《外墙饰面砖工程施工及验收规程》JGJ 126－2015；

（9）《建筑电气工程施工质量验收规范》GB 50303－2015；

(10)《建筑给水排水及采暖工程施工质量验收规范》GB 50242-2002。

4. 本工程地质勘探及施工图。

5. 本工程的建设工程监理合同，业主与承包商签订的施工合同及其他合同等。

2.3.3 监理工作

根据本工程监理合同的约定，实施本工程建筑、安装施工阶段的工程监理。

2.3.4 监理工作目标

1. 质量目标

严格按照国家颁发的施工验收规范及工程设计图纸要求进行施工监理。工程质量达到国家或专业质量检验评定标准的要求。本工程要求质量等级为合格。

2. 工期目标

施工工期 330 天。

2.3.5 项目监理组织

总监理工程师：× ×

总监理工程师代表：× ×

监理工程师：× ×

2.3.6 投资、进度、质量控制工作内容

1. 投资控制

按照已完成合格工程计量控制工程款支付。

2. 进度控制

对工程进度实施事前、事中、事后控制：

（1）审核施工单位编制的总进度计划。

（2）审核施工进度计划与施工方案的协调性和合理性。

（3）检查监督计划的执行情况，审核进度调整的措施和方案。

3. 质量控制

（1）组织措施：建立健全监理组织，完善职责分工及有关质量监督制度，

落实质量控制的责任。

（2）技术措施：严格事前、事中和事后的质量控制措施，根据工程特点，制定质量预控措施。

（3）经济与合同措施：严格质量检验和验收，不符合合同规定质量要求的拒付工程款，严格控制现场签证。

（4）事前控制：主要采取对人、机械、材料、方法、环境五大环节的事前控制。

（5）事中控制：

◆ 施工工艺过程质量控制；

◆ 工序交接检查，坚持上道工序不经检查验收不得进行下一道工序；

◆ 隐蔽工程检查验收：隐蔽工程完成后，先由施工单位自检、专职检、初检合格后填报隐蔽工程质量验收通知单，报现场监理工程师检查验收。

（6）事后控制：

◆ 单位、单项工程竣工验收；

◆ 整理工程技术文件资料并编目建档。

（7）质量控制要点：见表 2–1。

质量控制要点表　　表 2–1

质量控制要点	控制主要项目	预控措施	检验方法程序
控制测量及结构放样	1. 规划定位放线； 2. 确定室外地坪； 3. 确定 ±0.000	1. 加强对临时坐标水准点的保护检测、复核； 2. 注重测量资料的积累； 3. 保存好定位放线资料	1. 施工单位测量资料必须报监理工程师检查复核； 2. 对所有测量放线结果必须进行审核
地基基坑土方开挖工程	1. 平面位置； 2. 几何尺寸（长、宽、边坡）； 3. 基坑土基； 4. 基地标高； 5. 基坑排水措施	1. 边坡必须稳定； 2. 基坑土质须符合设计要求； 3. 基坑排水措施应落实； 4. 基坑的尺寸便于下一道工序开展	基坑是重要隐蔽工程，施工单位自检后必须同时附资料报监理验收，监理工程师进行必要的复测
模板工程	1. 刚度、强度、稳定性； 2. 几何尺寸； 3. 内测平整度、垂直度； 4. 预留孔、预埋件位置	刚度、强度稳定性应有详细计算方法及计算式	1. 复核计算结果； 2. 关键部位（如中轴线及标高）用经纬仪控制

续表

质量控制要点	控制主要项目	预控措施	检验方法程序
钢筋混凝土工程	1. 钢筋规格、间距、保护层； 2. 钢筋的焊接； 3. 钢筋的锈蚀污染； 4. 混凝土配合比计量、搅拌、浇捣、养护； 5. 混凝土强度； 6. 混凝土外观质量； 7. 混凝土浇筑缝	1. 严格模板工程质量，确保混凝土结构的几何尺寸、外观平整度、垂直度、光洁度； 2. 钢筋混凝土组长进行质量教育，负责考核； 3. 备料应保证混凝土浇筑的连续性，并加强浇筑前工序检查； 4. 控制拆模时间； 5. 冬、雨、高温季节施工措施； 6. 加强养护	1. 严格钢筋隐蔽工程验收； 2. 混凝土计量工作监督； 3. 搅拌时间骨料入仓顺序，振捣时间监督； 4. 进行混凝土外观质量检查，及时总结质量问题
砌筑工程	1. 砖的品种标号必须符合设计要求； 2. 砂浆品种符合设计强度要求； 3. 砌体砂浆必须密实饱满； 4. 外墙砌筑转角严禁留直搓，拉结筋不得少于规范要求	1. 观察进场砖是否同批产品，是否有出厂合格证，尺寸厚度符合标准； 2. 检查砂浆同批试块，砂浆配合比； 3. 轴线尺寸，洞口尺寸及砌筑高度； 4. 检查砌筑直槎与拉结筋数量及长度	1. 检查出厂合格证及试验报告； 2. 观察抽查试验配合比强度； 3. 抽查每步架不少于三处，粘结面不小于 85%，复核几何尺寸； 4. 现场抽查； 5. 抽查平整度、垂直度
地面与楼面工程	1. 垫层、构造层（保温层、防水层、防潮层、找平层、结合层）的材质、强度、密实度等必须符合设计要求； 2. 标高、平整度	1. 垫层、构造层必须严格按施工规范规定； 2. 防水层必须与墙体、地漏、管道门口等处结合严密，无渗漏	1. 检查出厂合格证和试验记录； 2. 观察及检查试验记录
门窗工程（木门窗及铝合金门窗）	1. 木门窗的树种、材质等级、含水率和防腐、防虫防火处理； 2. 门窗柜扇棱槽和胶台板必须牢固； 3. 铝合金门窗及附件必须符合设计要求； 4. 安装必须牢靠，预埋件数量、位置，埋设搭接方法必须符合门窗设计要求	1. 符合设计要求和施工规范规定； 2. 观察检查做测定记录，审核加工单位资质及设备情况； 3. 检查安装的位置、开启方向，必须符合设计要求； 4. 柜与墙体间缝填塞前观察并检查隐蔽记录	1. 抽查并测定记录； 2. 必须严格审查产品出厂合格证； 3. 检查铝合金门窗出厂合格证及产品验收凭证
屋面工程	1. 屋面施工的原材料及配合比，必须符合设计要求和规范规定； 2. 保温材料的标号强度、导热系数和含水率及配合比必须符合设计要求及规范规定； 3. 混凝土屋面板的强度必须符合设计要求，严禁有断裂和漏筋缺陷	1. 检查产品出厂合格证和配合比； 2. 检查出厂合格证； 3. 混凝土屋面板进场观察抽检；屋面防水层及细部做法符合设计要求	1. 施工前检查试验配合比及试验报告； 2. 审核厂家资质，检查实验报告； 3. 水落管的安装接头、排水； 4. 注水试验

续表

质量控制要点	控制主要项目	预控措施	检验方法程序
装饰工程	1. 装饰工程所选用的材料品种颜色和图案必须符合设计要求和现行材料标准； 2. 各抹灰层之间及抹灰层与基体之间必须粘结牢固，无脱落、空鼓裂缝等缺陷； 3. 混色油漆严禁脱皮、漏刷和反锈； 4. 刷浆严禁掉皮、漏刷和透底	1. 检查出厂合格证； 2. 饰面砖的品种颜色规格和图案必须符合设计要求，安装必须牢固无歪斜、缺棱角和裂缝等缺陷； 3. 材料配合比	1. 试样检查合格后方可使用； 2. 观察检查； 3. 用小锤轻击； 4. 油漆观察，手摸或尺量检查； 5. 喷漆观察，手摸或灯光检查； 6. 砂浆试验
室内电气安装工程	1. 穿管配线导线间和导线对地间绝缘电阻值必须符合要求； 2. 配电箱安装必须符合设计要求和规范规定； 3. 灯具和吊扇等配件必须符合设计要求且预埋牢固； 4. 防雷接地装置的接地线必须符合设计要求； 5. 所用材料必须符合设计要求	1. 检查绝缘电阻测试记录（抽查5次）； 2. 配电箱内线路整齐，回路编号齐全、正确，管子与箱体有专用紧锁螺母，导线进入绝缘保护良好； 3. 原材料检验检查出厂合格证； 4. 全数检查接地必须直接与接地干线相连，严禁串联连接； 5. 绝缘接地	1. 观察通电检查位置、标高、线路连接； 2. 施工单位测试监理审核； 3. 电阻测试； 4. 检查电气隐蔽工程记录及简图； 5. 实测或检查接地电阻测试记录
室内给水排水安装工程	1. 给水排水安装必须符合设计要求和规范规定； 2. 给水管隐蔽管道和给水、防火系统的承压试验和坡度必须符合设计要求和施工规范规定； 3. 隐蔽工程的排水和雨水管道的灌水试验结果必须符合设计要求和施工规范规定； 4. 管道附件及卫生器具安装，位置及尺寸符合设计要求（包括消防要求）	1. 材料抽检、检查出厂合格证； 2. 观察检查或检查隐蔽工程记录及试验记录； 3. 管线位置、标高、坡向、坡度； 4. 管道的安装接头阀闸、量表安装位置、接头	1. 用水准仪、水平尺、拉线尺量，分段由施工单位测试监理审核； 2. 水压测试； 3. 检查给排水隐蔽工程记录及简图

2.3.7 监理工作制度

1. 工程开工、竣工申请制度

（1）开工申请制度

1）单位工程开工，在正式开工前由施工单位办理开工申请报告。

2）具备下列条件方可申请开工：

①三通一平满足施工需要；

②施工图纸已经通过会审并已组织过设计交底；

③施工组织设计已被批准；

④已签订承包合同；

⑤原材料已部分进场，质量合格，满足施工要求，后续材料供应计划已落实；

⑥设备、机具已进场，试运行正常，需鉴定、校验的，已出具相应的证明；

⑦施工人员已陆续进场，并已进行必要的技术、安全教育，特殊工种（电焊工、架子工、卷扬机操作工等）持有相应的上岗证；

⑧永久性或半永久性坐标和水准点已设置；

⑨施工许可证已办理。

（2）竣工申请制度

1）施工单位在设计范围内的工程量全部完成后，向监理单位提交竣工报验单。

2）向监理单位提交内业资料，并组织竣工前检测。

3）工程具备下列条件方可组织初验：

①经监理单位确认，合同和设计图纸规定的工程量已全部完成，工程质量满足设计及有关规范要求，满足功能上的要求；

②技术档案资料真实、齐全并满足有关规定；

③场地清理工作已基本完成；

④监理同意验收并出具施工质量监理评估报告；

⑤施工单位提出竣工报告，并经建设单位批准。

4）由施工单位组织业主、设计、监理、质检等单位进行初检，确认符合竣工验收要求后由业主组织竣工终验。

2. 设计交底制度

（1）工程开工前监理协助业主进行设计交底工作。

（2）总监理工程师组织监理成员认真参阅施工图纸，并在设计交底时澄清疑问，确保设计图纸在工程施工过程中的贯彻。

（3）对设计交底中提出的问题，设计交底会议纪要和设计变更等内容，以书面形式形成，经业主、设计、监理等单位签署后下发并落实于施工中。

3. 施工组织设计审核制度

（1）督促承包单位在设计交底后，立即修订施工组织设计和施工方案交监理工程师审定。

（2）施工组织设计和施工方案必须由承包单位技术负责人审定、签字、盖公章后，方可报审。

（3）施工组织设计应符合建设单位意见和设计意图。

（4）施工组织设计要求有详细的质量安全保障制度、措施和预检方案，针对质量通病制定专门预防措施。

（5）施工进度计划应详细、合理，并绘制出网络图。

（6）施工组织设计必须由总监理工程师审核并签署审定意见。

（7）施工过程中必须按审批的施工组织设计和施工方案进行施工，如要变动已审批过的施工方案必须向监理工程师提交书面申请书，等批复后再实施。

（8）监理部定期组织检查施工单位施工组织设计实施情况。

（9）未编制施工组织设计或施工组织设计未经审定或审定不符合要求的工程不准开工。

4. 原材料、半成品及构配件进场报验制度

对工程所需原材料、半成品及构配件的质量进行检查与控制。凡进厂的原材料、半成品及构配件都应有产品合格证或技术说明书。水泥按进场批量（或代表批）出具厂家 3 天龄期试验报告。补报 28 天出厂试验报告，进场后按取样频率见证取样进行复试合格后，施工单位填报水泥报验单，经监理工程师核准后方可用于工程。钢材、砖、砂、石子等原材料进场前，必须按批量见证取样进行复试及材料试验。经监理工程师核准后方可用于工程。对于不符合标准的材料应予以拒绝。任何工程中使用了未经测试和批准的材料，一切后果都由承包商承担，并由承包商自费拆除。

5. 隐蔽工程验收制度

隐蔽工程完工后，先由施工单位班组自检、互检、专职检，检查合格后，填报隐蔽工程质量验收报验单，报现场监理工程师检查验收。经检查合格后，办理隐蔽工程检验签证手续，列入工程档案。监理人员在隐蔽工程验

收过程中提出的质量问题，施工单位要认真进行处理，处理后需经监理人员复核，并写明处理情况。未经检验或检验不合格的隐蔽工程，不能进行下道工序施工和覆盖。

6. 工程报验制度

坚持上道工序不经检查验收不准进行下道工序的原则。上道工序完成后，先由施工单位班组自检、互检、专职检，报现场监理工程师审核后，办理有关交接手续，方可进行下道工序。

7. 设计变更处理制度

（1）业主提供的施工图纸，在施工前或施工中如果发现与设计条件差别较大，或发现施工图纸中有矛盾、错误以及要求不易满足等情形，在不改变原设计原则的条件下，经设计单位同意后，可以对施工图纸作局部变更。

（2）业主、施工单位提出变更要求，都应以书面形式和监理工程师联系处理。

（3）设计单位提出的设计变更，如果属纠正错误，补充遗漏的合理方案，则变更图纸应无条件纳入施工图范围，其他原因均应详细说明变更理由、细节，并附上有关变更图纸。

（4）设计单位收到监理工程师的变更建议后，应在合理的时间内给予答复，若设计单位同意，则报经业主批准。

（5）施工单位按正式变更图纸施工。

（6）监理工程师应尽量控制设计变更，以免引起索赔和延误工期。

8. 质量事故处理制度

（1）及时组织监理、施工等单位（重大事故还需会同建设、设计、质监等单位）对工程质量事故调查处理，以便确定事故范围、性质、影响和原因等，为事故的分析处理提供依据。

（2）事故的分析要建立在调查的基础上，避免情况不明就主观分析、推断。只有对调查提供的数据、资料进行详细分析，才能去伪存真，找到造成事故的主要原因。

（3）事故的处理要建立在原因分析的基础上，本着安全可靠、不留隐患，满足建筑物的功能和使用要求，提出技术可靠、经济合理、施工方便的处理方案，经审批后，监督其实施。

（4）对于不按设计图纸施工或违反施工安装验收规范施工等所造成的质量问题，及时向施工单位提出，并要求其返工或改进。改进不力或不听劝告者，应签发监理通知单，通知其整改，问题严重者，征得业主同意后签发停工通知单。

9. 工程质量检验制度

监理工程师对施工单位的施工质量有监督管理责任。监理工程师在检查工作中发现的工程质量缺陷，应及时记入监理日志，指明质量缺陷部位、问题及整改意见，限期纠正复验。对较严重的质量问题或已形成隐患的问题，由监理工程师正式填写“不合格工程项目通知”，通知施工单位，施工单位应按要求及时做出整改，纠正缺陷后通知监理工程师复验。如所发现工程质量问题已构成工程事故时，应按规定程序办理。

（1）如检查结果不合格，或检查所填写内容与实际不符，监理工程师有权不予签证，将意见记入监理日志内，待改正并重验合格后才能签证，方可进行下道工序施工。

（2）隐蔽工程检查合格后，经长期停工，在复工前应重新组织检查签证，以防意外。

10. 施工进度监督及报告制度

（1）审查施工单位编制的实施性施工组织设计，要突出重点，并使各单位、各工序进度密切衔接。

（2）监督施工单位严格按照合同规定的计划进度组织实施。监理工程师每月以月报的形式向业主和公司工程部报告各项工程实际进度和计划进度的对比及形象进度情况。

11. 阶段验收制度

工程施工按质量评定标准有关规定，分部分项、分阶段进行验收，由监理会同设计、质监、施工等单位对地基与基础工程、主体工程、地面与楼面工程、门窗工程、装饰工程、屋面工程、室内给水排水、室内电气安装工程等分部工程进行阶段竣工验收，上一阶段验收不合格或不经验收的，不准进行下一阶段施工（其主体工程按楼层划分，在评定工程质量时，各层分项工程均应参加评定)。

12. 工程竣工验收制度

(1) 竣工验收的依据是批准的设计文件(包括变更设计)、施工规范、工程质量验收标准以及合同及协议文件等。

(2) 施工单位按规定编写和提出验收交接文件是申请竣工验收的必要条件,竣工文件不齐全、不正确、不清晰,不能验收交接。

(3) 施工单位在验收前将编好的全部竣工文件及绘制的竣工图,提供给监理组一份,审查确认完整后,报建设单位,其余分发有关接管、使用单位保管。交接竣工文件的内容如下:

◆ 全部设计文件一份(包括变更设计);

◆ 全部竣工文件一份(图表及清单)一份;

◆ 各项工程施工记录一份;

◆ 工程小结;

◆ 主要机械及设备的技术证书一份。

13. 监理例会、监理日志及监理月报制度

(1) 监理例会制度

◆ 按监理工作需要和信息管理的要求,工地例会是监理工作的一种重要手段,主要包括第一次工地例会和施工中正常性工地例会,也包括监理工程师召集的协调会等。

◆ 第一次工地例会。在正式开工前举行,会上应澄清业主、工地监理部、施工单位、分包单位的组织关系,并明确其中主要的人员,明确监理工作主要程序,解释有关表式,确定驻工地工程师进场日期。

◆ 经常性的工地会议。一般每周星期一下午固定时间召开,检查本周监理工作,沟通情况,进行当周质量、进度、技术、合同、变更及有关管理等情况总结,商讨难点问题,进行下周进度和质量预测,布置下周监理工作,不断提高监理水平。经常性工地会议,由总监理工程师主持,建设单位代表和施工单位有关人员参加。

◆ 必要的其他会议。主要视工程的技术、合同、进度、质量、协调需要,由总监理工程师组织有关单位参加。

◆ 工地会议均应由工地监理工程师整理会议纪要，纪要应言简意赅，便于信息储存，但关键性的意见应忠于会议发言者，录用原话，确保记录的真实性，一般会议纪要，由参加会议的各方负责人签名确认，重要会议应签署公章。

（2）监理日志制度

1）项目监理部应当认真详细记录监理工作日志，监理日志由驻地监理工程师记录，项目总监理工程师要负责检查监理日志的质量。

2）监理日志的内容应包括但不限于以下内容：

①现场每天的天气记录；

②主要施工情况（进度、材料、机械、人员、变更等）；

③工程质量情况；

④监理工作纪要（意见、通知、指令、协议等）；

⑤其他有关内容。

3）监理日志应每日及时记录，忠于事实，尽可能详细。

4）对主要事件或重大问题，应按有关汇报制度要求，迅速向项目总监理工程师与工程部汇报。

5）监理日志涉及的内容，如需有关单位确认，则应采用专门的表式。

6）监理日志中提出的问题，应在日后的记录中前后对应，将处理结果和落实情况加以说明。

7）监理日志应有记录人签名，记录人对监理日志的真实性、完整性应负责。

8）监理日志是考核驻地监理人员工作质量的重要组成部分。

（3）监理月报制度

1）驻地监理工程师必须在每月28日前将上月报表送达业主与公司工程部各一份。

2）月报内容包括：

①完成工作量；

②材料进场及耗用情况；

③进度比较；

④质量描述；

⑤设计变更；

⑥施工中存在的问题；

⑦监理活动；

⑧各种会议；

⑨下月监理工作会议；

⑩签订的各种合同和协议。

14. 旁站监理制度

对工程施工的关键部位、关键工序实行旁站监理。旁站监理人员职责如下：

（1）检查施工企业现场质检人员到岗，特殊工种人员上岗证，以及施工机械、建筑材料准备情况。

（2）在现场跟班监督关键部位、关键工序的施工执行方案以及工程建设强制性标准化情况。

（3）检查建筑材料、建筑配件、设备和商品混凝土的质量报告等，并可在现场监督施工企业进行检验或委托具有资格的第三方进行复验。

（4）做好旁站记录和监理日志，保存好原始资料。

（5）及时发现和处理旁站过程中出现的质量问题，准确地做好旁站监理记录。

（6）旁站监理人员要实施监理时，发现施工企业有违反工程建设强制性标准行为时，责令施工企业立即整改；发现其施工活动已经或可能危及工程质量的，及时向监理工程师或总监理工程师报告。

15. 监理值班制度

施工期间，节假日及双休日监理人员轮流值班，施工高峰期保证昼夜有监理人员值班。

16. 质量报验程序

如图 2–1 ～图 2–3 所示。

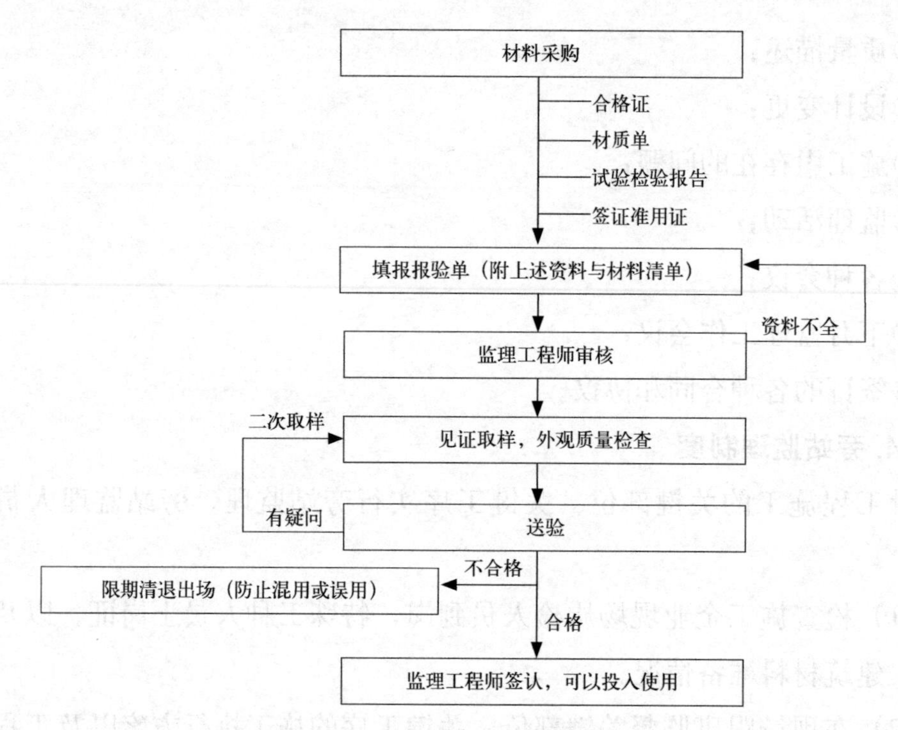

图 2-1　材料报验程序

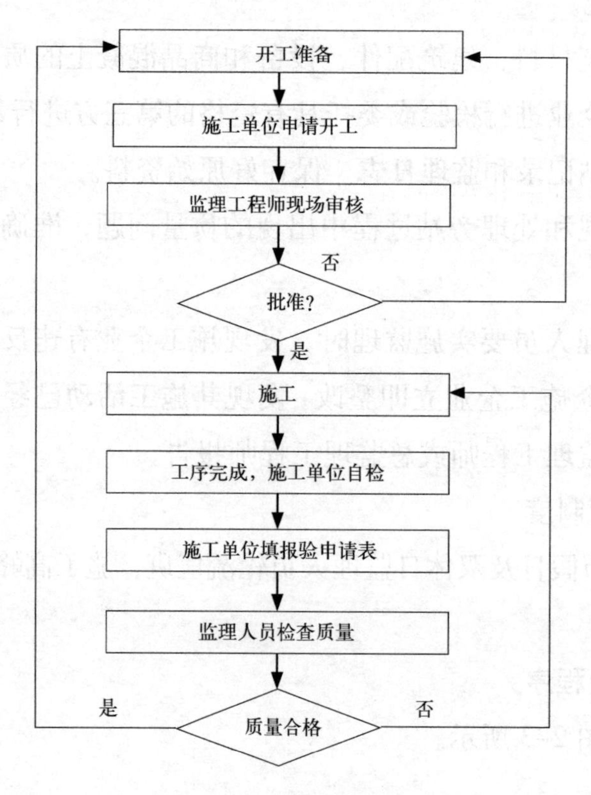

图 2-2　工序质量控制程序

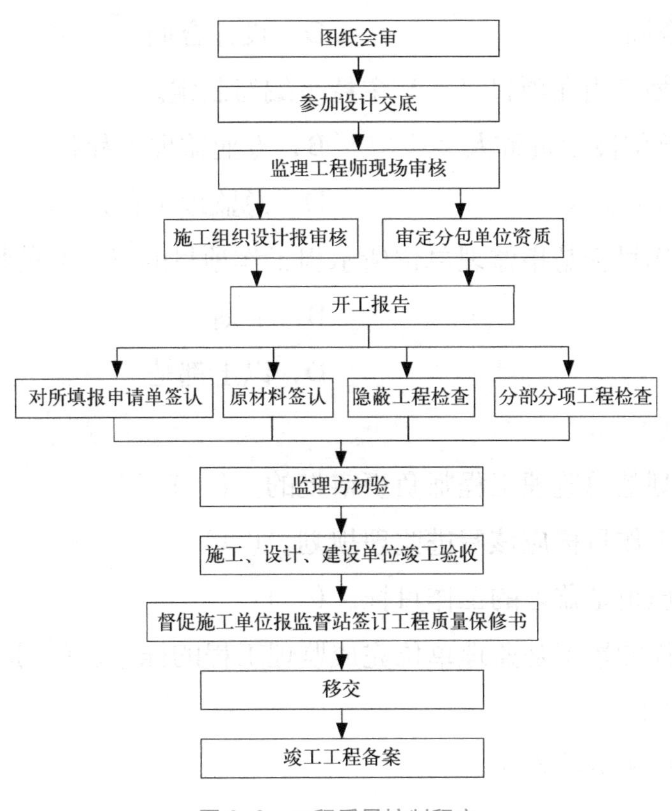

图 2-3　工程质量控制程序

【思考与练习题】

一、填空题

1. 工程建设监理主管机构把（　）作为对（　）实施监督管理的重要依据。

2. 在编写监理规划时，必须依据建设工程监理合同中的以下内容：（　）的权利和义务，监理工作（　），有关建设工程（　）方面的要求。

3. 每一个监理规划都是针对某一个具体建设工程的（　），都必然有它自己的（　）目标、（　）目标、（　）目标。

4. 监理工作内容应根据监理工作界定的范围制定监理工作内容，应按（　）、（　）、（　）分别编制。

二、单选题

1. 监理规划是监理单位是否全面履行（　）的主要说明性文件。

A．监理合同　　　　B．施工合同

C．咨询合同　　　　　　　　D．设计合同

2. 监理规划应当在项目（　）主持下编写制定。

A．监理单位技术负责人　　　B．专业监理工程师

C．监理单位法人　　　　　　D．总监理工程师

3. 监理工作目标是指监理单位所承担工作项目的（　）的控制目标。

A．投资　　　　　　　　　　B．工期

C．质量　　　　　　　　　　D．以上都是

三、判断题

1. 监理规划是总监理工程师负责审批的。（　）

2. 监理的工作目标应该写进监理规划。（　）

3. 合同管理也是监理的工作目标。（　）

4. 建筑工程的竣工是监理单位完成监理工程的标志。（　）

四、简答题

1. 简述监理规划的作用。

2. 工程建设方面的法律、法规具体包括哪三个层次。

3. 监理规划编写的要求有哪些？

4. 监理规划包括哪些主要内容？

模块 3 监理实施细则编写实务

【模块概述】

监理实施细则是针对某一专业或某一方面建设工程监理工作的操作性文件。监理实施细则应符合监理规划的要求，并应具有可操作性。一份完善的细则是监理工作成功的基础，是保证监理工作顺利进行的必备条件。因此，在监理工作开始之前，编写监理实施细则是一项必不可少的工作内容。

【学习目标】

通过本模块的学习，学生能够：了解监理实施细则的概念、作用；熟悉监理实施细则编制的方法和要求、土建分部分项工程监理实施细则基本格式；掌握编制土建分部分项工程监理实施细则的方法和要求。

单元 3.1 监理实施细则作用

【单元描述】

监理实施细则作为指导开展具体监理工作的实施性文件，对工程项目建设监理工作具有重要的意义和作用。

【学习支持】

1. 对业主（建设单位）的作用

监理实施细则编制的好坏，直接反映了监理项目机构的业务水平。当业主拿到一份切合工程实际的监理实施细则，通过对其中具体、全面、周到的措施叙述，能使业主在很大程度上消除对监理人员素质的质疑，从而取得业主对监理在工作中的信任和支持。

2. 对监理人员的作用

（1）监理实施细则的编写需要较强的针对性，因此通过监理实施细则的编写，可以增加监理人员对工程情况的认识，熟悉施工图纸，掌握工程特点。

（2）监理实施细则中所列的控制内容和措施，可指导现场监理人员及时了解监理细则中规定的控制点和相应的检查方法、质量通病和预控措施，能使监理人员在工作过程中有的放矢，有利于有效实施工程质量控制。

3. 对施工单位的作用

（1）通过监理实施细则，能有效地提示施工单位对工程中可能出现的质量通病，并对通病采取积极的预防手段，以避免和减少不必要的损失，而从监理角度来看，则实现了事前预控的目的。

（2）通过监理实施细则中控制点及监理人员具体工作的交代，使施工单位除了清楚强制性标准要求的内容之外，还能提示有哪些工序和部位要求监理人员必须到位，从而能在控制点施工时及时通知监理方，避免由于事前交底不清而引发的纠纷，同时也起到了监理事中控制的作用。

【知识拓展】

根据《建设工程监理规范》GB/T 50319－2013 对监理实施细则的定义是：根据监理规划，由专业监理工程师编写，并经总监理工程师批准，针对工程项目中某专业或某一方面监理工作的操作性文件。

监理实施细则应贯彻预防为主、强化验收、过程控制的指导思想，要结合工程项目的专业特点，做到详细具体、具有可操作性。

当发生工程变更、计划变更或原监理实施细则所确定的方法、措施、流程不能有效地发挥管理和控制作用等情况时，总监理工程师应及时根据实际情况安排专业监理工程师对监理实施细则进行补充、修改和完善。

监理大纲、监理规划以及监理实施细则都是建设工程监理工作文件的组成部分，相互间既有联系又有区别，其关系如表 3–1 所示。

监理大纲、监理规划以及监理实施细则的关系　　表 3–1

项目	监理大纲	监理规划	监理细则
编制依据	施工图纸及招标文件	监理大纲及工程具体情况	监理规划、施工组织设计及专业工程相关的标准、设计文件和技术资料
编制阶段	承揽监理业务的投标过程中	接受业主委托并与业主签订监理合同后	滞后于项目监理规划，并要求在相应分部工程施工开始前
编制人	监理单位的指定人员或技术管理部门组织编写	总监理工程师主持	项目监理组织各部门的负责人或专业监理工程师主持编写
审核人	监理单位技术负责人	监理单位技术负责人	总监理工程师
侧重内容	侧重于说明针对监理任务的人员安排、监理方案、保证措施以及本监理单位在解决某些问题上的专长	监理任务的具体化及其实施的具体措施。包括目标规划、目标控制、组织协调、合同管理、信息管理	完成某一专业或某一方面任务和工作的具体方法、手段、措施在内的详细的、可操作的监理计划文件

单元 3.2　监理实施细则编制的方法和要求

【单元描述】

监理实施细则应在相应工程施工开始前由专业监理工程师编制，并应报总监理工程师审批。监理实施细则可根据实际情况按进度、分阶段进行编制，但应注意前后的连续性、一致性。在实施建设工程监理过程中，监理实施细则可根据实际情况进行补充、修改，并应经总监理工程师批准后实施。

【学习支持】

专业监理工程师首先要认真熟悉图纸、施工组织设计，了解施工部位专业工程情况，并分析其特点，有针对性地制定监理流程及监理工作措施，书面形成监理实施细则。要根据该部位该专业工程的特点编制监理的流程图及工作措施，如对该分部工程开工前承包方的准备工作检查的主要流程及检查的具体内容等。根据该部位该专业工程的具体情况（包括设计要求和施工方案），专业监理工程师在熟悉相关施工规范具体要求的基础上进一步分析该部位该专业工程的重点、难点，预测可能出现的问题。在一些按强制性要求验收的项目中必须设置停止点，另外还应在工程的重点、难点以及容易出质量问题的地方设置见证点或停止点，配上相应的检查、监督方法。在监理实施细则中，具体写明在哪里设置见证点，哪里设置停止点，以及该控制点到来时监理人员需要检查、验收的具体内容和操作方式。

监理实施细则要突出该专业工程的重点、难点的质量如何控制，监理如何进行监督、检查；对可能出现的异常情况如何处理，以及对承包方可能出现的不正规做法（如偷工减料等）的预防及应对措施。该部位该专业工程的监理实施细则编制完成后报总监理工程师审批，审批同意后下发给本专业的监理人员及承包单位执行。监理实施细则应在施工部位的专业工程开工前一周以上完成编审工作。在监理工作实施过程中，还应根据实际进行补充、修改和完善。

5. 监理实施细则的编写方法

【知识拓展】

监理实施细则的编制应依据下列资料：

1. 监理规划。

2. 工程建设标准、工程设计文件。

3. 施工组织设计、（专项）施工方案。

单元 3.3　监理实施细则的内容

【单元描述】

监理实施细则要体现工程总体目标的实施和有效控制，应符合监理规划的基本要求，充分体现工程特点和合同约定的要求，结合工程项目的施工方法和专业特点，具有明显的针对性，明确控制措施和方法，具备可行性和可操作性。

【学习支持】

编制监理实施细则的主要目的是对专业工程施工进行预防预控和目标管理，其内容一般分为以下四个部分。

监理实施细则的主要内容

1. 专业工程的特点

编制监理实施细则的对象包括：

（1）所监理的各主要分部工程，如打桩、主体结构、装饰工程等。

（2）特殊工程、新工艺、新技术，如大跨度屋面、特种构件制作等。

（3）业主对三大控制中认为在本工程要加以重点控制的特殊要求，如把进度控制作为重点等。

专业监理工程师首先要清楚地了解业主与设计对该专业工程的要求，以及相关的标准、规范、检验达到的限值和优良的定量值。在监理实施细则中，应对该专业工程的特点和要求具体分析，并加以详细地阐述。

2. 监理工作的流程

监理实施细则中的监理工作流程，也就是监理工作程序，是把各个要素所设定的质量控制点，按照自然流水顺序以框图的形式表示出来。监理工作流程是结合该专业工程特点的具有可操作性、实施性的流程图；是保证监理工作有条不紊，防止监理工作失控的重要手段。监理人员可以按照流程图中的先后顺序开展监理工作，对各控制要素进行定期定点的检查验收。

在制订监理工作流程图过程中，一般把一个要素或者一个分部工程、分项工程作为一个流程框图。在设计流程框图时，要根据“简明方便又能反映一个控制单元”的标准进行认真分析。如混凝土子分部工程的监理控制过程，从材料进场检验、配比、计量、搅拌、取样、模板、验筋、浇灌、养护、拆模，这些检查点，每个施工单元都是一样的，只画一个流程图即可反复使用。一般不要把整个单位工程的流程图都画在一起，避免使流程图看起来过长或过于复杂。究竟是以要素或者是以子分部、分项工程画流程图，还是混合式画流程图，应视具体情况而定。

3. 监理工作的控制要点及目标值

监理工作的控制要点及控制目标值是监理实施细则的重点内容，用以具体指导各专业工程监理工作开展。

在整个施工过程中，专业工程的进度始终受制于总进度计划的规定期限，并且遵循和服从于因客观条件影响而进行的各施工阶段进度计划调整；专业工程的进度控制是在整体工程项目进度控制的要求下实现的。同样，各专业工程的投资控制，也包含在全项目投资控制的范围内。因此，专业工程监理实施细则的主要内容是质量控制；而在实施阶段的投资、进度控制，则是在监理规划的基础上，进一步更深入地编制相应专题的实施细则，详细阐明“怎么做”。

经验丰富的专业监理工程师，一般对该分部工程所采用的施工工艺可能导致的质量问题（通病）十分清楚。在监理实施细则中，应当把这些问题（通病）详细地罗列出来，在分析其原因的基础上，找出监理工作的控制要点，并具体写明在哪里应设置控制点、在哪里设置旁站点。质量的控制要点有两种，一种是不需要停止施工就可进行检查的检查点，如混凝土取样、混凝土浇灌时的旁站监理等；另一种是需要施工停下来进行检查验收的停止点、叫停点，如隐蔽验收等。应根据不同的工程特点，施工人员的不同技术水平和素质，设置不同的控制要点。控制要点设置过多、检查过频繁，则检查成本费用高；过少则容易失控，影响质量的信息不能及时取得和处理就会流入下道工序。质量控制要点的设置有一条原则：凡规范明确规定要求进行中间检查验收的必须设为控制点。在此基础上应增设多少控制点，则要具体分析。若一个要素、一个子分部工程或一个分项工程为一条控制线，在这条控制线上设置质控点的数量一般根据控制力度而定，控制力度大时点要多设，小时则少设。控制点的设置是否科学、合理，反映了一个企业质量控制的技巧和先进程度，不能不予重视。此外，还应明确该分部工程所要达到的质量要求，并制订各种控制点或者检查点的检查标准或目标值，注明这些标准或目标值所采用的依据。根据《建筑工程施工质量验收统一标准》GB 50300-2013 规定：“建筑工程施工质量应符合本标准和相关专业验收规范的规定”。可以把该标准的验收规定作为专业工程监理控制的目标值。

4. 监理工作的方法和措施

监理实施细则中的监理工作方法及措施不同于监理规划中所写的监理工作方法和措施。在监理规划中，监理工作的方法和措施是对应于本工程总体概括要求的方法和措施，只是列出总的内容。而在监理实施细则中，监理工作的方法和措施则要求更加实际，直接针对本专业工程，涉及的是监理工作具体怎样做的内容，注重的是一些操作性、实施性细节部分。专业工程的监理实施细则，必须十分详尽地阐明在监理过程中可能用到的旁站、巡视、试验、检测、平行检测等监理方法以及组织、技术，经济和合同等监理措施。

单元 3.4　案例分析

3.4.1　案例 1

泥浆护壁钻孔灌注桩监理实施细则

1. 工程概况

本工程基桩为 ϕ600 ~ ϕ1200 的泥浆护壁钻孔灌注桩，有效桩长可达 35.50m。混凝土加灌长度为 1.5 倍桩径。桩端进入持力层（微风化岩）1.5 倍桩径。其中 ϕ600 的桩为 80 根，ϕ800 的桩为 108 根，ϕ1000 的桩为 60 根，ϕ1200 的桩为 90 根，混凝土强度为 C25。

2. 专业工程特点与流程

泥浆护壁钻孔灌注桩适用于各种土层，有无地下水都能施工。桩长可达 50m 以上，桩直径一般为 ϕ500 ~ ϕ1200，通常是摩擦阻力为主的端承摩擦桩，也有以端阻力为主的摩擦端承桩，视工程地质条件而定。泥浆护壁钻孔灌注桩的成孔制作环节很多，若某施工环节处理不好，就会造成质量问题。监理工程师的任务就是步步为营，预防为主，把可能影响灌注桩质量的因素都考虑到。监督承包人从机械设备、材料管理人员组织和技术管理等方面，提出切实有效的施工方案和组织措施，使灌注桩符合施工验收规范，达到设计要求。

6. 泥浆护壁钻孔灌注桩监理实施细则

（1）施工监理工作流程（图 3–1）。

（2）灌注桩施工工艺流程（图 3–2）。

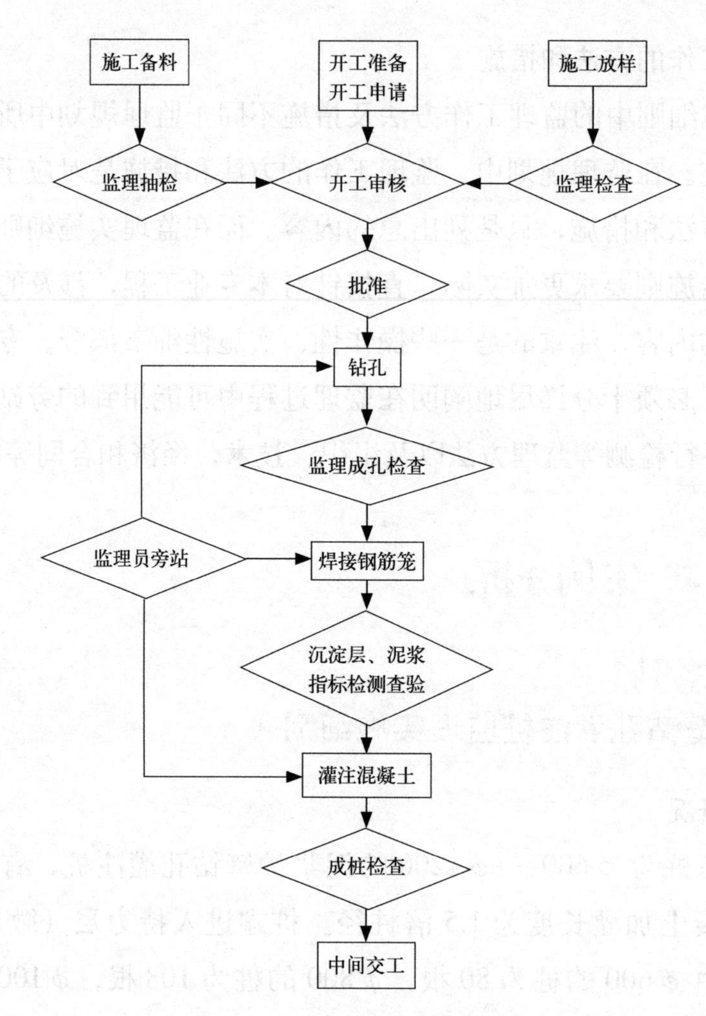

图 3-1　施工监理工作流程图

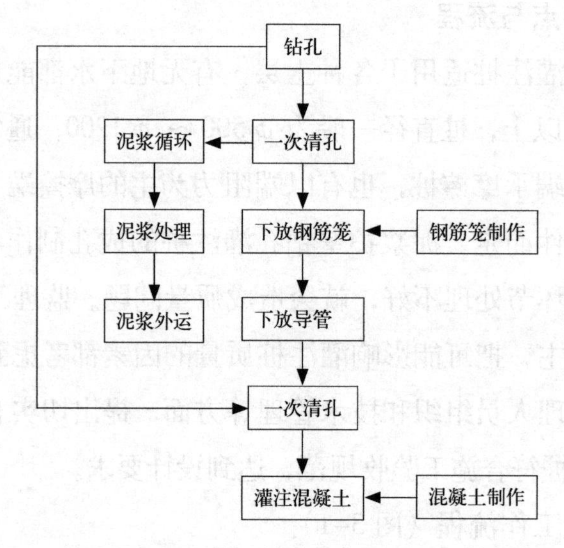

图 3-2　灌注桩施工工艺流程图

(3) 监理工作方法与措施。

1) 原材料的抽检。开工前必须对钢筋、水泥、碎石、黄砂等原材料按要求频率进行检查，质量符合要求才能开工。

2) 测量放样检查。测量工程师应对桩位放样、所使用水准点复测，并检查桩位十字护桩的位置。详见测量监理细则。

3) 审核开工报告。主要包括：材料准备情况检查；人员和设备到场的落实情况检查；测量放样的复测；设计配合比的复核试验检查。开工报告经驻地监理组批复才能开钻。

4) 钻孔、成孔、清孔检查

钻孔检查：

①钻孔前检查钻头直径，要与设计孔径相符，并结合土质情况，护筒埋设要高于地面0.3m或水上1～2.0m，埋深要大于2～4m，护筒中心竖直线要与桩中心线重合。

②钻孔前检查泥浆池大小是否满足施工需要，根据地质情况，调整泥浆性能指标符合规范要求，泥浆循环系统要正常。

③钻孔过程中巡视检查，检查钻孔记录，若发现地质情况与设计不符应及时反映并如实记录。

成孔检查：

成孔检查包括孔深、孔径、孔中心偏位、孔斜等。用测绳检查孔底标高，测绳的挂锤必须有足够重量，每个孔均需用检孔器放到孔底检查，注意检查检孔器的长度是否达到规范要求，孔深等各指标符合要求后才能成孔。

清孔检查：清孔过程中要检查泥浆指标，并根据地质情况确定清孔速度。

5) 钢筋笼质量检查及沉放检查

①检查钢筋笼主筋的长度、根数、规格。应注意分节长度总和扣除立焊的焊缝长度，符合设计长度要求。

②检查箍筋直径、间距。箍筋应贴紧主筋，并绑扎牢固。

③钢筋笼焊接必须符合《非合金钢及细晶粒钢焊条》GB/T 5117-2012要求。

④钢筋笼安放定位后，应采取固定措施，防止混凝土灌注中钢筋笼上浮。

⑤钢筋笼保护层按图纸要求检查，保护层钢筋的尺寸应确保保护层厚度。

6）灌注混凝土前必须再次测量孔底标高，确定沉淀层厚度，泥浆指标必须符合要求，测泥浆指标应从孔中部取浆，达不到要求时应再次清孔。

7）混凝土灌注前应检查导管密封性，导管第一次使用前应做水压试验。

8）为确保混凝土质量，生产混凝土前必须检测砂、石含水量，确定施工配合比。应经常检查水泥、砂、石等自动计量系统是否准确。使用袋装水泥时应抽检每袋重量（称 100 袋），施工中应经常检查混凝土坍落度。

9）混凝土灌注前导管底部离孔底约 25 ~ 40cm。加料漏斗底面距泥浆面高度必须满足大于 4m 要求，以保证桩头混凝土质量。应计算初盘料斗体积，第一盘料用量必须保证埋管深度大于 1m，使导管底部隔水。灌注过程中及时调整导管埋深，使导管埋置深度控制在 2 ~ 6m 范围之内，灌注过程中应经常测量混凝土表面标高并计算导管埋深。灌注过程中，督促承包人做好混凝土灌注记录，并做好旁站记录。混凝土灌注过程中，应注意防止碰撞钢筋笼。混凝土灌注结束时，孔内混凝土顶面标高至少高出设计桩顶标高 0.5 ~ 1.5m。灌注过程中独立抽检试块，并监督承包人自检。承包人的试块应按上、中、下三次取样，监理抽检试块至少一组，并独立抽取。

10）成桩检查。要检查破除桩头后的混凝土的质量，不能出现夹泥、砂浆层等现象。测量监理工程师检查桩顶偏位，其误差不能超过 5cm。旁站无破损检测，必要时进行取芯。

11）承包人桩基混凝土试块的强度试验，并做抽检试块的强度试验。

（4）岗位职责

◆ 原材料和测量放样分别由试验和测量工程师负责检查认可。

◆ 开工报告由驻地工程师批准签发。

◆ 每道工序的检查在监理员的现场监督之下，由承包人质检员执行，现场监理员进行相应的独立抽检，并对检验报告鉴字确认。

◆ 每根桩在开始灌注混凝土之前，负责的监理工程师必须到场，检查钻孔、钢筋和导管等准备工作情况。

◆ 灌注过程中出现事故，结构工程师应及时向驻地监理组汇报。

（5）关键工序和监理工作重点

◆ 桩位复测

测量监理工程师应对所有钻孔桩全部复测，现场监理检查桩位是否采取保护措施，对施工中破坏的桩位需重新复测。

◆ 钻孔

检查护筒埋设及护筒的强度，护筒周围用黏土夯实、不漏水，控制平面偏差及垂直度符合要求。钻进时，不定时检测泥浆指标，泥浆池要足够大，循环池、沉淀池要分开，并及时清理泥浆池。

◆ 成孔检验

利用检孔器检测桩径、孔斜，用测绳和水准仪精确测量孔底标高。

◆ 钢筋笼焊接

检查焊条规格及钢筋笼长度、直径满足规范要求，相邻钢筋笼焊接时，焊接长度应不小于 10d（单面焊）、焊接质量满足规范要求。

◆ 混凝土灌注前检查

检查泥浆三大指标（比重、稠度、含砂率）及沉淀层厚度（小于 50mm）。

◆ 灌注混凝土

检查电子计量装置，其精度应满足要求。施工配合比应设置准确。不定时抽检坍落度，做好试块抽检，并全过程检查混凝土灌注记录，使导管埋深控制在 2 ~ 6m 范围之内。灌注完毕时，混凝土灌注顶面标高要高出设计标高 50mm 以上，以保证桩头质量。

（6）加强控制，避免通病发生，容易出现的缺陷主要包括：

◆ 钻机在钻进时移位，造成钻孔偏位。

◆ 护筒埋深过浅，在钻孔和灌注过程中坍塌。

◆ 钻孔缩径，钢筋笼没有保护层。

◆ 清孔不够，泥浆过浓，沉淀层过厚。

◆ 钢筋对接不准，歪斜。

◆ 钢筋笼偏位。

◆ 在灌注过程中钢筋笼上浮。

◆ 混凝土离析、导管漏水等，导致卡管断桩。

（7）质量标准。

◆ 《地基与基础工程施工质量验收标准》GB 50202－2018。

◆ 《混凝土结构工程施工质量验收规范》GB 50204－2015。

主控项目

桩位允许偏差：按设计要求及参照表 3–2 中的有关规定测量。

孔深：只深不浅，用重锤测量。允许偏差 +300。

桩体质量：按基桩检测技术规范进行小应变检测，数量应不小于 30%，且不少于 20 根。

混凝土强度：按设计要求，见证取样。

承载力：按基桩检测技术规范及设计要求进行静载荷试验，数量应不小于 1%，且不少于 3 根。

钢筋笼：主筋间距允许偏差 +10，长度允许偏差 +100。

灌注桩的桩径、垂直度及桩位允许偏差　　表 3–2

<table>
<tr><th>序号</th><th colspan="2">成孔方法</th><th>桩径允许偏差（mm）</th><th>垂直度允许偏差</th><th>桩位允许偏差（mm）</th></tr>
<tr><td rowspan="2">1</td><td rowspan="2">泥浆护壁钻孔桩</td><td>$D<1000$mm</td><td rowspan="2">≥ 0</td><td rowspan="2">≤ 1/100</td><td>≤ 70+0.01H</td></tr>
<tr><td>$D \geqslant 1000$mm</td><td>≤ 100+0.01H</td></tr>
<tr><td rowspan="2">2</td><td rowspan="2">套管成孔灌注桩</td><td>$D<500$mm</td><td rowspan="2">≥ 0</td><td rowspan="2">≤ 1/100</td><td>≤ 70+0.01H</td></tr>
<tr><td>$D \geqslant 500$mm</td><td>≤ 100+0.01H</td></tr>
<tr><td>3</td><td colspan="2">干成孔灌注桩</td><td>≥ 0</td><td>≤ 1/100</td><td>≤ 70+0.01H</td></tr>
<tr><td>4</td><td colspan="2">人工挖孔桩</td><td>≥ 0</td><td>≤ 1/200</td><td>≤ 50+0.005H</td></tr>
</table>

注：1 H 为桩基施工面至设计桩顶的距离（mm）；
2 D 为设计桩径（mm）。

一般项目

垂直度：允许值 1%，测套管或钻杆。

桩径：允许偏差≥ 0，委托成孔试验。

泥浆比重：应小于 1.15，用比重计测定。

泥浆面标高：高于自然地面 300，用目测。

沉渣厚度：允许值不大于 100，用重锤测量。

混凝土坍落度：允许值 160 ~ 220，用坍落度仪。

钢筋笼：安装深度允许偏差 +100，箍筋间距允许偏差 +20，直径允许偏差 +10。

混凝土充盈系数：应不小于 1，用计量计算法。

桩顶标高：允许偏差 +30、–50，用水准仪，需扣除浮浆层。

(8) 控制点

◆ 桩位控制

桩位控制包括桩在水平方向的位置、桩顶标高（垂直方向位置），以及桩身垂直度的控制，桩在水平方向位置控制包括红线、灰线、护筒埋设情况及钻机就位情况。由于桩位放样随施工阶段性进行，监理工作主要采取抽样检查的方法。桩顶标高需考虑地坪和机架标高的变化，并扣除测定的桩顶浮浆层及劣质桩体的高度，桩身垂直度通过控制桩架垂直度（目测）、测斜，以及钢筋笼下放顺利程度来进行。

◆ 桩长控制

控制桩长是保证灌注桩承载性能的重要措施。桩长控制措施一方面是检查钻具长度。钻具在施工过程中有一定的变化，包括钻具伸缩、磨损和更换。监理在施工过程中对钻具督促施工单位进行多次复测，保证钻具长度的真实性。另一方面用重锤测绳检测钻孔的实际深度。经监理验证孔深达到设计要求后才可进行下一道工序的施工。

◆ 桩体质量控制

控制桩身质量包括钢筋笼制作及安装质量，混凝土质量及混凝土浇捣质量。钢筋笼制作完毕，监理实施验收制度，按设计要求检查钢筋笼的各项技术指标（包括钢笼直径、长度、主筋数量、箍筋间距、焊接质量等）；钢筋笼安装质量通过检查焊接（立面）质量及下笼情况来进行，控制笼顶所处位置及钢筋下放按规范进行，同时检查钢筋笼定位的固定措施。商品混凝土搅拌质量主要通过目测和坍落度检查来进行。混凝土浇捣质量控制监理工作主要有四个方面，包括混凝土初灌量、开浇时导管距孔底位置、浇捣过程中导管在混凝土内的埋深及每次导管上拔长度和上拔速度的检查。为确保桩体质量，施工前必须委托试成孔，数量不少于 2 个，以利于及时修正施工工艺和措施，成孔后至灌混凝土前的间隔时间不得大于24h。

(9) 桩端施工质量控制

桩端施工质量影响桩端承载性能，为保证桩端质量，监理除控制桩径外，还要严格控制沉淤厚度。监理以重锤测绳实测，要求沉淤不大于10cm，同时监理还严格控制二次清孔结束至混凝土浇捣之间间隔时间（小于30min）。

沉淤厚度与清孔质量是密切相关的。为保证清孔质量，监理一方面检查清孔时泥浆性能比重；再者复校导管长度，控制清孔时导管埋深，以保证清孔效果。改变单纯量测沉淤厚度控制沉淤的方法，变被动为主动，比较好地保证了工程沉淤性能。

(10) 风险分析

钻孔灌注桩应用相当普及，它属于现场制作的细长构件，施工的工序较为复杂，施工工艺变化较多，其中成孔工艺、泥浆护壁性能及水下混凝土灌注质量对钻孔灌注桩质量的目标影响较大，钻孔灌注桩常见质量问题包括桩位偏差、孔斜、断桩、缩径、桩身混凝土疏松、沉淤超厚及钢筋笼上浮等。

(11) 预检项目

◆ 施工组织设计

严格审校施工方有关生产、技术管理、劳动力组织、施工机械配备及材料供应计划，泥浆排放措施、进度计划安排、施工场地布置等方面严密性、可靠性，尤其重点审查施工方三级质保体系落实情况。

◆ 土层资料

应充分了解场内土层情况，针对不同土层特点制订相应成孔措施。

◆ 场地条件

检查场地三通一平条件，检查硬地施工落实情况，同时事先应查明场内地下障碍物分布情况，必要时应提前清理。

◆ 原材料质量

按设计图纸及混凝土配合比检查场内原材料品种、规格、质保书，并按规范要求进行抽检。

控制轴线：检查轴线定位依据、标高引入点，并对场内控制轴线及控制标高进行检查。

◆ 试验项目

砂石：同产地以 200m^3 或 300m^3 为一批。

水泥：同品种同强度等级不大于 200t 为一批。

钢筋：同截面尺寸同一炉号大于 60t 为一批。

钢筋电渣焊接接头：每 300 个接头为一批，气压焊、闪光对焊 200 个接头为一批。

混凝土强度标准试块：每根桩不少于一组，每组三块。

成孔试验、承载力试验：按有关规范或设计要求确定试验数量和位置并督促委托专业单位。

◆ 旁站检查

成孔：检查钻机就位“三心一线”（桩位中心、转盘中心及天轮中心），稳固程度及钻机转盘平整度，检查钻孔记录及不同层实际钻进速度、成孔孔深、沉淤厚度、泥浆性能。

钢筋笼安装：检查钢筋笼吊装垂直度控制，搭接焊质量吊装操作规范性，垫块安放，吊筋到位情况等。

混凝土灌注：检查导管至孔底距离，隔水球使用情况，灌注返浆情况，导管埋深及拔除操作等。

试块制作养护：检查制作方法准确及养护条件，意外事故处理，任何施工故障一旦发生，监理应作详细记录。

实测检查：原材料每进场一批抽查一批，按质量标准及级配单要求实施。

护筒埋设：抽查护筒定位精度及埋设质量。

混凝土坍落度：每根桩抽查至少 2 次。

泥浆性能：检查泥浆比重及黏度，成孔与清孔分开检查。

清孔沉淤：主要检查清孔落实情况。

混凝土初灌量：根据实际孔深、孔径，按规范要求确定初灌量并检查混凝土实际用量。

隐蔽工程验收：①成孔深度。根据设计桩长、标高及钻头长度、护筒口标高确定钻杆上余量加以控制，并采用测绳复核。②钢筋笼制作质量。钢筋的规格、形状、尺寸、数量、间距接头设置必须符合设计要求和施工规范规定。③钢筋笼接头焊接。检查焊缝长度、宽度、高度、桩顶标高及护筒标高，计算吊筋长度并复核实际吊筋长度。④沉淤厚度。采用测量重锤手感测定措施检查沉淤厚度。⑤混凝土上翻高度及充盈系数。在最后一节与导管拔除前用测绳检查混凝土面标高，混凝土上翻高度应满足规范要求，充盘系数至少满足不小于1的要求。

◆ 单桩综合评定表

根据验收结果及实际施工情况进行综合评定并验收。提供资料：

①设计图纸及技术要求；②施工方案：③技术核定单；④工程变更签证；⑤质量检验评定表；⑥隐藏工程验收单。

【思考与练习题】

一、填空题

1. 监理实施细则作为指导开展具体（ ）的实施性文件，对工程项目建设监理工作具有重要的（ ）和（ ）。

2. 监理实施细则中所列的（ ）和（ ），可指导现场监理人员及时了解监理细则中规定的（ ）和相应的检查方法、（ ）和（ ），能使监理人员在工作过程中有的放矢，有利于有效实施工程质量控制。

3. 监理实施细则应在相应工程施工开始前由（ ）编制，并应报（ ）审批。

4. 监理实施细则中的监理工作流程，也就是（ ），是把各个要素所设定的质量控制点，按照（ ）以框图的形式表示出来。

5. 监理工作的方法和措施注重的是一些（ ）、（ ）细节部分。

二、单选题

1.（ ）都是建设工程监理工作文件的组成部分。

A．监理大纲、监理架构以及监理实施细则

B．监理大纲、监理规划以及监理单位资质

C．监理大纲、监理规划以及监理实施细则

D．监理合同、监理规划以及监理实施细则

2. 专业工程的进度始终受制于（　）的规定期限，并且遵循和服从于因客观条件影响而进行的各施工阶段进度计划调整。

A．总进度计划　　B．合同工期

C．资金进度计划　　D．人员配置计划

3. 不属于监理实施细则的编制依据是（　）。

A．监理规划　　B．工程建设标准

C．施工组织设计　　D．监理合同

三、判断题

1. 监理实施细则由专业监理工程师负责编制。（　）

2. 编制监理实施细则的对象是施工单位。（　）

3. 监理实施细则应具有可操作性。（　）

4. 监理实施细则对业主方可能出现的不正确的做法要有具体的处理措施。（　）

5. 监理实施细则由建设项目的总监理工程师审核。（　）

四、简答题

1. 细述监理实施细则作用对施工单位的作用。

2. 编制监理实施细则的对象包括哪些？

3. 简述监理工作的流程。

模块 4
建设工程监理主要工作方式和工作内容

【模块概述】

建筑工程管理可归纳为“三控、三管、一协调”的管理内容。工程监理单位实施监理时，应根据建设工程监理合同约定的服务内容、服务期限、工程特点、规模、技术复杂程度、环境等因素来确定具体的工作方式。

【学习目标】

通过本模块的学习，学生能够达到以下学习目标：

1. 能正确口述工程监理主要工作方式及其相关概念。

2. 能正确口述工程监理的主要工作内容。

3. 能以专业监理的角度总结巡视、平行检验、旁站、见证取样的工作流程。

4. 能根据教材内容分析工程案例的问题，作出正确判断和较为正确处理方法。

单元 4.1　建设工程监理主要工作方式

【单元描述】

项目监理机构应根据建设工程监理合同约定，采用巡视、平行检验、旁站、见证取样等方式对建设工程实施监理，巡视、平行检验、旁站、见证取样是建设工程监理的主要方式。

【学习支持】

习近平同志指出，社会主义是干出来的，新时代也是干出来的。这些深情寄语鼓舞人心、催人奋进。我们要以总书记重要讲话精神为巨大动力，坚定我们的道路自信、理论自信、制度自信、文化自信，大力弘扬实干精神，重整行装再出发，为新时代的创新发展凝聚起强大的民族志气！

工程监理的巡查监督为建设工程起到保驾护航的作用。以下内容就是工程监理开展工作的方式。

4.1.1　巡视

巡视是指项目监理机构监理人员对施工现场进行定期或不定期的检查活动。

（1）巡视的作用

巡视是监理人员针对现场施工质量和施工单位安全生产管理情况进行的检查工作人员通过巡视检查，能够及时发现施工过程中出现的各类质量、安全问题，对不符合要求的情况及时要求施工单位进行纠正并督促整改，使问题消灭在萌芽状态。

（2）巡视工作内容和职责

项目监理机构应在监理规划的相关章节中编制体现巡视工作的方案、计划、制度等相关内容，以及在监理实施细则中明确巡视要点、巡视频率和措施，并明确巡视检查记录表在监理过程中，监理人员应按照监理规划及监理实施细则中规定的频次进行现场巡视，巡视检查内容以现场施工质量、生产安全事故隐患为主，且不限于工程质量、安全生产方面的内容，将发现的问题及时、准确地记录在巡视检查记录表中。

总监理工程师应根据经审核批准的监理规划和监理实施细则对现场监理人员进行交底，明确巡视检查要点、巡视频率和采取措施及采用的巡视检查记录表：合理安排监理人员进行巡视检查工作；督促监理人员按照监理规划及监理实施则的要求开展现场巡视检查工作检查监理人员巡视的工作成果，与监理人员就当日巡视检查工作进行沟通，对发现的问题及时采取相应处理措施。

1）巡视内容

监理人员在巡视检查时，应主要关注施工质量、安全生产两个方面的情况。

A. 施工质量方面

◆ 天气情况是否适合施工作业，如不适合，是否已采取相应措施；

◆ 施工人员作业情况，是否按照工程设计文件、工程建设标准和批准的施工组织设计（专项）施工方案施工；

◆ 使用的工程材料、设备和构配件是否已检测合格；

◆ 施工单位主要管理人员到岗履职情况，特别是施工质量管理人员是否到位；

◆ 施工机具、设备的工作状态，周边环境是否有异常情况等。

B. 安全生产方面

◆ 施工单位安全生产管理人员到岗履职情况、特种作业人员持证情况；

◆ 施工组织设计中的安全技术措施和专项施工方案落实情况；

◆ 安全生产、文明施工的相应制度、措施落实情况；

◆ 危险性较大分部分项工程施工情况，重点关注是否按方案施工；

◆ 大型起重机械和自升式架设设施运行情况；

◆ 施工临时用电情况；

◆ 其他安全防护措施是否到位，工人违章情况；

◆ 施工现场存在的事故隐患，以及按照项目理机构的指令整改实施情况；

◆ 项目监理机构签发的“工程暂停令”执行情况等。

2）巡视发现问题的处理

监理人员应按照监理规划及监理实施细则的要求开展巡视检查工作。在巡视检查中发现，应及时采取相应处理措施（比如：巡视监理人员发现个别施工人员在砌筑作业中砂浆饱满度不够，可口头要求施工人员加以整改)；巡视监理人员认为发现的问题自己无法解决或无法判断是否能够解决时，应立即向总监理工程师汇报；在监理巡视检查记录表中及时、准确、真实地记录巡视检查情况；对已采取相应处理措施的质量问题、生产安全事故隐患，检查施工单位的整改落实情况，并反映在巡视检查记录表中。

监理文件资料管理人员应及时将巡视检查记录表归档，同时，注意巡视检查记录与监理日志、监理通知单等其他监理资料的呼应关系。

监理人员应按照监理规划及监理实施细则的要求开展巡视检查工作。在巡视检查中发现问题，应及时采取相应处理措施；巡视监理人员认为发现的问题自己无法解决或无法判断是否能够解决时，应立即向总监理工程师汇报；在监理巡视检查记录表中及时、准确、真实地记录巡视检查情况：对已采取相应处理措施的质量问题、生产安全事故隐患，检查施工单的整改落实情况，并反映在巡视检查记录表中。

监理文件资料管理人员应及时将巡视检查记录表归档同时，注意巡视检查记录与监日志、监理通知单等其他监理资料的呼应关系。

4.1.2 平行检验

平行检验是项目监理机构在施工单位自检的同时，按照有关规定、建设工程监理合同约定对同一检验项目进行的检测试验活动，平行检验的内容包括工程实体量测（检查、试验、检测）和材料检验等内容。

(1) 平行检验的作用

监理人员不应只根据施工单位自己的检查、验收情况填写验收结论，而应该在施工单位检查、验收的基础之上进行平行检验。同样，对于原材料、设备、构配件以及工程实体质量等，也应在见证取样或施工单位委托检验的基础上进行平行检验。

(2) 平行检验工作内容和职责

项目监理机构首先应依据建设工程监理合同编制符合工程特点的平行检验方案，明确平行检验的方法、范围、内容、频率等，并设计各平行检验记录表式。建设工程监理实施过程中，应根据平行检验方案的规定和要求，开展平行检验工作。对平行检验不符合规范、标准的检验项目，应分析原因后按照相关规定进行处理。

4.1.3 旁站

旁站是指项目监理机构对工程的关键部位或关键工序的施工质量进行的监督活动，关键部位、关键工序应根据工程类别、特点及有关规定确定。

（1）旁站的作用

旁站可以起到及时发现问题、第一时间采取措施、防止偷工减料、确保施工工艺和工序按施工方案进行，避免其他干扰正常施工的因素发生等作用。

（2）旁站工作内容

项目监理机构在编制监理规划时，应制定旁站方案，明确旁站的范围、内容、程序和旁站人员职责等，旁站方案是监理人员在充分了解工程特点及监控重点的基础上，确定必须加以重点控制的关键工序、特殊工序，并以此制订的旁站作业指导方案。现场监理人员必须按此执行并根据方案的要求，有针对性地进行检查，将可能发生的工程质量问题和出现的隐患加以消除。

旁站应在总监理工程师的指导下，由现场监理人员负责具体实施。在旁站实施前，项目监理机构应根据旁站方案和相关的施工验收规范，对旁站人员进行技术交底。

7. 旁站监理方式

监理人员实施旁站时，发现施工单位有违反工程建设强制性标准行为的，有权责令施工单位立即整改；发现其施工活动已经或者可能危及工程质量的，应当及时向监理工程师或者总监理工程师报告，由总监理工程师下达局部暂停施工指令或者采取其他应急措施。

旁站记录是监理工程师或者总监理工程师依法行使有关签字权的重要依据。对于需要旁站的关键部位、关键工序施工，凡没有实施旁站或者没有旁站记录的，专业监理工程师或者总监理工程师不得在相应文件上签字。在工程竣工验收后，工程监理单位应当将旁站记录存档备查。

项目监理机构应按照规定的关键部位、关键工序实施旁站。建设单位要求项目监理机构超出规定的范围实施旁站的，应当另行支付监理费用。具体费用标准由建设单位与工程监理在合同中约定。

（3）旁站工作职责

旁站人员的主要工作职责包括但不限于以下内容：

1）检查施工单位现场质量管理人员到岗、特殊工种人员持证上岗以及施工机械、建筑材料准备情况；

2）在现场跟班监督关键部位、关键工序的施工单位执行施工方案以及工程建设强制性标准情况；

3）核查进场建筑材料、建筑构配件、设备和商品混凝土的质量检测报告等，并可在现场监督施工单位进行检验或者委托具有资格的第三方进行复验；

4）做好旁站记录和监理日记，保存旁站原始资料。

旁站人员应当认真履行职责，对需要实施旁站的关键部位、关键工序在施工现场跟班监督、及时发现和处理旁站过程中出现的质量问题，如实准确地做好旁站记录。凡旁站监理人员未在旁站记录上签字的，不得进行下一道工序施工。

总监理工程师应当及时掌握旁站工作情况，并采取相应措施解决旁站过程中发现的问题。监理文件资料管理人员应妥善保管旁站方案、旁站记录等相关资料。

4.1.4 见证取样

见证取样是指项目监理机构对施工单位进行的涉及结构安全的试块，试件及工程材料现场取样、封样、送检工作的监督活动。

（1）见证取样程序

项目监理机构应根据工程的特点和具体情况，制定工程见证取样送检工作制度，将材料进场报验、见证取样送检的范围、工作程序、见证人员和取样人员的职责、取样方法等内容纳入监理实施细则，并可召开见证取样工作专题会议，要求工程参建各方在施工中必须严格按制订的工作程序执行。

8. 见证取样

见证取样和送检制度，即在建设单位或监理单位人员见证下，由施工人员在现场取样，送至试验室进行试验。

见证取样的通常要求和程序如下：

1）一般规定

◆ 见证取样涉及三方行为，即：施工方、见证方、试验方。

◆ 试验室的资质资格管理，见证人员必须取得“见证员证书”，且通过建设单位授权投权后只能承担所授权工程的见证工作。对进入施工现场的所有建筑材料，必须按规范要求实行见证取样和送检试验，试验报告纳人质保资料。

2）授权

建设单位或工程监理单位应向施工单位、工程质监站和工程检测单位递交“见证单位和见证人员授权书”。授权书应写明本工程见证人单位及见证人姓名、证号，见证人不得少于2人。

3）取样

施工单位取样人员在现场抽取和制作试样时，见证人必须在旁见证，且应对试样进行监护，并和委托送检的送检人员一起采取有效的封样措施或将试样送至检测单位。

4）送检

检测单位在接受委托检验任务时，须由送检单位填写委托单，见证人应出示“见证员证书”。并在检验委托单上签名。检测单位均须实施密码管理制度。

5）试验报告

检测单位应在检测报告上加盖有“见证取样选检”印章。发生试样不合格情况时，监理单位应在24h内上报质监站，并建立项目的不合格品登记台账。

应注意的是，对检验报告有五点要求：①试验报告应电脑打印；②试验报告采用统一用表；③试验报告签名要求手写签名；④试验报告应有“见证检验专用章”统一格式；⑤试验报告要求注明见证人的姓名。

（2）见证监理人员工作内容和职责

总监理工程师应督促专业（材料）监理工程师制订见证取样实施细则。总监理工程师还应检查监理人员见证取样工作的实施情况。

见证取样的监理人员应根据见证取样实施细则要求实施见证取样工作，包括：在现场进行见证，监督施工单位取样人员按随机取样方法和试件制作方法进行取样；对试样进行监护、封样加锁：在检验委托单签字，并出示“见证员证书”：协助建立包括见证取样送检计划、台账等在内的见证取样档案等。

监理文件资料管理人员应全面、妥善、真实地记录试块、试件及工程材料的见证取样台账以及材料监督台账。

单元 4.2　工程监理的主要工作内容

【单元描述】

工程监理按监理阶段可分为设计监理和施工监理。设计监理是在设计阶段对设计项所进行的监理，其主要目的是确保设计质量和时间等目标满足业主的要求；施工监理在施工阶段对施工项目所进行的监理，其主要目的在于确保施工安全、质量、投资和工期等满足业主的要求。

【学习支持】

4.2.1　质量、投资与进度

（1）质量控制措施

1）建立健全监理组织，完善职责分工及有关质量监督制度，落实质量控制的责任。

2）严格事前、事中和事后的质量控制措施。

3）严格进行质量检验和验收，不符合合同规定质量要求的拒付工程款。

4）结合工程特点，会同业主确定工程项目的质量要求和标准。

5）组织各专业监理工程师认真核对工程项目的设计文件是否符合相应的质量要求和标准，其内容是否完整、深度能否满足建设工程设计规范的要求，并根据需要提出监理审核意见，督促设计单位解决存在问题，完善设计文件并把文件上报业主。

6）协同业主对施工单位的项目部进行全面审查，对其有关从业人员的专业资格证书、专业水平等级、人员配备等各个方面进行全面核查。

7）协助业主审核合同文件中的有关质量条款，并在实施过程中加以监督控制。

8）开工前，负责组织由业主、设计单位、质监部门和施工单位参加的设计交底和图纸会审工作，认真做好图纸会审记录并整理编写成图纸会审纪要，经各会审单位共同签字认后，作为与施工图具有同等效力的文件下发执行。

9）组织各专业监理工程师编制质量控制的实施细则，制订重点分项工程的质量预控措施。

10）组织各专业监理工程师全面审查施工单位提交的施工组织设计和施工方案及施工术安全措施，签发“施工组织设计（方案）审核签证”，并上报业主。

11）审查施工单位的质量管理保证体系，帮助施工单位制定质量检控办法，并监督实施情况。

12）审核主要材料、成品、半成品及设备的性能质量，将其作为质量控制的重点之一。施工单位在订货前需将材料、成品、半成品和设备样品（样本）材质证明和有关技术资料向监理工程师申报，经与业主、设计单位研究同意后，方可订货。建筑材料进场后，需要进行见证取样检测。材料检测合格后，经监理工程师审查其出厂合格证、材质检验证明及有关技术参数，批准同意并下发“批准原材料、半成品使用表”和“设备报验单”后，施工单位方可使用该建筑材料。

13）工程中所使用的各类混合料配合比、钢筋焊接及其他新材料、新技术、新工艺，须事前报送试配、试焊结果及有关技术资料，经监理工程师审核批准后方可使用。

14）利用每周工程例会和定期或不定工期地召开质量问题分析会，针对施工中发现工程质量问题，认真分析原因，采取相应措施，及时纠正、扭转质量下降趋势。

15）严格控制现场施工质量。现场监理工程师实行监理跟班制，发现问题后及时要求处理，情况严重者下发“施工质量问题通知单”，要求限期整改，对整改不力或未整改的，下发“施工停工通知”，直至达到工程质量要求后才可继续施工。

16）对施工单位提交的工程进度月报中已完的工程量进行审核签证，上报业主作为月工程进度款的支付依据，每月向业主提交工程质量控制月报表。

17）审核施工单位提交的安全防护措施，并监督检查实施情况，发现施工中存在安全隐患后及时要求整改，对存在重大安全隐患，下发“安全隐患通知书”，提出监理意见并要求停止施工限期整改，达到要求后方可继续施工。根据具体情况，上报业主直至政府建设主管部门。

18）协助业主处理工程质量和安全事故的有关事宜，负责组织有关方面进行事故调查和分析，审批事故处理方案，签发“工程质量事故处核查意见”，上报业主和质监部门认可，并监督检查实施情况。

19）负责组织重要工序及部位（如基础、梁、板、柱钢筋绑扎、混凝土浇筑等）的隐蔽验收，核查分项工程质量和分部工程质量，对施工单位提交的“隐蔽工程验收单”和“工程报验单”签署监理意见，与质监部门共同验收合格后方可进行下道工序的施工。对分部工程由总监理工程师签署“分部工程验收监理核验意见”，并上报业主。组织各专业监理工程师对单项工程进行竣工预验收，签署相应的质监报告和预验收监理见，上报业主。协助业主会同设计施工单位和质监部门对工程进行正式竣工验收，验收合格后办理移交手续，审核竣工图和其他工程技术文件资料。

20）在保修阶段负责检查工程使用状况，定期填写“工程状况检查记录表”，对出现的工程质量问题进行调查分析，鉴定其责任，督促施工单位及时做好返修工作。

(2）投资控制措施

为保证工程资金的充分利用和计划性，争取消除超出投资的现象，使工程取得最大的经济效益，主要应采取以下措施：

业主投资的目的是在工程开发中取得最大的经济效益。作为受业主委托的监理方，为了保障业主的利益，应采取下列的投资控制措施：

1）建立健全监理的组织，完善职责分工及有关工作制度，落实投资控制的责任。

2）根据施工组织设计和施工方案，合理开支施工措施费，以及按合理工期组织施工产生不必要的赶工费。

3）及时进行计划费用与实际开支费用的比较分析。

4）按合同条款支付工程款，防止过早、过量的现金支付，全面履约，减少对方提出索赔的条件和机会，正确地处理索赔等。

5）组织专业监理工程师认真审核设计预算，并出相应的专业建议提供给业主决策。

6）对设计图纸中采用的主要材料、设备作必要的经济技术论证，以挖掘节约投资、提高经济效益的潜力，达到既满足业主的功能要求，又让价格经济合理的效果。

7）根据工程总投资的具体情况，编制总投资规划，并在项目实施过程中控制其执行情况。必要时及时调整，并上报业主批准。

8）审核合同文件中有关投资条款。

9）编制工程施工阶段如各年、季、月度资金使用计划，并在实施过程中跟踪控制，检查其执行情况。

10）按施工合同文件中规定的工程款支付办法，由各专业监理工程师计量、审核施工单位完成的工程量。预算工程师审核相应的工程进度款，由总监理工程师或其代表签发工程进度款签证，并报业主认可。在施工过程中，每月进行投资计划值与实际值比较，认真绘制资金时间计划与实际使用图，针对实际值与计划值存在的偏差，分析原因、制订相应措施，并向业主提交投资控制报表。

11）收集市场材料价格信息和进行设备、成品、半成品的询价调查工作，为合理控制工程投资提供可靠的依据。严格控制设计变更和各项预算外费用的签证，并对其作必要的技术经济合理性分析，把好投资关。对超出合同预算的设计变更、工地洽商，由施工单位做出预算，监理工程师审核其费用的增减并报业主审批。认真审定施工单位编制的工程结算，杜绝高估冒算和套用不合格定额标准的现象，并编制“工程结算核定表”上报业主。

12）在处理各类索赔问题时，严格按施工合同文件中的有关规定和相应的程序执行。认真做好计算、审核各类索赔金的工作。

（3）进度控制措施

进度控制贯穿整个施工全过程，是保证工程按期完工付使用的重要措施。为使工程按期交付使用，针对现场实际情况，在充分考虑各种因素的前提下，主要采取以下监理措施，确保工程按进度计划顺利开展施工。

1）落实进度控制的责任，建立进度控制协调制度。

2）协助施工单位建立施工作业计划体系；增加同步作业的施工面；采用高效能的施工机械设备；缩短工艺过程时间和工序间的技术间歇时间。

3）由于承包方的原因拖延工期应对其进行必要的经济处罚，对工期提前者进行奖励。

4）按合同要求及时协调有关各方的进度，以确保工程项目的形象进度。

5）根据业主要求，结合本工程特点，编制工程项目总进度规划，并报业主认可。在实施过程中做好跟踪控制，必要时及时对进度计划进行调整。

6）督促设计单位按合同进度要求及时解决施工过程出现设计问题，以确保总进度规划。

7）组织专业监理工程师审核合同文件中有关进度条款，确定相应的工程工期和开工日期。

8）审查认可开工报告，审核施工单位报送的总施工进度计划和年度进度计划以及采取的相应措施，提出监理意见并报业主认可。

9）督促施工单位及时提供的施工进度周、月报表上交项目监理部，组织各专业监理工程师审查。

10）审查施工单位报送的材料、设备、劳动力、施工机具的进、退场计划，并加以控制。

11）在施工过程中，以关键工序、关键工作为控制重点，建立进度信息反馈系统，实行日、周、月进度记录和报告制度，作为检查工程进度和进行决策的依据。每月进行计划进度值与实际值比较，针对实际进度值与计划值存在的偏差，制订相应纠偏措施，并定期向主提交进度控制月报表。

12）及时兑付工程进度款，严格控制资金流向，专款专用，确保工程进度。

13）开好进度协调会，实行定期工程例会制度，检查进度计划完情况，安排工作计划，分析有可能影响工程进度的原因，制订弥补措施，并将会议纪要分发给有关单位做好工程项目的有关组织协调工作，识别和排除对工程进度的干扰因素，保证工程顺利进行。

14）区分和审批工程延误和工程延期，并上报业主。

15）负责收集、整理工程进度资料，以此作为审查程竣工决算的参考依据。

4.2.2 合同与信息管理

(1) 合同管理

合同管理是在市场经济体制下组织建设工程实施的基本手段，也是项目监理机构控制建设工程质量、造价、进度三大目标的重要手段。

完整的建设工程施工合同管理应包括施工标的策划与实施；合同计价方式及合同文本的选择；合同谈判及合同条件的确定；合同协议书的签署；合同履行检查；合同变更、违约及纠纷的处理；合同订立和履行的总结评价等。

根据《建设工程监理规范》GB/T 50319－2013，项目监理机构在处理程索赔及施工合同争议、解除等方面的合同管理职责处理情况如下：

1）施工合同争议的处理

项目监理机构应按《建设工程监理规范》GB/T 50319－2013 规定的程序处理施工合同争议。在处理施工合同争议过程中，对未达到施工合同约定的暂停履行合同条件的，应要求施工合同双方继续履行合同。在施工合同争议的仲裁或诉讼过程中，项目监理机构应按仲裁机关或法院要求提供与争议有关的证据。

2）施工合同解除的处理

◆ 因建设单位原因导致施工合同解除时，项目监理机构应按施工合同约定组织建设单位和施工单位协商确定施工单位应得款项，并签发工程款支付证书。

◆ 因施工单位原因导致施工合同解除时，项目监理机构应按施工合同约定，确定施工单位应得款项或偿还建设单位的款项，在组织建设单位和施工单位进行协商后，书面提交施工单位应得款项或偿还建设单位款项的证明。

◆ 因非建设单位、施工单位原因导致施工合同解除时，项目监理机构应按施工合同约定处理合同解除后的有关事宜。

(2) 信息管理

建设工程信息管理是对建设工程信息的收集、加工、整理、存储、传递、应用等一系列工作的总称。

1）信息管理的基本环节

建设工程信息管理贯穿工程建设全过程，其基本环节包括信息的收集、传递、加工、整理、分发、检索和存储。

A. 建设工程信息的收集在建设工程的不同进展阶段，会产生大量的信息。工程监理单位介入的工程阶段不同，决定了信息收集的内容不同。如果工程监理单位接受委托在建设工程决策阶段提供咨询服务，则需要收集与建设工程相关的市场、资源、自然环境、社会环境等方面的信息。如果是在建设工程设计阶段提供项目管理服务，则需要收集的信息有：工程项目可行性研究报告及前期相关文件资料，同类工程相关资料，拟建工程所在地信息，勘察、测量、设计单位相关信息，拟建工程所在地政府部门相关规定，拟建工程设计质量保证体系及进度计划等。如果是在建设工程施工招标阶段提供相关服务，则需要收集的信息有：工程立项审批文件，工程地质、水文地质勘察报告，工程设计及概算文件，施工图设计审批文件，工程所在地工程材料、构配件、设备、劳动市场价格及变化规律，工程所在地工程建设标准及招标投标相关规定等。

在建设工程施工阶段，项目监理机构应从下列方面收集信息：

◆ 建设工程施工现场的地质、水文、测量、气象等数据；地上、地下管线，地下洞室地上既有建筑物、构筑物及树木、道路，建筑红线，水、电、气管道的引入标志；地质勘察报告、地形测量图及标桩等环境信息。

◆ 施工机构组成及进场人员资格，施工现场质量及安全生产保证体系，施工组织设计及（专项）施工方案、施工进度计划，分包单位资格等信息。

◆ 进场设备的规格型号、保修记录，工程材料、构配件、设备的进场、保管、使用等信息。

◆ 施工项目管理机构管理程序，施工单位内部工程质量、成本、进度控制及安全生产管理的措施及实施效果，工序交接制度，事故处理程序，应急预案等信息。

◆ 施工中需要执行的国家、行业或地方工程建设标准；施工合同履行情况。

◆ 施工过程中发生的工程数据，如地基验槽及处理记录，工序交接检查记录，隐蔽工程检查验收记录，分部分项工程检查验收记录等。

◆ 工程材料、构配件、设备质量证明资料及现场测试报告。

◆ 设备安装试运行及测试信息，如电气接地电阻、绝缘电阻测试，管道通水、通气、通风试验，电梯施工试验，消防报警、自动喷淋系统联动试验等信息。

◆ 工程索赔相关信息，如索赔处理程序、索赔处理依据、索赔证据等。

B. 建设工程信息的加工、整理、分发、检索和存储。

◆ 信息的加工和整理。信息的加工和整理主要指将所获得的数据和信息通过鉴别选择、核对、合并、排序、更新、计算、汇总等生成不同形式的数据和信息，目的是提供给各类管理人员使用。加工、整理数据和信，往往需要按照不同的需求分层进行。工程监理人员对于数据和信息的加工要从鉴别开始。科学的信息加工和整理，需要基于业务流程图和数据流程图。

◆ 信息的分发和检索。信息分发和检索的基本原则：需要信息的部门和人员，有权在需要的第一时间，方便地得到所需要的信息。

◆ 信息的存储。存储信息需要建立统一数据库。

2）信息管理系统

A. 信息管理系统的主要作用　建设工程信息管理系统作为处理工程项目信息的人机系统。

B. 信息管理系统的基本功能　建设工程信息管理系统的目标是实现信息的系统管理和提供必要的决策支持。建设工程信息管理系统的基本功能应至少包括工程质量控制、工程造价控制、工程进度控制、工程合同管理四个子系统。

3）建筑信息模型（BIM）

BIM 是利用数字模型对工程进行设计、施工和运营的过程。BIM 以多种数字技术为依托，可以实现建设工程全寿命期集成管理。在建设工程实施阶段，借助于 BIM 技术，可以进行设计方案比选，实际施工模拟，在施工之前就能发现施工阶段会出现的各种问题，以便提前处理，从而可提供合理的施工方案，合理配置人员、材料和设备，在最大范围内实现资源的合理运用。

A. BIM 的特点 BIM 具有可视化、协调性、模拟性、优化性、可出图性等特点。

B. BIM 在工程项目管理中的应用。

◆ 应用目标工程监理单位应用 BIM 的主要任务是通过借助 BIM 理念

及其相关技术搭建统一的数字化工程信息平台，实现工程建设过程中各阶段数据信息的整合及其应用，进而更好地为建设单位创造价值，提高工程建设效率和质量。目前，建设工程监理过程中应用 BIM 技术期望实现如下目标：可视化展示；提高工程设计和项目管理质量；控制工程造价；缩短工程施工周期。

◆ 应用范围。现阶段，工程监理单位运用 BIM 技术提升服务价值，仍处于初级阶段其应用范围主要包括以下几个方面：可视化模型立；管线综合；4D 模拟施工；成本核算。

4.2.3 组织协调

（1）项目监理机构组织协调内容

从系统工程角度看，项目监理机构组织协调内容可分为系统内部（项目监理机构）协调和系统外部协调两大类，系统外部协调又分为系统近外层协调和系统远外层协调。近外层和远外层的主要区别是建设单位与近外层关联单位之间有合同关系，与远外层关联单位之间没有合同关系。

1）项目监理机构内部的协调

A. 项目监理机构内部人际关系的协调项目监理机构是由工程监理人员组成的工作体系，工作效率在很大程度上取决于人际关系的协调程度。总监理工程师应首先协调好人际关系，激励项目监理机构人员。

◆ 在人员安排上要量才录用。要根据项目监理机构中每个人的专长进行安排，做到人尽其才。

◆ 在工作委任上要职责分明。对项目监理机构中的每一个岗位，都要明确岗位目标和责任，应通过职位分析，使管理职能不重不漏，做到“事事有人管，人人有专责”，同时明确岗位职权。

◆ 在绩效评价上要实事求是。

◆ 在矛盾调解上要恰到好处。

B. 项目监理机构内部组织关系的协调项目监理机构是由若干部门（专业组）组成的工作体系，每个专业组都有自己的目标和任务。如果每个专业组都从建设工程整体利益出发，理解和履行自己的职责，则整个建设工就会处于有序的良性状态，否则，整个系统便处于无序的紊乱状态，导致功能失调、效率下降。为此，应从以下几方面协调项目监理机构内部组织关系：

◆ 在目标分解的基础上设置组织机构，需根据工程特点及建设工程监理合同约定的工作内容，设置相应的管理部门。

◆ 明确规定每个部门的目标、职责和权限，最好以规章制度形式明确规定。

◆ 事先约定各个部门在工作中的相互关系。

◆ 建立信息沟通制度。如采用工作例会、业务碰头会，发送会议纪要、工作流程图、信息传递卡等来沟通信息，这样有利于从局部了解全局，服从并适应全局需要。

◆ 及时消除工作中的矛盾或冲突。

C. 项目监理机构内部需求关系的协调建设工程监理实施中有人员需求、检测试验设备需求等，而资源是有限的，因此，内部需求平衡至关重要。例如建设工程监理检测试验设备的平衡。建设工程监理开始实施时，要做好监理规划和监理实施细则的编写工作，合理配置建设工程监理资源，要注意期限的及时性、规格的明确性、数量的准确性、质量的规定性。

D. 对工程监理人员的平衡要抓住调度环节，注意各专业监理工程师的配合。工程监理人员的安排必须考虑工程进展情况，根据工程实际进展安排工程监理人员进、退场计划以保证建设工程监理目标的实现。

2）项目监理机构与建设单位的协调

项目监理机构与建设单位的协调是建设工程监理工作的重点和难点。

3）项目监理机构与施工单位的协调

A. 与施工单位的协调应注意的问题。

◆ 坚持原则，实事求是，严格按规范、规程办事，讲究科学态度。

◆ 协调不仅是方法、技术问题，更多的是语言艺术、感情交流和用权适度问题。

B. 与施工单位的协调工作内容。

◆ 与施工项目经理关系的协调。

◆ 施工进度和质量问题的协调。

◆ 对施工单位违约行为的处理。

◆ 施工合同争议的协调。

◆ 对分包单位的管理。

4）项目监理机构与设计单位的协调

工程监理单位与设计单位都是受建设单位委托进行工作的，两者之间没有合同关系，因此，项目监理机构要与设计单位做好交流工作，需要建设单位的支持。

5）项目监理机构与政府部门及其他单位的协调

与社会各方关系的协调，建设单位应起主导作用。如果建设单位确需将部分或全部社会各方关系协调工作委托工程监理单位承担，则应在建设工程监理合同中明确委托的工作和相应报酬。

（2）项目监理机构组织协调方法

项目监理机构可采用以下方法进行组织协调：

1）会议协调法

会议协调法是建设工程监理中最常用的一种协调方法，包括第一次工地会议、监理例会、专题会议等。

A. 第一次工地会议　第一次工地会议是在建设工程尚未全面展开、总监理工程师下达“开工令”前，建设单位、工程监理单位和施工单位对各自人员及分工、开工准备、监理例会的要求等情况进行沟通和协调的会议，也是检查开工前各项准备工作是否就绪并明确监理程序的会议。第一次工地会议应由建设单位主持，监理单位、总承包单位授权代表参加，也可邀请分包单位代表参加，必要时可邀请有关设计单位人员参加。第一次工地会议上，总监理工程师应介绍监理工作的目标、范围和内容、项目监理机构及人员职责分工、监理工作程序及方法和措施等。

B. 监理例会　监理例会是项目监理机构定期组织有关单位研究解决与监理相关问题的会议。监理例会应由总监理工程师或其授权的专业监理工程师主持召开，宜每周召开一次。参加人员包括项目总监理工程师或总监理工程师代表、其他有关监理人员、施工项目经理、施工单位其他有关人员。需要时，也可邀请其他有关单位代表参加。

监理例会主要内容应包括：

◆ 检查上次例会议定事项的落实情况，分析未完事项原因；

◆ 检查分析工程项目进度计划完成情况，提出一阶段进度目标及其落实措施；

◆ 检查分析工程项目质量、施工安全管理状况，针对存在的问题提出改进措施；

◆ 检查工程量核定及工程款支付情况；

◆ 解决需要协调的有关事项；

◆ 其他有关事宜。

C. 专题会议　专题会议是由总监理工程师或其授权的专业监理工程师主持或参加的，为解决建设工程监理过程中的工程专项问题而不定期召开的会议。

2）交谈协调法

在建设工程监理实践中，并不是所有问题都需要开会来解决，有时可采用“交谈”的方法进行协调。交谈包括面对面的交谈和电话电子邮件等形式的交谈。

无论是内部协调还是外部协调，交谈协调法的使用频率是相当高的。由于交谈本身没有合同效力，而且具有方便、及时等特性，因此，工程参建各方之间及项目监理机构内部都愿意采用这一方法进行协调。此外，相对于书面寻求协作而言，人们更难于拒绝面对面的请求。因此，采用交谈方式请求协作和帮助比用书面方法实现的可能性要大。

3）书面协调法

当会议或者交谈不方便或不需要时，或者需要精确地表达自己的意见时，就会采用书面协调法。书面协调法的特点是具有合同效力，一般常用于以下几方面：

◆ 不需双方直接交流的书面报告、报表、指令和通知等；

◆ 需要以书面形式向各方提供详细信息和情况报的报告、信函和备忘录等；

◆ 事后对会议记录、交谈内容或口头指令的书面确认。

总之，组织协调是一种管理艺术和技巧，监理工程师尤其是总监理工程师需要掌握领导科学、心理学、行为科学方面的知识和技能，如激励、交际、表扬和批评的艺术、开会艺术、谈话艺术、谈判技巧等。只有这样，监理工程师才能对工作进行有效的组织协调。

4.2.4 安全生产管理

项目监理机构应根据法律法规、工程建设强制性标准履行建设工程安全生产管理的监理职责，并应将安全生产管理的监理工作内容、方法和措施纳入监理规划及监理实施细则。

（1）施工单位安全生产管理体系的审查

1）审查施工单位的管理制度、人员资格及验收手续

项目监理机构应审查施工单位现场安全生产规章制度的建立和实施情况审查施工单位生产许可证的符合性和有效性；审查施工单位项目经理、专职安全生产管理人员和特种作业人员的资格；核查施工机械和设施的安全许可验收手续。

施工单位在使用施工起重机械和整体提升脚手架、模板等自升式架设设施前，应当组织有关单位进行验收，也可以委托具有相应资质的检验检测机构进行验收；使用承租的机械设备和施工机具及配件的，由施工总承包单位、分包单位、出租单位和安装单位共同进行验收，验收合格后方可使用。

2）审查专项施工方案

项目监理机构应审查施工单位报审的专项施工方案，符合要求的，应由总监理工程师签认后报建设单位。超过一定规模的危险性较大的分部分项工程的专项施工方案，应检查施工单位组织专家进行论证、审查的情况，以及是否附具安全验算结果。

3）专项施工方案审查的基本内容

编审程序应符合相关规定。专项施工方案由施工项目经理组织编制，经施工单位技术负责人签字后，才能报送项目监理机构审查。专项施工方案的安全技术措施应符合工程建设强制性标准。

安全技术措施应符合工程建设强制性标准。

（2）专项施工方案的监督实施及安全事故隐患的处理

1）专项施工方案的监督实施

项目监理机构应要求施工单位按已批准的专项施工方案组织施工。专项

施工方案需要调整时，施工单位应按程序重新提交项目监理机构审查。

项目监理机构应巡视检查危险性较大的分部分项工程专项施工方案实施情况。发现未按专项施工方案实施时，应签发“监理通知单”，要求施工单位按专项施工方案实施。

2）安全事故隐患的处理

项目监理机构在实施监理过程中发现工程存在安全事故隐患时，应签发“监理通知单”要求施工单位整改；情况严重时，应签发“工程暂停令”，并应及时报告建设单位施工单位拒不整改或不停止施工时，项目监理机构应及时向有关主管部门报送监理报告。

紧急情况下，项目监理机构可通过电话、传真或者电子邮件向有关主管部门报告，事后应形成监理报告。

单元 4.3 案例分析

案例一

工程背景：

某土建工程，施工过程中发生如下事件：

事件一：项目监理机构收到施工单位报送的施工控制测量成果报验表后，安排监理员检查、复核报验表所附的测量人员资格证书、施工平面控制网和临时水准点的测量成果，并签署意见。

事件二：施工单位在编制搭设高度为 28m 的脚手架工程专项施工方案的同时，项目经理即安排施工人员开始搭设脚手架，并兼任施工现场安全生产管理人员，总监理工程师发现后立即向施工单位签发了“监理通知单”并要求整改。

事件三：在脚手架拆除过程中，发生坍塌事故，造成施工人员 3 人死亡、5 人重伤人轻伤。事故发生后，总监理工程师立即签发“工程暂停令”，并在 2 小时后向监理单位负责人报告了事故情况。

事件四：由建设单位负责采购的一批钢筋进场后，施工单位发现其规格、型号与合同约定不符，项目监理机构按程序对这批钢筋进行了处置。

问题：

1. 指出事件一中的不妥之处，说明理由。项目监理机构对施工控制测量成果的检查、复核还应包括哪些内容？

2. 指出事件二中施工单位做法的不妥之处，写出正确做法。

3. 指出事件二中总监理工程师做法的不妥之处，写出正确做法。

4. 按照《生产安全事故报告和调查处理条例》，确定事件三中的事故等级，并指出在事件三的总监理工程师做法的不妥之处，写出正确做法。

5. 判断事件四中做法是否妥当，写出正确做法。

案例解答：

1. 事件一中，项目监理机构的不妥之处有：安排监理员检查、复核与签署监理意见。

正确做法：安排专业监理工程师检查、复核与签署监理意见。项目监理机构对施工控制测量成果的检查、复核内容还应包括测量设备的检定证书、高程控制网和控制桩的保护措施。

2. 事件二中，施工单位的不妥之处有：

（1）专项施工方案编制的同时就开始搭建脚手架，正确做法：编制专项施工方案后，附具安全验算结果，经施工单位技术负责人，总监理工程师签字后才可安排搭建脚手架。

（2）项目经理兼任施工现场安全生产管理人员。正确做法：应督促施工方安排专职安全生产管理人员。

3. 事件二中，总监理工程师的不妥之处为向施工单位签发“监理通知单”。

正确做法：报建设单位同意后，签发“工程暂停令”。

4. 事件三中，事故等级属于较大事故，总监理工程师做法的不妥之处为在事故发 2h 后向监理单位负责人报告。

正确做法：应在事故发生后立即向监理单位负责人报告。

5. 事件四中做法不妥，项目监理机构应采用以下方式处置该批钢筋：报告建设单位，经建设单位同意后与施工单位协商，能够用于本工程的，按程序办理相关手续；不能用于本工程的，要求限期清出现场。

案例二

工程背景：

某建筑工程，工程实施中发生如下事件：

事件一：一批工程材料进场后，施工单位审查了材料供应商提供的质量证明文件并按规定进行了检验，确认材料合格后，施工单位项目技术负责人在“工程材料、构配件、设备报审表”中签署意见后，连同质量证明文件一起报送项目监理机构审查。

事件二：工程开工后不久，施工项目经理与施工单位解除劳动合同后离职，致使施工现场的实际管理工作由项目副经理负责。

事件三：项目监理机构审查施工单业执照、安全生产许可证和类似工程业绩，随即要求施工单位补充报送分包单位的其他相关资格位报送的分包单位资格报审材料时发现，其《分包单位资格报审表》附件仅附有分包单位营业执照等证明材料。

事件四：施工单位编制了高大模板工程专项施工方案，并组织专家论证、审核后报送项目监理机构审批。总监理工程师审核签字即交由施工单位实施。

施工过程中，专业监理工程师巡视发现，施工单位未按专项施工方案组织施工，且存在安全事故隐患，便立刻报告了总监理工程师。总监理工程师随即与施工单位进行沟通，施工单位解释：为保证施工工期，调整了原专项施工方案中确定的施工顺序，保证不存在安全问题。总监理工程师现场察看后认可施工单位的解释，故未要求施工单位采取整改措施。结果，由上述隐患导致发生了安全事故问题。

问题：

1. 针对事件一中施工单位的不妥之处，写出正确做法。

2. 针对事件二，项目监理机构和建设单位应如何处置？

3. 事件三中，施工单位还应补充报送分包单位的哪些资格证明材料？

4. 针对事件四中的不妥之处，写出正确做法。

案例解答：

1. 应该是材料进场后，由施工单位进行自检，自检合格后，填写原材料报验单，向监理工程师报验。监理工程师根据合同约定，对该原材料进行见证取样检测或者做平行检验，合格后，才能够同意使用。

2. 施工单位应该派遣资质、履历与能力都符合要求的项目经理，并经过监理单位与建设单位的书面同意后，方可正式进入现场开展工作。

3. 还要补充的材料为：资质证书、税务登记证、组织机构代码证、分包单位项目经理授权书、安全生产协议、分包合同。

4. 应该经过监理单位与建设单位审查后，才可以报请专家进行评审。按照专家的意见对原方案进行修改后，方可正式实施该方案。当发现施工顺序与施工方案不一致时，要及时下达监理通知单要求施工单位予以改正。

【思考与练习题】

一、填空题

1. 工程监理按监理阶段可分为（　）和（　）。

2. 监理人员在巡视检查时，应主要关注（　）、（　）两个方面的情况。

3. 平行检验的内容包括工程（　）和（　）等内容。

4. 旁站应在（　）的指导下，由（　）负责具体实施。

5. 见证取样涉及三方行为：（　）、（　）、（　）。

6. 建设工程信息管理贯穿工程建设全过程，其基本环节包括信息的（　）、（　）、（　）、（　）、（　）、检索和存储。

二、单选题

1. 旁站记录是（　）依法行使有关签字权的重要依据。

A．施工负责人　　B．监理工程师

C．现场业主代表　　D．设计人员

2. “见证单位和见证人员授权书”应写明本工程见证人单位及见证人姓名、证号，见证人不得少于（　）人。

A．2　　B．3

C．4　　D．5

3. 会议协调法是建设工程（　）中最常用的一种协调方法，包括第一次工地会议、监理例会、专题会议等。

A．设计　　B．施工

C．监理　　　　　　　　D．采购

三、判断题

1. 专业监理工程师可以进行见证取样工作。（ ）

2. 监理员负责抽取材料样品送检。（ ）

3. 协调工作有监理方与施工方协调，监理方与业主方协调这两种工作方式。（ ）

4. 监理协调的方法有会议协调法和口头协调法。（ ）

5. 施工单位项目经理的从业资格必须经由监理方的审查，合格后方可上岗。（ ）

四、简答题

1. 旁站人员的有哪些主要工作职责？

2. 项目监理机构在处理施工合同争议有哪些合同管理职责？

3. 项目监理机构组织协调内容有哪些？

4. 项目监理机构与施工单位的协调注意的问题和内容有哪些？

五、案例题

背景：

某监理单位与建设单位签订了某土建工程施工阶段的工程监理合同，监理部设置总监理工程师 1 人和专业监理工程师 3 人。专业监理工程师驻现场开展巡视、旁站，实施监理工作。

在监理过程中，发现以下一些问题：

（1）某层钢筋混凝土墙体由于绑扎钢筋困难，无法施工，施工单位未通报项目监理机构就把墙体钢筋门洞移动了位置。

（2）某层钢筋混凝土柱钢筋绑扎已检查、签证，模板经过预检验收，浇筑混凝土过程中及时发现模板胀模。

（3）某层钢筋混凝土墙体钢筋绑扎后未经检查验收，即擅自合模封闭，正在准备浇筑混凝土。

（4）某层楼板钢筋经监理工程师检查签证后即进行浇筑楼板混凝土，混凝土浇筑完成后，发现楼板中设计的预埋电线暗管未通知电气专业监理工程师检查签证。

（5）施工单位把地下室内防水工程分包给一家专业施工单位。该分包单位未经资质验证认可即进场施工，并已进行了 200m^2 的防水工程施工。

（6）某层钢筋骨架焊接正在进行中，监理工程师检查发现有 2 人未经技术资质审查认可。

（7）某楼层一户住房房间钢门框经检查符合设计要求，日后检查发现门销已经焊接，门扇已经安装，但是门扇的安装方向装反向了，经检查施工符合设计图纸要求。

问题：

1. 项目监理机构组织协调方法有哪几种？

2. 第一次工地例会的目的是什么？应在什么时间举行？应由谁主持召开？

3. 建设工程监理中最常用的一种协调方法是什么？此种方法在具体实践中包括哪些具体方法？

4. 发布指令属于哪一类组织协调方法？

5. 针对以上在监理过程中发现的问题，监理工程师应分别如何处理？

模块5 建筑工程安全监理

【模块概述】

工程监理单位和监理人员应按照我国的法律法规、建筑工程监理合同和相关技术标准实施建筑工程安全生产管理的监理工作，并承担监理责任。工程监理单位的安全监理工作不得替代施工单位的安全管理工作，也不能免除施工单位的安全生产责任。

【学习目标】

通过本模块的学习，学生能够完成以下学习目标：

1. 能正确口述安全生产的基本方针、“三同时”原则和“四不放过”原则。

2. 能简要总结建筑工程监理安全管理的工作内容和工作程序。

3. 能简要总结建筑工程监理企业的安全责任。

4. 能正确口述建筑工程建设安全隐患的概念和监理对安全事故处理的方法。

5. 能根据教材内容正确分析案例事件和作出较为正确的做法。

单元 5.1　建筑工程安全生产和安全监理概述

【单元描述】

为了加强建设工程安全生产监督管理，保障人民群众生命和财产安全。在施工过程中，运用科学的管理理论、方法，通过法规、技术、组织等手段，规范劳动者行为，控制劳动对象、劳动手段和施工环境条件，消除和减少不安全因素，使人、物、环境构成的施工生产体系达到最佳安全状态，最终实现安全目标。这就是安全生产的必要性。

【学习支持】

我国社会主义制度的优越性越来越明显，国家综合国力显著增强，一个个重点工程发挥了重要的支撑作用。国家富强、人民富足，在经济社会各个领域，从交通能源奥运工程，到航空航天高新技术，再到疾病控制体系等一系列社会事业。这些重点工程项目的建设深刻改变着我国基础设施和社会事业比较薄弱的状况，为全面迈向社会主义现代化打下了牢固的基础。

万丈高楼平地起，各个领域的快速发展离不开建设工程这个支柱产业。作为安全监理，是建设工程能顺利竣工实现社会价值的必不可少的环节。

5.1.1　建筑工程安全生产

（1）基本概念

建筑工程安全生产（以下简称安全生产）是指在生产经营活动中，为保证人身健康与生命安全，保证财产不受损失，确保生营活动得以顺利进行，促进社会经济发展、社会稳定和步而采取的一系列措施和行动的总称。安全生产直接关系到经济建设的发展和社会稳定，标志着社会进步和文明发展的进程。建筑业作为我国新兴的支柱产业，也是一个事故多发的行业更应强调安全生产。

安全生产管理是指建设行政主管部门、建设工程安全监督机构、建筑施工企业及有关单位对建设工程生产过程中的安全，进行计划、组织、指挥、控制、监督等一系列的管理活动。

（2）安全生产的基本方针

建筑工程施工安全生产管理，必须坚持“安全第一、预防为主、综合治理”的基本方针。这个方针是根据建设工程的特点，总结实践经验和教训得出的。在生产过程中，参与各方必须坚持“以人为本”的原则，在生产与安全的关系中，一切以安全为重，安全必须排在第一位。

“安全第一”是原则和目标，是从保护和发展生产力的角度，确立了生产与安全的关系，肯定了安全在建设工程生产活动中的重要地位。“安全第一”的方针，就是要求所有参与工程建设的人员，包括管理者和从业人员，以及对工程建设活动进行监督管理的人员都必须树立安全的观念，不能为了经济的发展而牺牲安全。当安全与生产发生矛盾时，必须先解决安全问题，在保证安全的前提下从事生产活动，也只有这样，才能使生产正常进行，才能充分发挥职工的积极性提高劳动生产率，促进经济的发展，保持社会稳定。

“预防为主”是手段和途径，是指在工程建设动中，根据工程建设的特点，对不同的生产要素采取相应的管理措施，有效地控制不安全因素的发展和扩大，把可能发生的事故消灭在萌芽状态，以保证生产活动中人的安全与健康。对于施工活动而言，必须预先分析危险点、危险源危险场地等，预测和评估危害程度，发现和掌握危险出现的规律，制订事故应急预案，采取相应措施，将危险消灭在转化为事故之前。“预防为主”是安全生产方针的核心，是实施安全生产的根本。

9. 安全生产的基本方针

“综合治理”是指综合运用经济手段、法律手段和必要的行政手段，从发展规划、行业管理安全投入、科技进步、经济政策、教育培训、安全立法、激励约束、企业管理、监管体制、社会监督，以及追究事故责任、查处违法违纪等方面着手，解决影响制约安全生产的历史性、深层次的问题，建立安全生产的长效机制。

安全与生产的关系是辩证统一的关系，是一个整体。生产必须安全，安全促进生产，不能将两者对立起来。首先，在施工过程中，必须尽一切可能为作业人员创造安全的生产环境和条件，积极消除生产中的不安全因素，防止伤亡事故的发生，使作业人员在安全的条件下进行生产；其次，安全工作必须紧紧围绕着生产活动进行，不仅要保障作业人员的生命安全，还要促进生产的发展，离开生产，安全工作就毫无实际意义。

（3）安全生产基本原则

安全生产是直接关系到人民群众生命安危的头等大事，是“以人为本”重要思想的体现。我们开展建筑工程安全生产，不但强调坚持安全生产方针，还必须强调坚持安全生产一系列原则。安全生产基本原则主要有以下几点：

1）“管生产必须管安全”的原则

“管生产必须管安全”是企业各级领导在生产过程中必须坚持的原则。企业主要负人企业经营管理的领导，应当肩负起安全生产的责任，抓经营管理的同时必须抓安全生产业要全面落实安全工作领导责任制，形成纵向到底、横向到边的严密的责任网络。

企业主要负责人是企业安全生产的第一责任人，对安全生产负有主要责任监理的监理工程师是项目安全监理的第一责任人，对施工现场的安全监理负有重要领导责任。

2）“三同时”原则

“三同时”原则是指生产性基本建设项目中的劳动安全卫生设施必须符合国家规定的标准必须与主体工程同时设计、同时施工、同时投入生产和使用，安全措施优先到位，以确保建设目竣工投产后，符合国家规定的劳动安全卫生标准，保障劳动者在生产过程中的安全与健康。

3）全员安全生产教育培训的原则

全员安全生产教育培训的原则是指对企业全体员工进行安全生产法律、法规和安全专业知识，以及安全生产技能等方面的教育和培训。全员安全教育培训的要求在有关安全生产法规中都有相应的规定。全员安全生产教育培训是提高企业职工安全生产素质的重要手段，是企业安全生产工作的一项重要内容，有关重要岗位的安全管理人员、操作人员还应参加法定的安全资格培训与考核。企业应当将安全教育培训工作计划纳入本单位年度工作计划和长期工作计划，所需人员、资金和物资应予保证。

4）“四不放过”原则

“四不放过”原则是指发生安全事故后，原因分析不清不放过，事故责任者和群众没有受到教育不放过，没有防范措施不放过，有关领导和责任人没有追究责任不放过。这是安全生产管理部门处理安全事故的重要原则，“四不放过”缺一不可。

5.1.2 建筑工程安全监理

建筑工程监理的安全管理又称安全监理，是在监理工作中对安全生产进行的一系列管动，以达到安全生产的目标。安全监理是我国建设监理理论在实践中不断完善提高和创新的体现和产物。开展安全监理工作不仅是建设工程监理的重要组成部分，是工程建设领域中的要任务和内容，是促进工程施工安全管理水平提高，控制和减少安全事故发生的有效方法，也是建设管理体制改革中必然实现的一种新模式新理念。

（1）基本概念

2004 年 2 月 1 日施行的《建设工程安全生产管理条例》规定了工程建设参与各方责任主的安全责任，明确规定工程监理企业的安全责任，以工程监理企业和监理工程师应对建设程安全生产承担监理责任。《建设工程安全生产管理条例》将安全纳入了监理的范围，将工程监理企业在建设工程安全生产活动中所要承担的安全责任法制化，使安全监理成为工程建设的重要组成部分。

安全监理是指对工程建设中的人、机、环境及施工全过程进行安全评价、监控和督察，并采取法律、经济、行政和技术手段，保证建设行为符合国家安全生产、劳动保护法律、法规和有关政策，制止建设行为中的冒险性、盲目性和随意性，有效地把建设工程安全控制在允许的风险度范围以内，以确保安全性。安全监理是对建筑施工过程中安全生产状况所实施的监督管理。

（2）建筑工程安全监理的作用

工程监理制度在我国建设领域已推行了十多年，在工程建设中发挥了重要的作用，也取得了显著的效果。而建筑工程安全监理才刚刚开始，其作用主要表现在以下几个方面：

1）有利于防止或减少生产安全事故，保障人民群众生命和财产的安全。

我国建筑工程规模逐步扩大，安全事故起数和伤亡人数一直居高不下，个别地区施工现场安全生产情况仍然十分严峻，安全事故时有发，导致群死群伤恶性事件，给广大人民群众的生命和财产带来巨大损失。实行建筑工程安全监理，监理工程师及时发现工程实施过程中出现的安全隐患，并要求施工单位及时整改、消除，从而有利于防止或减少生产安全事故的发生，也就保障了广大人民群众的生命和财产安全，保障了国家公共利益，维护了社会安定团结。

2）有利于规范工程建设参与各方主体的安全生产行为，提高安全生产责任意识。

建筑监理制是我国建设管理体制的重大改革，工程监理企业受业主委托对工程项目实行专业化管理，对保证项目目标的实现意义重大。实行建筑工程安全监理，监理工程师采用事前、事中和事后控制相结合的方法，对建设工程安全生产的全过程进行动态监督管理，可以有效地规范各施工单位的安全生产行为，最大限度地避免不当安全生产行为的发生。即使出现不当安全生产行为，也可以及时加以制止，最大限度地减少其不良后果。此外，由于建设单位不了解建设工程安全生产等有关的法律法规、管理程序等，也可能发生不当安全生产行为，为避免发生建设单位的不当安全生产行为，监理工程师可以向建设单位提出适当的建议，从而有利于规范建设单位的安全生产行为，提高安全生产责任意识。

3）有利于促使施工单位保证建筑工程工安全，提高整体施工行业安全生产管理水平。

实行建筑工程安全监理，监理工程师通过对建设工程施工生产的安全监督管理，以及监理工程师的审查、督促和检查等手段，促使施工单位进行安全生产，改善劳动作业条件，提高安全技术措施等，保证建设工程施工安全，提高施工单位自身施工安全生产管理水平，从而提高整体施工行业安全生产管理水平。

4）有利于提高建筑工程安全生产管理水平，形成良好的安全生产保证机制。

实行建筑工程安全监理，通过对建设工程安全生产实施施工单位自身的安全控制、工程监理企业的安全监理和政府的安全生产监督管理，有利于防止和避免安全事故。同时，政府通过改进市场监管方式，充分发挥市场机制。通过工程监理企业、安全中介服务机构等的介入，对事故现场安全生产的监督管理，改变以往政府被动的安全检查方式，弥补安全生产监管力量不足的状况，共同形成安全生产监管合力，从而提高我国建筑工程安全生产管理水平，形成良好的安全生产保证机制。

5）有利于构建和谐社会，为社会发展提供安全、稳定的社会和经济环境。

做好建筑工程安全生产工作，切实保障人民群众生命和国家财产的安全，是全面建设小康社会、统筹经济社会全面发展的重要内容，也是建设活动各参与方必须履行的法定职责。工程建设监理企业要充分认识当前安全生产形势的严峻性，深入领会国家关于安全监理的方针和政策，牢固树立“责任重于泰山”的意识，切实履行安全生产相关职责，增强抓好安全生产工作的责任感和紧迫感，督促施工单位加强安全生产管理，促进工程建设顺利开展，为构建和谐社会，为社会发展提供安全、稳定的社会和经济环境发挥应有的作用。

单元 5.2　建筑工程监理安全管理的工作内容和工作程序

【单元描述】

建筑工程安全监理可以适用于建筑工程决策阶段、勘察设计阶段和施工阶段，目前主要用于建筑工程施工阶段。

【学习支持】

5.2.1　建筑工程安全监理的工作内容

在施工阶段，建设单位委托监理企业开展监理业务，监理企业应当按照法律、法规和工程建设强制性标准及监理委托合同实施监理，对所监理工程的施工安全生产进行监督检查，主要内容有以下几点：

(1) 施工准备阶段安全监理的主要工作内容

1）监理企业应根据国家的规定，按照工程建设强制性标准和相关行业监理规范的要求，编制包括安全监理内容的项目监理规划，明确安全监理的范围内容、工作程序和制度措施以及人员配备计划和职责一系列监理文件。

2）对中型及以上项目和危险性较大的分部分项工程，监理企业应当编制专项安全监理实施细则。监理实施细则应当明确安全监理的方法、措施和控制要点，以及对施工单位安全技术措施的检查方案。

安全监理实施细则是根据监理规划的安全监理要求，由专业监理工程师编写，并经总监理工程师批准，针对工程项目中某一专业或某一方面安全监理工作的操作文件。安全监理实施细则应结合工程项目的专业特点，做到详细具体，具有可操作性。在监理工作实施过程中，安全监理实施细则应根据实际情况进行补充、修改和完善。

安全监理实施细则的主要内容：①专业工程的安全生产特点；②安全监理工作的流程③安全监理工作的控制要点和目标值；④安全监理工作的方法和措施

3）审查施工单位编制的施工组织设计中的安全技术措施和危险性较大的分部分项工程安全专项施工方案是否符合工程建设强制性标准要求。

《建设工程安全生产管理条例》第二十六条规定，施工单位应当在施工组织设计中编制安全技术措施和施工现场临时用电方案，对下列达到一定规模的危险性较大的分部分项工程编制专项施工方案，并附具安全验算结果，经施工单位技术负责人，总监理工程师签字后实施，由专职安全生产管理人员进行现场监督：①基坑支护与降水工程；②土方开挖工程；③模板工程；④起重吊装工程；⑤脚手架工程；⑥拆除、爆破工程；⑦国务院建设行政主管部门或者其他有关部门规定的其他危险性较大的工程。

对所列工程中涉及深基坑地下暗挖工程、高大模板工程的专项施工方案，施工单位还应当组织专家进行论证、审查，本条第一款规定的达到一定规模的危险性较大工程的标准，由国务院建设行政主管部门会同国务院其他有关部门制定。

《建筑工程预防坍塌事故若干规定》（建设部建质[2003]82号）第七条规定，施工单位应编制深基坑（槽）、高切坡、桩基和超高、超重大跨度模板支撑系统等专项施工方案，并组织专家审查。

规定的深基坑（槽）是指开挖深度超过5m的基坑（槽），或深度未超过5m但地质情况和周围环境复杂的基坑（槽），高切坡是指岩质边坡超过30m，或土质边坡超过15m的边坡。超高、超重、大跨度模板支撑系统是指高度超过8m，或跨度超过18m，或施工总荷载大于10kN/m^2，或集中线荷载大于15kN/m的模板支撑系统。

监理程师审查的主要内容应当包括：

A. 施工单位编制的地下管线保护施工方案是否符合强制性标准要求。

B. 基坑支护与降水工程，土方开挖与边坡防护工程，模板、起重吊装工程，脚手架工程，拆除，爆破工程等分部分项工程的专项施工方案是否符合强制性标准要求。

C. 施工现场临时用电施工组织设计或者安全用电技术施和电气防火措施是否符合强制性标准。

D. 冬季、雨季等季节性施工方案的制订是否符合强制性标准要求。

E. 施工总平面布置图是否符合安全生产的要求。办公、宿舍、食堂、道路等临时设施设置以排水，防火措施是否符合强制性标准要求。

4）检查施工单位在工程项目上的安全生产规章制度和安全监管机构的建立、健全及专职安全生产管理人员配备情况，督促施工单位检查各分包单位的安全生产规章制度的建立情况。

5）审查施工单位资质和安全生产许可证是否合法有效。

6）审查项目经理和专职安全生产管理人员是否备合法资格，是否与投标文件相一致。

7）审核特种作业人员的特种作业操作资格证书是否合法有效。

8）审核施工单位应急救援预案和安全防护措施费用使用计划。

（2）施工阶段安全监理的主要工作内容

1）监督施工单位按照施工组织设计中的安全技术措施和专项施工方案

组织施工，及时制违规施工作业。

2）定期巡视检查施工过程中危险性较大的工程作业情况。

3）核查施工现场施工起重机械，整体提升脚手架、模板等自升式架设设施和安全设施的验收手续。

4）检查施工现场各种安全标识和安全防护措施是否符合强制性标准要求，并检查安全生产费用的使用情况。

5）督促施工单位进行安全自查工作，并对施工单位自查情况进行抽查，参加建设单位组织的安全生产专项检查。

5.2.2 建筑工程安全监理的工作程序

(1) 监理企业按照相关行业监理规范要求，编制含有安全监理内容的监理规划和安全监理实施细则。

(2) 在施工准备阶段，监理企业应审查核验施工单位提的有关技术文件及资料，并由项目总监理工程师在有关技术文件报审表上签署意见；审查未通过的，安全技术措施及专项施工方案不得实施。

为进一步做好安全监理的工作，监理企业应进行工程项目安全施工风险评估，包括施工安全危险源的识别和评价，安全风险跟踪控制措施的制定和安全风险管理相关报告的编写等工作，以实现施工安全的有效控制。

(3) 在施工阶段，监理企业应对施工现场安全生产状况进行巡视检查，对发现的各类安全事故隐患，应书面通知施工单位，并督促其立即整改；情况严重的，监理企业应及时下达工程暂停令，要求施工单位停工整改，并同时报告建设单位。安全事故隐患消除后，监理企业应检查施工单位的整改结果，签署复查或复工意见。施工单位拒不整改或不停工整改的，监理企业应当及时向工程所在地的建设主管部门或工程项目的行业主管部门报告，以电话形式报告的，应当有通话记录，并及时补充书面报告。检查、整改、复查、报告等情况应写入监理日志、监理月报的内容。

监理企业应核查施工单位提交的施工起重机械、整体提升脚手架、模板等自升式架设设施和安全设施等验收记录，并由安全监理人员签收备案。

(4) 工程竣工后，监理企业应将有关安全生产的技术文件、验收记录、监理规划、监理实则、监理月报、监理会议纪要及相关书面通知等按规定立卷归档。

单元 5.3 建筑工程监理企业的安全责任

【单元描述】

建筑工程安全生产关系到人民群众生命和财产的安全，是人民群众的根本利益所在，直接关系到社会的稳定。造成建筑工程安全事故的原因是多方面的。建设单位、施工单位、设计单位和监理企业等都是工程建设的责任主体，《建设工程安全生产管理条例》对监理企业在安全生产中的职责和法律责任做了原则上的规定，住房和城乡建设部在此基础上也进行了具体的规定。

【学习支持】

5.3.1 建筑工程安全生产的监理责任

（1）监理企业应对施工组织设计中的安全技术措施或专项施工方案进行审查，未进行审查的，监理企业应承担国家规定的法律责任。

施工组织设计中的安全技术措施或专项施工方案未经监理企业审查签字认可，施工单位擅自施工的，监理企业应及时下达工程暂停令，并将情况及时书面报告建设单位。监理企业未及时下达工程暂停令并向建设单位报告的，应承担规定的法律责任。

（2）监理企业在监理巡视检查过程中，发现存在安全事故隐患的，应按照有关规定及时下达书面指令，要求施工单位进行整改或停止施工。监理企业发现安全事故隐患没有及时下达书面指令要求施工单位进行整改或停止施工的，应承担规定的法律责任。

（3）施工单位拒绝按照监理企业的要求进行整改或者停止施工的，监理企业应及时将情况向当地建设主管部门或工程项目的行业主管部门报告。监理企业没有及时报告，应承担规定的法律责任。

（4）监理企业未依照法律、法规和工程建设强制性标准施监理的，应当承担规定的法律责任。

监理企业履行了上述规定的职责，施工单位未执行监理指令继续施工或发生安全事故的应依法追究相关单位和人员的法律责任。政府主管部门在处理建设工程安全生产事故时，对于监理企业，主要是看其是否履行了《建设工程安全生产管理条例》规定的职责。

5.3.2 安全生产监理责任的主要工作

建筑工程安全监理工作的开展主要是通过落实责任制，建立完善相关制度，使监理企业做好安全监理工作。

（1）健全监理企业安全监理责任制，监理企业法定代表人应对本企业监理工程项目的安全全面负责。总监理工程师要对分管工程项目的安全监理负责，并根据分管工程项目的特点，明确人员的安全监理职责。

（2）完善监理企业安全生产管理制度。在健全审查核验制度、检查验收制度和督促整改制度基础上，完善工地例会制度及资料归档制度。定期召开工地例会，针对薄弱环节，提出整改意见并督促落实，指定专人负责监理内业资料的整理、分类及立卷归档。

（3）建立监理人员安全生产教育培训制度。监理企业的总监理工程师和安全监理人员需要全生产教育培训后方可上岗，其教育培训情况记入个人继续教育档案。

建设主管部门和有关主管部门应当加强建设工程安全生产管理工作的监督检查，督促监理实安全生产监理责任，对监理企业实施安全监理给予支持和指导，共同督促施工单位加强安全生产管理，防止安全事故的发生。

单元 5.4 建筑工程建设安全隐患和安全事故的处理

【单元描述】

安全生产管理的主要目的是及时发现安全隐患，及时纠正和整改，防止事故的发生。对已发生的事故，要及时处理、分析，避免同类和类似的事故再次发生。工程监理企业在实施监理过中，发现存在安全事故隐患的，应当要求施工单位整改；情况严重的，应当要求施工单位暂时施工，并及时报告建设单位。施工单位拒不整改或者不停止施工的工程监理企业应当及时向有关主管部门报告。

【学习支持】

5.4.1 建筑工程安全隐患及其处理

隐患是指未被事先识别或未采取必要防护措施的可能导致安全事故的危险源或不利因素。安全隐患是指生产经营单位违反安全生产法律、法规、规章、标准、规程、安全生产管理制度的规定，或者其他因素在生产经营活动中存在的可能导致不安全事件或事故发生的物不安全状态、人的不安全行为、生产环境的不良和生产工艺、管理上的缺陷。从性质上分为一般安全隐患和重大安全隐患。由于建筑施工的特点决定了建筑业是高风险、事故多发行业，形成安全隐患的原因有多个方面，包括设计单位的设计不合理和缺陷、勘察文件失真、施工单位的违章作业、使用不合格的安全防护装备、安全生产资金投入不足、安全事故的应急救援制度不健全、违法违规行为等。

（1）施工安全隐患原因分析方法

由于影响建设工程安全隐患的因素众多，一个建设工程安全隐患的发生，可能是上述原因之一，或是多种原因所致，要分析确定是哪种原因所引起的，必然要对安全隐患的特征、表现，以及其在施工中所处的实际情况和条件进行具体分析，基本步骤有以下几个方面：

1）现场调查研究，观察记录，必要时留下影像资料，充分了解与掌握引发安全隐患的现象和特征，以及施工现场的环境和条件等。

2）收集、调查与安全隐患有关的全部设计资料、施工资料。

3）指出可能发生安全隐患的所有因素。

4）分析、比较，找出最可能造成安全隐患的原因。

5）进行必要的方案计算分析。

6）必要时征求相关专家的意见。

（2）施工安全隐患的处理方式

1）停止使用，封存。

2）指定专人进行整改以达到要求。

3）进行返工以达到要求。

4）对有不安全行为的人进行教育或处罚。

5）对不安全生产的过程重新组织。

（3）施工安全隐患的处理程序

监理工程师在监理过程中，对发现的施工安全隐患应按照安全监理实施细则所规定的程序进行处理，保证工程生产顺利开展。

1）当发现工程施工安全隐患时，监理工程师首先应判断其严重程度，当存在安全事故隐患时，应签发（监理工程师通知单）要求施工单位进行整改。施工单位提出整改方案，填写（监理工程师通知回复单）报监理工程师审核后，批复施工单位进行整改处理，必要时应经设计单位认可，处理结果应重新进行检查、验收。

2）当发现严重安全事故隐患时，总监理工程师应签发《工程暂停令》，指令施工单位暂时停止施工。必要时应要求施工单位采取安全防护措施，并报建设单位。监理工程师应要求施工单位提出整改方案、必要时应经设计单位认可，整改方案经监理工程师审核后，施工单位进行整改处理，处理结果应重新进行检查、验收。

3）施工单位接到《监理工程师通知单》后，应立即进行安全事故隐患的调查、分析原因、制定纠正和预防措施。制定安全事故隐患整改处理方案，并报总监理工程师。

安全事故隐患整改处理方案内容包括：

A. 存在安全事故隐患的部位、性质、现状、发展变化时间、地点等详细情况。

B. 现场调查的有关数据和资料。

C. 安全事故隐患原因分析与判断。

D. 安全事故隐患处理的方案。

E. 是否需要采取临时防护措施。

F. 确定安全事故隐患整改责任人、整改完成时间和整改验收人。

G. 涉及的有关人员和责任及预防该安全事故隐患重复出现的措施。

4）监理工程师分析安全事故隐患整改处理方案、对处理方案进行认真深入地分析，特别安全事故隐患原因分析，找出安全事故隐患的真正危险源。必要时，可组织设计单位、施工单位、材料设备供应单位和建设单位各方共同参加分析。

5）在原因分析的基础上，审核签认安全事故隐患整改处理方案。

6）指令施工单位按既定的整改处理方案实施处理并进行跟踪检查。总监理工程师应安排监理人员对施工单位的整改实施过程进行跟踪检查。

7）安全事故隐患处理完毕，施工单位应组织人员检查验收，自检合格后报监理工程师核验。监理工程师组织有关人员对处理的结果进行严格的检查、验收。施工单位写出安全隐患处理报告，报监理企业存档。

主要内容包括：

A. 整改处理过程描述。

B. 调查和核查情况。

C. 安全事故隐患原因分析结果。

D. 处理的依据。

E. 审核认可的安全隐患处理方案。

F. 实施处理中的有关原始数据、验收记录、资料。

G. 对处理结果的检查、验收结论。

H. 安全隐患处理结论。

5.4.2 安全事故及其处理

（1）安全事故的概念

事故就是指人们由不安全的行为、动作或不安全的状态所引起的、突然发生的、与人的意志相反且事先未能预料到的意外事件，它能造成财产损失、生产中断、人员伤亡。从劳动保护角度来讲，事故主要是指伤亡事故，又称伤害。

10. 安全事故及其处理

重大安全事故是指在施工过程中由于责任过失造成工程倒塌或废弃，机械设备破坏和安全设施失当造成人身伤亡或重大经济损失的事故。

特别重大事故，是指造成特别重大人身伤亡或巨大经济损失，以及性质特别严重，产生重大影响的事故。

(2) 安全事故的分类

建筑工程施工最常发生的事故主要有高处坠落、坍塌、触电、物体打击、机械伤害等五大类事故，称为建筑业五大类伤害。安全事故可按伤亡事故等级、事故伤亡与损失程度等进行分类。

根据 2007 年 6 月 1 日起实施的《安全生产事故报告和调查处理条例》统一规定，按生产安全事故（以下简称事故）造成的人员伤亡或者直接经济损失，事故分为以下等级，需要明确的是，以下条例所称的“以上”包括本数，所称的“以下”不包括本数。

1）特别重大事故，是指造成 30 人以上死亡，或者 100 人以上重伤（包括急性工业中毒，下同），或者 1 亿元以上直接经济损失的事故；

2）重大事故，是指造成 10 人以上 30 人以下死亡，或者 50 人以上 100 人以下重伤，或者 5000 万元以上 1 亿元以下直接经济损失的事故；

3）较大事故，是指造成 3 人以上 10 人以下死亡，或者 10 人以上 50 人以下重伤，或者 1000 万元以上 5000 万元以下直接经济损失的事故；

4）一般事故，是指造成 3 人以下死亡，或者 10 人以下重伤，或者 1000 万元以下直接经济损失的事故。

国务院安全生产监督管理部门可以会同国务院有关门制定事故等级划分的补充性规定。

(3) 建筑工程安全事故的报告程序

一旦发生安全事故，及时报告有关部门是及时组织抢救的基础，也是认真进行调查分清责任的基础。因此，施工单位在发生安全事故时，不能隐瞒事故情况，监理工程师应按照各级政府行政主管部门的要求及时督促。事故报告应当及、准确、完整，任何单位和个人对事故不得迟报、漏报、谎报或者瞒报。

1）事故发生后，事故现场有关人员应当立即向本单位负责人报告；单位负责人接到报告后，应当于1h内向事故发生地县级以上人民政府安全生产监督管理部门和负有安全生产监督管理职责的有关部门报告。

情况紧急时，事故现场有关人员可以直接向事故发生地县级以上人民政府安全生产监督管理部门和负有安全生产监督管理职责的有关部门报告。

2）安全生产监督管理部门和负有安全生产监督管理职责的有关部门接到事故报告后，应当依照下列规定上报事故情况，并通知公安机关、劳动保障行政部门、工会和人民检察院。

A. 特别重大事故、重大事故逐级上报至国务院安全生产监督管理部门和负有安全生产监督管理职责的有关部门。

B. 较大事故逐级上报至省、自治区、直辖市人民政府安全生产监督管理部门和负有安全生产监督管理职责的有关部门。

C. 一般事故上报至设区的市级人民政府安全生产监督管理部门和负有安全生产监督管理职责的有关部门。

安全生产监督管理部门和负有安全生产监督管理职责的有关部门依照前款规定上报事故情况，应当同时报告本级人民政府。国务院安全生产监督管理部门和负有安全生产监督管理职责的有关部门，以及省级人民政府接到发生特别重大事故、重大事故的报告后，应当立即报告国务院。

必要时，安全生产监督管理部门和负有安全生产监督管理职责的有关部门可以越级上报事故情况。

3）安全生产监督管理部门和负有安全生产监督管理职责的有关部门逐级上报事故情况，每级上报的时间不得超过2h。

4）报告事故应当包括下列内容：①事故发生单位概况；②事故发生的时间、地点，以及事故现场情况；③事故的简要经过；④事故已经造成的伤亡人数或者可能造成的伤亡人数（包括下落不明的人数），以及初步估计的直接经济损失；⑤已经采取的救援措施；⑥其他应当报告的情况。

5）事故报告后出现新情况的，应当及时补报。

自事故发生之日起30日内，事故造成的伤亡人数发生变化的，应当及时补报。道路交通事故、火灾事故自发生之日起7日内，事故造成的伤亡人数发生变化的，应当及时补报。

(4) 安全事故的调查和处理

1) 安全事故的调查

事故调查的目的主要是为了弄清事故的情况，从思想、管理和技术等方面查明事故原因，分清事故责任，提出有效改进措施，从中吸取教训，防止类似事故重复发生。

建筑工程安全事故的处理必须坚持“事故原因不清楚不放过，事故责任者和员工没有受到教育不放过，事故责任者没有处理不放过，没有制定防范措施不放过”的“四不放过”原则。

A. 特别重大事故由国务院或者国务院授权有关部门组织事故调查组进行调查。

B. 重大事故、较大事故、一般事故分别由事故发生地省级人民政府、设区的市级人民政府县级人民政府负责调查。省级人民政府、设区的市级人民政府、县级人民政府可以直接组织事故调查组进行调查，也可以授权或者委托有关部门组织事故调查组进行调查。

C. 未造成人员伤亡的一般事故，县级人民政府也可以委托事故发生单位组织事故调查组进行调查。上级人民政府认为必要时，可以调查由下级人民政府负责调查的事故

自事故发生之日起 30 日内（道路交通事故、火灾事故自发生之日起 7 日内），因事故伤亡人数变化导致事故等级发生变化，依照条例规定应当由上级人民政府负责调查的，上级人民政府可以另行组织事故调查组进行调查。

事故调查报告应当附具有关证据材料。事故调查工作结束后，事故调查的有关资料应当归档保存。

2) 安全事故处理

建设工程安全事故发生后，监理工程师一般按以下程序进行处理，

A. 建设工程安全事故发生后，总监理工程师应签发《工程暂停令》，并要求施工单位必须立即停止施工，施工单位应立即抢救伤员、排除险情，采取必要的措施，防止事故扩大，并做好标识，保护好现场。同时，监理工程师要求发生安全事故的施工总承包单位迅速按安全事故类别和等级向相应的政府主管部门上报，并及时写出书面报告。

B. 监理工程师在事故调查组展开工作后，应积极协助，客观地提供相应证据。若监理方无责任，监理工程师可应邀参加调查组，参与事故调查；若监理方有责任，则应回避，但应配合调查。

C. 监理工程师接到安全事故调查组提出的处理意见涉及技术处理时，可组织相关单位研究，并要求相关单位完成技术处理方案。必要时，应征求设计单位意见，技术处理方案必须依据充分，应在安全事故的部位、原因全部查清的基础上进行，必要时组织专家进行论证，以保证技术处理方案可靠、可行，保证施工安全。

D. 技术处理方案审核签订后，监理工程师应要求施工单位制订详细的施工整改方案，必要时监理工程师应修改监理实施细则，对工程安全事故技术处理的施工过程进行重点监控，对于关键部位和关键工序应派专人进行旁站监督。

E. 施工单位完工自检后，监理工程师应组织相关各方进行检查验收，必要时进行处理结果鉴定。要求事故单位整理编写安全事故处理报告，并审核签认，进行资料归档。

F. 总监理工程签发《工程复工令》，恢复正常施工。为做好安全生产管理工作，事故发生单位应当认真吸取事故教训，落实防范和整改措施，防止事故再次生。防范和整改措施的落实情况应当接受工会和职工的监督。安全生产监督管理部门和负有安全生产监督管理职责的有关部门，应当对事故发生单位落实防范和整改措施的情况进行监督检查。

单元 5.5 案例分析

案例一

工程背景：

某工程，建设单位将土建工程、安装工程分别发包给甲、乙两家施工单位。在合同履行过程中发生了如下事件：

事件一：项目监理机构在审查土建工程施工组织设计时，认为脚手架工程危险性较大，要求甲施工单位编制脚手架工程专项施工方案。甲施工单位项目经理部编制了专项施工方案，凭以往经验进行了安全估算，认为方案可行，并安排质量检查员兼任施工现场安全员遂将方案报送总监理工程师签认。

事件二：乙施工单位进场后，首先进行塔式起重机安装。施工单位为赶工期，采用了未经项目监理机构审批的塔式起重机安装方案。总监理工程师发现后及时签发了“工程暂停令”，施工单位未执行总监理工程师的指令继续施工，造成塔式起重机倒塌，导致现场施工人员 1 死 2 伤的安全事故。

问题：

1. 指出事件一的脚手架工程专项施工方案编和报审过程中的不妥之处，写出正确做法。

2. 按《建设工程安全生产管理条例》的规定，分析事件二的监理单位、施工单位的法律责任。

案例解答：

1. 事件一

（1）甲施工单位项目经理部凭以往经验进行安全估算不妥。正确做法：应进行安全验算。

（2）甲施工单位项目经理部安排质量检查员兼任施工现场安全员不妥。正确做法：应有专职安全生产管理人员进行现场安全监督工作。

（3）甲施工单位项目经理部直接将专项施工方案报送监理工程师签认不妥。正确做法：专项施工方案应先经甲施工单位技术负责人签认后报送总监理工程师。

2. 事件二：

（1）监理单位的责任是当施工单位未执行“工程暂停令”时，没有及时向有关主管部门报告。

（2）乙施工单位的责任是未报审施工方案且未按指令停止施工，造成了重大安全事故。

案例二

工程背景：

某实行监理的工程，实施过程中发生下列事件：

事件一：由于吊装作业危险性较大，施工项目部编制了专项施工方案，并送现场监理员签收。吊装作业前，吊车司机使用风速仪检测到风力过大，拒绝进行吊装作业。施工项目经理便安排另一名吊车司机进行吊装作业，监理员发现后立即向专业监理工程师汇报，该专业监理工程师回答说："这是施工单位内部的事情。"

事件二：监理工程师以专项施工方案未经审查批准就实施为由，签发了停止吊装作业的指令。施工项目经理签收暂停令后，仍要求施工人员继续进行吊装。总监理工程师报告了建设单位，建设单位负责人称工期紧迫，要求总监理工程师收回吊装作业暂停令。

问题：

1. 指出事件一的专业监理工程师的不妥之处，写出正确做法。

2. 分别指出事件一和事件二的施工项目经理在吊装作业中的不妥之处，写出正确做法。

3. 分别指出事件二的建设单位、总监理工程师工作中的不妥之处，写出正确做法。

案例解答：

1. 事件一中，专业监理工程师回答"这是施工单位内部的事情"不妥，应及时制止并向总监理工程师汇报。

2. 事件一、事件二中，施工项目经理的不妥之处及正确做法如下：

（1）安排另一名司机进行吊装作业不妥，应停止吊装作业。

（2）专项施工方案未经总监理工程师批准实施不妥，应经总监理工程师批准后实施。

（3）签收暂停令后仍要求继续吊装作业不妥，应停止吊装作业。

3. 事件二中，建设单位、总监理工程师工作中的不妥之处及正确做法如下：

（1）建设单位要求总监理工程师收回吊装作业暂停令不妥，应支持总监理工程师的决定。

（2）总监理工程师未报告政府主管部门不妥，应及时报告政府主管部门。

案例三

工程背景：

某实施监理的工程，工程监理合同履行过程中发生以下事件：

事件一：为确保深基坑开挖工程的施工安全，施工项目经理兼任了施工现场的安全生产管理员。为赶工期，施工单位在报审《深基坑开挖工程专项施工方案》的同时即开始该基坑开挖。

事件二：项目监理机构履行安全生产管理的理职责，审查了施工单位报送的安全生产相关资料。

事件三：专业监理工程师发现，施工单位使用的起重机械没有现场安装后的验收合格证明，随即向施工单位发出“监理通知单”。

问题：

1. 指出事件一中施工单位做法的不妥之处，写出正确做法。

2. 事件二中，根据《建设工程安全产管理条例》，项目监理机构应审查施工单位报送中的哪些内容？

3. 事件三中，“监理通知单”应对施工单位提出哪些要求？

案例解答：

1. 事件一中：

（1）施工项目经理兼任施工现场安全生产管理员不妥，正确做法：应安排专职安全生产管理员。

（2）施工单位在报审深基坑开挖工程专项施工方案的同时即开始深基坑开挖不妥，正确做法：应待专项施工方案报审批准后才能进行深基坑开挖。

2. 事件二中，项目监理机构应审查施工单位报送的施工组织设计中的安全技术措施专项施工方案是否符合工程建设强制性标准。

3. 事件三中，专业监理工程师在“监理通知单”中应对施工单位提出下列要求：

（1）立即停止使用起重机械。

（2）由施工单位组织相关单位共同验收起重机械。

【思考与练习题】

一、填空题

1.“三同时”原则是指生产性基本建设项目中的劳动安全卫生设施必须符合国家规定的标准必须与主体工程同时（　）、同时（　）、同时（　）。

2.“四不放过”原则是指发生安全事故后，（　）不放过，（　）不放过，（　）不放过，（　）不放过。

3. 对中型及以上项目和危险性较大的分部分项工程，监理企业应当编制（　）实施细则。

4. 总监理工程师要对分管工程项目的（　）负责，并根据分管工程项目的特点，明确人员的安全监理职责。

5. 当发现严重安全事故隐患时，（　）应签发《工程暂停令》，指令施工单位暂时停止施工。

6. 重大事故，是指造成（　）以上（　）以下死亡，或者（　）以上（　）以下重伤，或者（　）以上（　）以下直接经济损失的事故。

二、单选题

1. 造成（　）直接经济损失的事故属于一般事故。

A．500 万元以上　　B．500 万元以下

C．1000 万元以上　　D．1000 万元以下

2. 安全生产监督管理部门和负有安全生产监督管理职责的有关部门逐级上报事故情况，每级上报的时间不得超过（　）。

A．1 天　　B．2h

C．24h　　D．2 天

3. 根据《建设工程安全生产管理条例》规定，施工单位应当在施工组织设计中编制安全技术措施和施工现场临时用电方案，针对以下分部分项①基坑支护与降水工程；②土方开挖工程；③模板工程；④砌体工程；⑤门窗工程；⑥拆除、爆破工程等分部分项，根据《建设工程安全生产管理条例》规定，选择（　）需要编制专项施工方案，并附具安全验算结果。

A．①②③⑥　　B．①②③④⑥

C．①②③⑤⑥　　D．①②③④⑤⑥

三、判断题

1. 经过安全检查整改后，该工程就不会再出现安全隐患了。(　)

2. 安全隐患是人为因素造成的。(　)

3. 因为施工单位的违章操作才有安全隐患的发生。(　)

4. 工程出现了安全隐患说明监理单位的工作存在马虎现象。(　)

5. 对于工程的隐患，施工单位拒不整改，监理单位有权下达工程整改令。(　)

四、简答题

1. 安全生产基本原则主要有几点？

2. 简述建筑工程安全监理的作用。

3. 安全生产监理责任的主要工作有哪些？

4. 针对施工安全隐患有哪几种处理方式？

5. 报告事故应该包括哪些内容？

五、案例题

案例一

背景：

某土建工程，在施工阶段发生以下事件

事件一：为确保深基坑开挖工程的施工安全，施工项目经理兼任了施工现场的安全生产管理员。为赶工期，施工单位在向监理报审深基坑开挖工程专项施工方案的同时即开始该基坑开挖。

事件二：项目监理机构履行安全生产管理的监理责，审查了施工单位报送的安全生产相关资料。

事件三：专业监理工程师发现，施工单位使用起重机械没有进行现场安装验收，随即向施工单位发出“监理通知单”。

问题：

1. 事件一，施工单位做法的不妥之处，写出正确做法。

2. 事件二，根据《建设工程安全生产管理条例》，项目监理机构应审查施工单位报送资料中的哪些内容？

3. 事件三，“监理通知单”应对施工单位提出哪些要求？

模块 6
建设工程质量控制实务

【模块概述】

建设工程质量管理与控制是一个系统的过程，涉及的主体不仅仅是工程监理企业，还包括政府行政主管部门、建设单位、勘察设计单位、施工单位等。作为监理企业自身应做好的工作主要是强化质量管理意识、提高质量管理能力和业务水平，规避监理人因质量管理不善所承担的法律责任。

项目监理机构应根据建设工程监理合同约定，遵循动态控制原理，坚持预防为主的原则，制定和实施相应的监理措施，采用旁站、巡视和平行检验等方式对建设工程实施监理。

【学习目标】

通过本模块的学习，学生能够：了解程项目各方的质量责任，质量控制点的作用；熟悉各分部分项工程的质量控制点的设置方法，施工阶段质量控制方法、措施，施工质量控制程序；掌握质量控制的监理手段，施工阶段质量监理工作流程。会根据实际情况，进行建设工程质量控制中的监理工作。

单元 6.1 建设工程质量控制概述

【单元描述】

工程质量控制是指致力于满足工程质量要求，也就是为了保证工程质量满足工程合同、规范、标准等所采取的一系列措施、方法和手段。工程质量要求主要表现为工程合同、设计文件、技术规范、标准等规定的质量标准。

工程质量控制按其实施主体不同，分为政府工程质量控制和工程监理单位质量控制的监控主体、勘察设计单位质量控制和施工单位质量控制的自控主体。前者是指对他人质量能力和效果的监控者，后者是指直接从事质量职能的活动者。

【学习支持】

工程质量至关重要。众所周知，港珠澳大桥，这一史无前例的世纪工程跨越伶仃洋，将粤港澳紧紧连在一起，为新时代粤港澳大湾区发展注入了澎湃动力。这座大桥是“一国两制”伟大实践下新的里程碑，更是“中国制造、中国质做，中国智造”的生动诠释。

实干要想为，更要敢为、善为。习近平同志指出，我们要有自主创新的骨气和志气，加快增强自主创新能力和实力。港珠澳大桥正是中国自主创新的生动实践。世界总体跨度最长、钢结构桥体最长、海底沉管隧道最长跨海大桥……这一创下多个世界之最的浩大工程集成了世界上最先进的管理技术和经验，有力展示了中国的自主创新能力和争创一流的志气、同时也是工程建设的质量控制的典范。

工程质量控制按工程质量形成过程，包括全过程各阶段的质量控制，主要是决策阶段的质量控制、工程勘察设计阶段的质量控制、工程施工阶段的质量控制。

6.1.1 工程项目各方的质量责任

在工程项目建设中，参与工程建设的各方，应根据国家颁布的《建设工程质量管理条例》以及合同、协议及有关文件的规定，承担相应的质量责任。

1. 建设单位的质量责任

（1）建设单位要根据工程特点和技术要求，按有关规定选择相应资质等级的勘察、设计单位和施工单位，在合同中必须有质量条款，明确质量责任，并真实、准确、齐全地提供与建设工程有关的原始资料。凡建设工程项目的勘察、设计、施工、监理以及工程建设有关重要设备材料等的采购，均实行招标，依法确定程序和方法，择优选定中标者。不得将应由一个施工单位完成的建设工程项目肢解成若干部分，发包给几个施工单位；不得迫使承包方以低于成本的价格竞标；不得任意压缩合理工期；不得明示或暗示设计单位或施工单位违反建设强制性标准，降低建设工程质量。建设单位对其自行选择的设计、施工单位发生的质量问题承担相应责任。

（2）建设单位应根据工程特点，配备相应的质量管理人员。对国家规定强制实行监理的工程项目，必须委托有相应资质等级的工程监理单位进行监理。建设单位应与监理单位签订监理合同明确双方的责任和义务。

11. 各方质量责任

（3）建设单位在工程开工前负责办理有关施工图设计文件审查、工程施工许可证和工程质量监督手续，组织设计和施工单位认真进行设计交底。在工程施工中，可按国家现行有关工程建设法规、技术标准及合同规定，对工程质量进行检查，涉及建筑主体和承重结构变动的装修工程，建设单位应在施工前委托原设计单位或者有相应资质等级的设计单位提出设计方案，经原审查机构审批后方可施工。工程项目竣工后，应及时组织设计、施工、工程监理等有关单位进行施工验收，未经验收备案或验收备案不合格的，不得交付使用。

（4）建设单位按合同的约定负责采购供应的建筑材料、建筑构配件和设备，应符合设计文件和合同要求，对发生的质量问题应承担相应的责任。

2. 勘察、设计单位的质量责任

（1）勘察、设计单位必须在其资质等级许可的范围内承揽相应的勘察、设计任务，不许承揽超越其资质等级许可范围的任务，不得将承揽工程转包或违法分包，也不得以任何形式用其他单位的名义承揽业务或允许其他单位或个人以本单位的名义承揽业务。

（2）勘察、设计单位必须按照国家现行的有关规定、工程建设强制性技术标准和合同要求进行勘察、设计工作，并对所编制的勘察、设计文件的质量负责。勘察单位提供的地质、测量、水文等勘察、设计文件必须真实、准确。设计单位提供的设计文件应当符合国家规定的设计深度要求，注明工程合理使用年限。设计文件中选用的材料、构配件和设备，应当注明规格、型号、性能等技术指标，其质量必须符合国家规定的标准。除有特殊要求的建筑材料、专用设备、工艺生产线外，不得指定生产厂、供应商。设计单位应就审查合格的施工图文件向施工单位做出详细说明，解决施工中对设计提出的问题，负责设计变更。参与工程质量事故分析，并对因设计造成的质量事故提出相应的技术处理方案。

3. 施工单位的质量责任

（1）施工单位必须在其资质等级许可的范围内承揽相应的施工任务，不许承揽超越其资质等级业务范围的任务，不得将承接的工程转包或违法分包，也不得以任何形式用其他施工单位的名义承揽工程，或允许其他单位或个人以本单位的名义承揽工程。

（2）施工单位对所承包的工程项目的施工质量负责。应当建立健全质量管理体系，落实质量责任制，确定工程项目的项目经理、技术负责人和施工管理负责人。实行总承包的工程，总施工单位应对全部建设工程质量负责。建设工程勘察、设计、施工、设备采购的一项或多项实行总承包的，总施工单位应对其承包的建设工程或采购的设备的质量负责；实行分包的工程，分包单位可按照分包合同约定对其分包工程的质量向总施工单位负责，总施工单位与分包单位对分包工程的质量承担连带责任。

（3）施工单位必须按照工程设计图纸和施工技术规范标准组织施工。未经设计单位同意，不得擅自修改工程设计。在施工中，必须按照工程设计要求、施工技术规范标准和合同约定，对建筑材料、构配件、设备和商品混凝土进行检验，不得偷工减料，不使用不符合设计和强制性技术标准要求的产品，不使用未经检验和试验或检验和试验不合格的产品。

4. 工程监理单位的质量责任

（1）工程监理单位可按其资质等级许可的范围承担工程监理业务，不许超越本单位资质等级许可的范围或以其他工程监理单位的名义承担工程监理业务，不得转让工程监理业务，不许其他单位或个人以本单位的名义承担工程监理业务。

（2）工程监理单位应依照法律、法规以及有关技术标准、设计文件和建设工程承包合同，与建设单位签订监理合同，代表建设单位对工程质量实施监理，并对工程质量承担监理责任。监理责任主要有违法责任和违约责任两个方面。工程监理单位故意弄虚作假，降低工程质量标准，造成质量事故的，要承担法律责任。若工程监理单位与施工单位串通，谋取非法利益，给建设单位造成损失的，应当与施工单位承担连带赔偿责任。如果监理单位在责任期内，不按照监理合同约定履行监理职责，给建设单位或其他单位造成损失的，属违约责任，应当向建设单位赔偿。

5. 建筑材料、构配件及设备生产或供应单位的质量责任

建筑材料、构配件及设备生产或供应单位对其生产或供应的产品的质量负责。生产厂或供应商必须具备相应的生产条件、技术装备和质量管理体系，所生产或供应的建筑材料、构配件及设备的质量应符合国家和行业现行的技术规定的合格标准和设计要求，并与说明书和包装上的质量标准相符，且应有相应的产品检验合格证，设备应有详细的使用说明等。

6.1.2 工程质量控制点的设置

1. 质量控制点的作用

质量控制点是指为了保证施工过程质量而确定的重点控制对象、关键部位或薄弱环节。设置质量控制点是保证达到施工质量的必要前提，应详细地考虑，并以制度来加以落实。对于质量控制点，要事先分析可能造成质量问题的原因，再针对原因制定对策并采取措施进行预控。

可作为质量控制点的对象涉及面广，它可能是技术要求高、施工难度大的结构部位，也可能是影响质量的关键工序、操作或某一环节。在工程中，可选择那些保证质量难度大的、对质量影响大的或是发生质量时危害大的对象作为质量控制点。

2. 各分部分项工程的质量控制（表 6-1）

各分部分项工程的质量控制点　　表 6-1

分部工程	子分部（分项）工程	质量控制点
地基与基础工程	无支护土方	1. 标高、长度、宽度、边坡尺寸。 2. 坑底土质、土体扰动。 3. 回填土分层厚度、分层压实度
	有支护土方	1. 支护方案、监测方案。 2. 降水、排水措施。 3. 围护检测。 4. 围护监测：位移、沉降、支撑力。 5. 标高、长度、宽度、边坡尺寸。 6. 坑底土质、土体扰动。 7. 回填土分层厚度、分层压实度
	钻孔灌注桩	1. 桩位测设、孔深、孔径、桩孔垂直度、泥浆比重、沉渣厚度、持力层深度。 2. 钢筋笼制作：直径、长度、主筋、箍筋间距、钢筋接头。 3. 钢筋笼安放与连接：焊接长度、焊接质量、钢筋笼长度与顶部标高、保护层。 4. 水下混凝土浇筑：水泥品种、标号、骨料粒径、砂率、混凝土强度、坍落度、第一次浇筑量、导管底部埋入混凝土深度、浇筑高度、混凝土浇筑量。 5. 低应变测试、高应变测试
	人工挖孔桩	1. 桩位、护壁、孔深、孔径、桩孔垂直度、扩大头直径、高度、孔底淤泥、沉渣、持力层土（岩）质。 2. 钢筋笼制作：直径、长度、主筋、箍筋间距、钢筋接头。 3. 钢筋笼安放与连接：焊接长度、焊接质量、钢筋笼长度与顶部标高、保护层。 4. 水下混凝土浇筑：水泥品种、标号、骨料粒径、砂率、混凝土强度、坍落度、第一次浇筑量、导管底部埋入混凝土深度、浇筑高度、混凝土浇筑量。 5. 干作业方式浇筑混凝土：渗水量、孔底集水坑、混凝土强度。 6. 低应变测试、高应变测试
	静压桩	1. 预制桩验收。 2. 轴线与桩位。 3. 桩身垂直度。 4. 接桩。 5. 压桩机最终压力值与桩顶标高
地基与基础工程	沉管灌注桩	1. 轴线、桩位。 2. 原材料进场验收。 3. 埋设桩尖、复核桩位。 4. 桩机就位。 5. 沉管垂直度。 6. 钢筋笼制作：直径、长度、主筋、箍筋间距、钢筋接头。 7. 钢筋笼安放与连接：焊接长度、焊接质量、钢筋笼长度与顶部标高、保护层。 8. 混凝土强度、充盈系数。 9. 拔管。 10. 桩端进入持力层深度和贯入深度双控桩长

续表

分部工程	子分部（分项）工程	质量控制点
地基与基础工程	混凝土基础	1. 持力层土质、土体扰动、基础埋探。 2. 混凝土浇筑：原材料、强度等级、配合比、坍落度、外加剂、振捣。 3. 施工缝、变形缝、后浇带处理。 4. 混凝土试块取样、制作
	防水混凝土	1. 防水混凝土浇筑原材料、强度等级、配合比、坍落度、外加剂、振捣。 2. 抗压、抗渗试块取样、制作。 3. 施工缝、变形缝、后浇带处理。 4. 穿墙管道、预埋件构造处理
主体结构	混凝土结构	1. 轴线、标高、垂直度。 2. 断面尺寸。 3. 钢筋：品种、规格、尺寸、数量、连接、位置。 4. 预埋件：尺寸、位置、数量、锚固。 5. 混凝土浇筑：原材料、强度等级、配合比、坍落度、外加剂、振捣。 6. 施工缝处理。 7. 混凝土试块取样、制作。 8. 结构实体检测。 9. 混凝土保护层厚度
	砌体结构	1. 立皮数杆、砌体轴线。 2. 砂浆配合比。 3. 砌体排列、错缝、灰缝。 4. 圈梁和构造柱混凝土浇筑：原材料、强度等级、配合比、坍落度、外加剂、振捣。 5. 门窗孔位置。 6. 外墙及特殊部位防水。 7. 预埋件尺寸、位置、数量、锚固
	钢结构	1. 钢结构焊接：焊接材料（焊条、焊剂、电流）、一、二级焊缝的无损探伤检测。 2. 紧固件连接：高强度螺栓（品种、规格、性能）、扳手标定、高强度螺栓连接接触面加工处理、高强度螺栓连接副的终拧。 3. 钢结构涂料：涂料、涂装遍数和厚度。 4. 钢结构安装：基础和支承面验收、钢构件吊装（吊装方案、设备、吊具、索具、地锚）、连接与固定、整体垂直度、平面弯曲
建筑装饰装修	楼、地面、抹灰、门窗	1. 水泥、砂等材料品种、性能及配合比。 2. 地面回填土分层厚度、压实度。 3. 基层清理、抹灰分层及防裂措施。 4. 面层厚度、平整度、防水要求、养护。 5. 厨房、卫生间等有防水要求的楼地面、翻高及蓄水试验。 6. 门窗定位、窗及冲淋试验

续表

分部工程	子分部（分项）工程	质量控制点
建筑装饰装修	吊顶	1. 材料材质、品种、规格、截面形状及尺寸、厚度。 2. 标高、尺寸、起拱、造型。 3. 吊筋间距、安装。 4. 饰面材料安装
	饰面板（砖）	1. 饰面板（砖）的品种、规格、颜色、性能及花型、图案。 2. 饰面板孔、槽的数量、位置和尺寸。 3. 找平层、结合层、粘结层、嵌缝、勾缝、密封等所用材料的品种和技术性能。 4. 饰面板安装工程的预埋件（或后置埋件）、连接件的数量、规格、位置、连接方法和防腐处理。 5. 龙骨的规格、尺寸、形状、锚固、连接和安装。 6. 后置埋件现场拉拔检测。 7. 饰面板安装的挂线、安装固定、局部饰面处理和嵌缝。 8. 饰面砖粘贴的排列方式、分格、图案、伸缩缝设置、变形缝部位排砖、接缝和墙面凹凸部位的防水、排水
	幕墙	1. 幕墙材料、构件、组件、配件等的质量。 2. 幕墙的造型、立面分格和颜色、图案。 3. 预埋件、连接件、紧固件、后置埋件的数量、规格、位置和后置埋件的拉拔力。 4. 金属框架立柱与主体结构预埋件的连接、立柱与横梁的连接、连接件与金属框架的连接。 5. 隐框或半隐框、明框、点支承玻璃幕墙的安装、各连接接点的安装要求、结构胶与密封胶的打注、开启窗的安装、位置与开启。 6. 金属幕墙的面板安装、防火、保温、防潮材料设置、各种变形缝及墙角的连接接点、板缝注胶。 7. 石材幕墙的石材孔、槽的数量、深度、位置及尺寸、连接件与石材面板连接、防火、保温、防潮材料设置、各种变形缝及墙角的连接点、石材表面及板缝处理、板缝注胶。 8. 幕墙易渗漏部位淋水检查。 9. 幕墙防雷装置与主体结构防雷装置的可靠连接
建筑屋面	卷材防水屋面 涂膜防水屋面 刚性防水屋面	1. 保温材料的堆积密度或表观密度、导热系数及板材的强度、吸水率。 2. 保温层的含水率、铺设厚度。 3. 找平层的材料质量及配合比、排水坡度、突出部位的交接处理和转角度的处理。 4. 卷材防水层的卷材及其配套材料的质量、粘结或热熔、在细部的防水构造、渗漏或积水检验。 5. 涂膜防水层的防水涂料和胎体增强材料质量、涂膜平均厚度、与基层粘结、在细部的防水构造、渗漏或积水检验。 6. 刚性防水屋面的细石混凝土材料及配合比、厚度、钢筋位置、分隔缝、平整度和在细部的防水构造、渗漏或积水检验

续表

分部工程	子分部（分项）工程	质量控制点
建筑给水、排水及采暖	室内给水系统 室内排水系统 室内热水供应系统 卫生洁具安装 室内采暖系统	1. 主要材料、成品、半成品、配件器具和设备的品种规格、型号、性能检测报告及外观。 2. 管道安装位置、坡度及接头。 3. 管道支、吊、托架安装位置、固定及间距。 4. 管道穿过楼板、外墙的防水措施。 5. 管道穿过结构伸缩缝、抗震缝及沉降缝的保护措施。 6. 阀门的强度和严密性试验。 7. 承压管道系统和设备的水压试验。 8. 非承压管道系统和设备的灌水试验。 9. 给水系统冲洗和饮用水消毒处理。 10. 水表、消火栓、卫生洁具、器件安装位置、固定及接头。 11. 自动喷淋、水幕的位置、间距及方向。 12. 水泵安装位置、标高、试运转。 13. 调试和联动试验
	室外给水管网 室外排水管网 室外供热管网	1. 主要材料、成品、半成品、配件器具和设备的品种规格、型号、性能检测报告及外观。 2. 临时水准点、管道轴线、高程。 3. 沟槽平面位置、断面形式、尺寸、深度及开挖过程中的排水、支撑。 4. 管道基层、基础、井室地基。 5. 管道、管件起吊及管节下入沟槽。 6. 管道的连接、焊接或承插。 7. 检查井、雨水井的位置、砌筑及与管道的连接。 8. 管道水压试验、严密性试验和灌水试验。 9. 管道冲洗和消毒。 10. 沟槽回填土、回填过程及压实度
建筑电气	室外电气 变配电室 供电干线 电气动力 电气照明安装 防雷和接地安装	1. 主要设备、器具、材料的质量证明和进场验收。 2. 暗管敷设、明管敷设、导线敷设、电缆敷设及其接地。 3. 电气设备安装预埋件的位置、标高及数量。 4. 电线、电缆、母线槽中间接头及伸缩补偿装置安装。 5. 配电柜、控制柜（屏、台）、配电箱（盘）、泵机、风机、变压器、发电机等设备安装及电源接线。 6. 防雷接闪器引下线焊接、接地板和接地装置焊接埋设等电位箱及等电位干线、支线的数量、位置、规格、型号。 7. 线路与电力电缆试验，绝缘电阻及接地电阻测试。 8. 电动机干燥检查及试运转，电气系统调试及试运行。 9. 通电工作
智能建筑	建筑设备监控系统	1. BAS 与相关系统的监视点接口、主机接口、故障报警接口、传感器与执行器等的预留位置、接口界面、通信接口。 2. 传感器安装、执行器安装。 3. DC 和系统智能管理中心设备的规格、型号及 I/O 接口单位、通信单元的连接线。 4. 中央控制室设备检测、现场分站检测、现场设备检测。 5. 系统测试

续表

分部工程	子分部（分项）工程	质量控制点
智能建筑	火灾报警及消防联动系统	1. 元件、组件、材料及设备的型号、规格、性能。 2. 管线敷设。 3. 火灾探测器的选型、安装位置、选型及灵敏度与环境的适应、保护面积计算。 4. 报警控制器的选型、安装位置、布线及接线。 5. 线路、接地测试。 6. 单体调试。 7. 联动系统调试
	通信网络系统	1. 管线的规格、型号、产地。 2. 放线方法、线缆标识、与其他系统管线之间的距离。 3. 设备的接线、接地及接地电阻。 4. 机房防静电措施。 5. 系统调试
	办公自动化系统	1. 设备的规格、型号、产地。 2. 设备接线、接地要求、安装先后次序、安装距离要求、信号线和电源线的分离。 3. 系统软件的安装。 4. 系统的调试
	安全防范系统	1. 输入设备的规格、型号及其与使用功能、使用场所、系统结构的匹配。 2. 摄像点、探测点的布置、监视器的选用、视频分配器、切换器和控制器的搭配。 3. 管线敷设、前端设备安装、主控制器安装。 4. 系统调试
	综合布线系统	1. 线缆和连接硬件的型号、规格、质量检验报告。 2. 预埋线槽和暗管敷设、保护。 3. 桥架和槽道安装的位置、排列、连接、间距和固定。 4. 线缆布线的路由、位置、分离、接地、间距、平直和标识。 5. 配线设备安装。 6. 信息点的安装方式、高度和测试。 7. 电缆传输通道的验证测试与认证测试。 8. 光缆传输通道连接性和衰减／损耗、输入和输出功率、确定光纤连接性和发生光损耗部位等的测试
通风与空调	送排风系统 防排烟系统 空调风系统 制冷设备系统 空调水系统	1. 主要原材料、成品、半成品和设备的进场验收。 2. 风管系统安装的位置、标高、坡向、坡度和严密性检验。 3. 通风机与空调设备安装的位置、标高、出口方向、隔振、安全保护、接地、调试。 4. 空调制冷系统的设备及其附属设备的安装位置、标高、管口方向。 5. 制冷设备的严密性试验和试运行。 6. 制冷管道系统的连接、坡度、坡向、安全阀调试、校核、燃油管道防静电接地。 7. 空调水系统的设备与附属设备、管道、管配件及阀门的安装、连接、冲洗、排污、循环试运行、水压试验、凝结水系统充水试验。 8. 风管与部件及空调设备的绝热。 9. 通风与空调系统设备单机的试运行及调试、系统无生产负荷下的联合试运转综合效能试验的测定与调整

续表

分部工程	子分部（分项）工程	质量控制点
建筑节能	墙体节能工程	材料或构件检查、保温基层、保温层、隔汽层与装饰层、隔断热桥措施
	幕墙节能工程	1. 材料或构件检查。 2. 幕墙气密性能和密封条、保温材料厚度和遮阳设施安装、幕墙工程拱桥部位措施、冷凝水的收集和排放、幕墙与周边墙体间的接缝。 3. 伸缩缝、沉降缝、防震缝等保温或密封做法
	门窗节能工程	1. 外窗气密性、保温性能、中空玻璃露点、玻璃遮阳系数和可见光透射比等。 2 金属外门窗、金属副框隔断热桥措施。 3. 外门窗框、副框和洞口间隙处理。 4. 外门安装。 5. 外窗遮阳设施性能与安装检查
	层面节能工程	1. 保温隔热材料品种和规格。 2. 屋面保温隔热材料的导热系数、密度、抗压强度或抗拉强度、燃烧性能。 3. 屋面保温隔热层施工质量、热桥部位处理措施。 4. 屋面通风隔热架空层、隔汽层检查。 5. 采光屋面传热系数、遮阳系数、可见光透射比、气密性
	地面节能工程	1. 保温材料品种和规格、保温材料的导热系数、密度、抗压强度、燃烧性能。 2. 保温基层处理。 3. 保温层、隔离层、保护层、防水层、防潮层和保护层施工质量
	采暖节能工程	1. 散热设备、阀门、仪表、管材、保温材料等类型、材质、规格和外观。 2. 散热器的单位散热量、金属热强度以及保温材料的导热系数、密度和吸水性
	通风与空调节能工程	1. 设备、管道、阀门、仪表、绝热材料等产品的类型、材质、规格及外观。 2. 风机盘管机组供冷量、供热量、风量、出口静压、噪声及功率。 3. 绝热材料的导热系数、密度、吸水性。 4. 空调风管系统及部件、空调水系统管道及配件等绝热层、防潮层。 5. 空调水系统的冷热水管道与支架的绝热衬垫
	空调与采暖系统的冷热源及管网节能工程	1. 绝热材料、类型、规格。 2. 绝热管道、绝热材料、导热系数、密度、吸水率。 3. 空调冷热源水系统管道及配件绝热层和防潮层。 4. 输送介质温度低于周围空气露点温度管道与支、吊架之间绝热衬垫
	配电与照明节能工程	1. 照明光源、灯具及其附属装置进场验收。 2. 低压配电系统。 3. 电缆截面和每芯导体电阻值。 4. 照明系统照度和功率密度值

续表

分部工程	子分部（分项）工程	质量控制点
电梯	电力驱动的曳引式或强制式电梯安装	1. 承包单位和安全性能检测单位的资质。 2. 设备进场验收。 3. 土建交接检验，主要是机房内部、井道结构及布置、主电源开关位置等。 4. 驱动电机、导轨、门系统、轿厢、对重、电气装置的安装、调试、电气设备接地。 5. 整机安装验收、主要是安全保护验收、限速器安全钳联动试验、层门与轿门试验、空载试验、运行试验、超载试验、制动试验、噪声检验、平层准确度检验、运行速度检验等
园林绿化	挖方 填方 园路 水景 绿化	1. 挖方工程基底的土质。 2. 填方工程的分层回填和压实。 3. 园路工程和铺地工程的标高、坡度、平整度、压实度、强度和图案。 4. 水景工程的布局、效果。 5. 绿化工程的树木品种、胸径、树冠、土球、树坑、土壤、栽植、草皮的品种、场地平整、铺植及其振实、灌水与碾压
道路	路基	1. 路基土的土质、天然含水率、最大干容重、最佳含水量、重型击实标准。 2. 挖方预留碾压厚度及压实度。 3. 填方分层填实、松铺厚度及分层压实度。 4. 路基压实度、弯沉、纵断高程、中线偏位、宽度、平整度、横坡
	基层	1. 原材料质量要求及试验。 2. 混合料级配试验、7d 无侧限抗压强度试验、重型击实试验、筛分试验。 3. 混合料级配、稳定剂剂量、最佳含水量。 4. 拌和、摊铺、松铺厚度、碾压。 5. 压实度、28d 饱水抗压强度。 6. 平整度、压实厚度、宽度、纵断高程、横坡度。 7. 养护
	水泥混凝土面层	1. 原材料质量要求及试验。 2. 水泥混凝土配合比、坍落度、试块抗压强度、抗折强度。 3. 水泥混凝土浇筑、振捣、抹平、压纹和切割缩缝。 4. 施工缝处理。 5. 养护。 6. 板厚度、平整度、抗滑构造深度、相邻板高差、纵、横缝顺直度、中线平面偏位、路面宽度、纵断高程、横坡
	沥青混凝土面层	1. 原材料质量要求与试验。 2. 沥青混合料配合比、沥青用量、矿料级配。 3. 沥青混合料马歇尔试验、抽提试验、筛分试验。 4. 沥青混合料的出厂温度、摊铺温度和碾压温度。 5. 沥青混合料的压实度及压实厚度。 6. 沥青路面平整度、弯沉值、抗滑系数、中线平面偏位、纵断高程

单元 6.2 质量控制的监理手段

【单元描述】

工程质量控制按工程质量形成过程，包括全过程各阶段的质量控制，主要是决策阶段的质量控制、工程勘察设计阶段的质量控制、工程施工阶段的质量控制。

【学习支持】

6.2.1 施工阶段质量控制方法、措施

实施工程监理对于质量偏差要敏感，貌似偶然的质量偏差可能预示着潜在的质量风险。一方面，质量控制人员要谨慎敏感，不放过每一个“偶然”，找出后面隐藏的“必然”；另一方面，质量控制人员要注意质量偏差的连锁反应，即这个序的轻微质量偏差，可能是下一道工序的质量隐患。杜绝经常性的质量偏差和严重质量事故。因为经常性的质量偏差表明产品质量管理存在问题，需要及时纠正，以免业主或咨询工程师产生不信任。严重质量事故的影响往往是巨大的，轻则业主投诉、自己返工，重则在业界或社会造成重大影响，损害公司声誉。

施工阶段质量控制分事前控制、事中控制、事后控制三个环节，控制方法及措施分别为：

12. 事前控制、事中控制、事后控制

1. 事前控制

（1）工程开工前，项目监理机构应审查施工单位现场的质量管理组织机构、管理制度及专职管理人员和特种作业人员的资格。

（2）设计交底前，熟悉施工图纸，并对图纸中存在的问题通过建设单位向设计单位提出书面意见和建议。

（3）参加设计交底及图纸会审，签认设计技术交底纪要。

（4）开工前总监理工程师应组织专业监理工程师审查施工单位报审的施工方案，并在符合要求后予以签认。

施工方案审查应包括下列基本内容：

◆ 编审程序应符合相关规定。

◆ 工程质量保证措施应符合有关标准。

(5) 审查专业分包单位的资质，符合要求后专业分包单位可以进场施工。

分包工程开工前，项目监理机构应审核施工单位报送的分包单位资格报审表，专业监理工程师提出审查意见后，应由总监理工程师审核签认。分包单位资格审核应包括下列基本内容：

◆ 营业执照、企业资质等级证书。

◆ 安全生产许可文件。

◆ 类似工程业绩。

◆ 专职管理人员和特种作业人员的资格。

(6) 开工前，审查施工承包单位（含分包单位）的质量管理、技术管理和质量保证体系，符合有关规定并满足工程需要时予以批准。

(7) 专业监理工程师应检查、复核施工单位报送的施工控制测量成果及保护措施，签署意见。专业监理工程师应对施工单位在施工过程中报送的施工测量放线成果进行查验。

施工控制测量成果及保护措施的检查、复核，应包括下列内容：

◆ 施工单位测量人员的资格证书及测量设备检定证书。

◆ 施工平面控制网、高程控制网和临时水准点的测量成果及控制桩的保护措施。

(8) 总监理工程师应组织专业监理工程师审查施工单位报送的开工报审表及相关资料；同时具备下列条件时，应报建设单位批准后，由项目总监理工程师签署施工单位报送的《工程开工报审表》，实例表式见表 6–2，总监理工程师签发工程开工令。

◆ 设计交底和图纸会审已完成。

◆ 施工组织设计已由总监理工程师签认。

◆ 施工单位现场质量、安全生产管理体系已建立，管理及施工人员已到位，施工机械具备使用条件，主要工程材料已落实。

◆ 进场道路及水、电、通信等已满足开工要求。

工程开工报审表　　　　　　　　表 6-2

工程名称：××× 住宅楼

致 ××× 监理公司（监理单位）

我方承担的 ××× 住宅楼 准备工作已完成。

一、施工许可证已获政府主管部门批准；☑
二、征地拆迁工作能满足工程进度的需要；☑
三、施工组织设计已获总监理工程师批准；☑
四、现场管理人员已到位，机具、施工人员已进场，主要工程材料已落实；☑
五、进场道路及水、电、通信等已满足开工要求；☑
六、质量管理、技术管理和质量保证的组织机构已建立；☑
七、质量管理、技术管理制度已制定；☑
八、专职管理人员和特种作业人员已取得资格证、上岗证。☑

特此申请，请核查并签发开工指令。

承包单位（章）：××× 建筑公司第二项目部
项目经理：×××
日期：2020 年 3 月 1 日

审查意见：

经对 8 项应提供资料逐一审查，表列 8 项内容按批准原则确认均已全部准备就绪，已具备开工条件，同意开工。

项目监理机构（章）：××× 监理公司第二监理部
总监理工程师：×××
日期：2020 年 3 月 2 日

(9) 项目监理机构应审查施工单位报送的用于工程的材料、构配件、设备的质量证明文件，并应按有关规定、建设工程监理合同约定，对用于工程的材料进行见证取样，平行检验。

项目监理机构对已进场经检验不合格的工程材料、构配件、设备，应要求施工单位限期将其撤出施工现场。

(10) 专业监理工程师应检查施工单位为本工程提供服务的试验室。

试验室的检查应包括下列内容：

- 试验室的资质等级及试验范围。
- 法定计量部门对试验设备出具的计量检定证明。
- 试验室管理制度。
- 试验人员资格证书。

(11) 负责审查施工承包单位报送的其他报表。

2. 事中控制

（1）关键工序的控制

◆ 应在施工组织设计中或施工方案中明确质量保证措施，设置质量控制点。

◆ 应选派与工程技术要求相适应等级的施工人员，施工前应向施工人员进行施工技术交底，保存交底记录。

◆ 专业监理工程师负责审查关键工序控制要求的落实。施工承包单位应注意遵守质量控制点的有关规定和施工工艺要求，特别是停止点的规定。在质量控制点到来前通知专业监理工程师验收。

（2）项目监理机构应对施工单位报验的隐蔽工程、检验批、分项工程和分部工程进行验收，对验收合格的应给予签认，对验收不合格的应拒绝签认，同时应要求施工单位在指定的时间内整改并重新报验。

对已同意覆盖的工程隐蔽部位质量有疑问的，或发现施工单位私自覆盖工程隐蔽部位的，项目监理机构应要求施工单位对该隐蔽部位进行钻孔探测、揭开或其他方法进行重新检验。

（3）项目监理机构应审查施工单位提交的单位工程竣工验收报审表及竣工资料，组织工程竣工预验收。存在问题的，应要求施工单位及时整改；合格的，总监理工程师应签认单位工程竣工验收报审表。工程竣工预验收合格后，项目监理机构应编写工程质量评估报告，并应经总监理工程师和工程监理单位技术负责人审核签字后报建设单位。

3. 事后控制

（1）专业监理工程师应组织施工单位的专业工长、施工班组长、专职质量检查员等进行检验批的验收，专业监理工程师应认真做好验收记录。

（2）专业监理工程师组织施工承包单位项目专业质量（技术）负责人等进行分项工程验收。

（3）总监理工程师组织相关单位的相关人员进行相关分部工程验收。

（4）单位工程完工后，施工承包单位应自行组织有关人员进行检查评定，并向建设单位提交工程验收报告。总监理工程师组织由建设单位、设计单位和施工承包单位参加的单位工程竣工验收。

（5）工程或整个工程项目初验，施工承包单位给予配合，及时提交初验所需的资料。项目监理机构发现施工存在质量问题的，或施工单位采用不适当的施工工艺，或施工不当，造成工程质量不合格的，应及时签发监理通知单，要求施工单位整改。整改完毕后，项目监理机构应根据施工单位报送的监理通知回复对整改情况进行复查，提出复查意见。

（6）对需要返工处理加固补强的质量缺陷，项目监理机构应要求施工单位报送经设计等相关单位认可的处理方案，并应对质量缺陷的处理过程进行跟踪检查，同时应对处理结果进行验收。

（7）对需要返工处理或加固补强的质量事故，项目监理机构应要求施工单位报送质量事故调查报告和经设计等相关单位认可的处理方案，并应对质量事故的处理过程进行跟踪检查，同时应对处理结果进行验收。

项目监理机构应及时向建设单位提交质量事故书面报告，并应将完整的质量事故处理记录整理归档。

（8）总监理工程师对验收项目初验合格后签发《工程竣工报验单》，并上报建设单位，由建设单位组织由监理单位、施工承包单位、设计单位和政府质量监督部门等参加的质量验收。各工程质量验收记录表见表 6–3 ～表 6–26。

钢筋安装工程检验批质量验收记录表　　表 6–3

<table>
<tr><td colspan="3">单位（子单位）工程名称</td><td colspan="3"></td></tr>
<tr><td colspan="3">分部（子分部）工程名称</td><td>混凝土结构</td><td>验收部位</td><td>三层框架柱①～⑨/Ⓑ～Ⓕ轴</td></tr>
<tr><td colspan="2">施工单位</td><td></td><td>项目经理</td><td colspan="2"></td></tr>
<tr><td colspan="2">分包单位</td><td></td><td>分包项目经理</td><td colspan="2"></td></tr>
<tr><td colspan="3">施工执行标准名称及编号</td><td colspan="3">1.《混凝土结构工程施工质量验收规范》GB 50204–2015
2.《混凝土结构工程施工工艺标准》QB 013</td></tr>
<tr><td colspan="3">施工质量验收规范的规定</td><td colspan="2">施工单位检查评定记录</td><td>监理（建设）单位验收记录</td></tr>
<tr><td rowspan="3">主控项目</td><td>1</td><td>纵向受力钢筋的连接方式</td><td>第 5.4.1 条</td><td>✓</td><td rowspan="3">纵向受力钢筋的连接方式，接头的力学性能。受力钢筋的品种、级别、规格和数量符合设计及规范要求</td></tr>
<tr><td>2</td><td>机械连接和焊接接头的力学性能</td><td>第 5.4.2 条</td><td>✓</td></tr>
<tr><td>3</td><td>受力钢筋的品种、级别、规格和数量</td><td>第 5.5.1 条</td><td>✓</td></tr>
</table>

续表

一般项目	1	接头位置和数量				第 5.4.3 条	✓										
	2	机械连接、焊接的外观质量				第 5.4.4 条	✓										
	3	机械连接、焊接的接头面积百分率				第 5.4.5 条	✓										
	4	绑扎搭接接头面积百分率和搭接长度				第 5.4.6 条 附录 B	✓										
	5	搭接长度范围内的箍筋				第 5.4.7 条	✓										
	6	钢筋安装允许偏差（mm）	绑扎网筋网	长、宽		±10											接头位置和数量，绑扎搭接接头面积百分率和搭接长度，搭接长度范围内的箍筋，绑扎钢筋网、绑扎钢筋骨架、受力钢筋间距、排距、保护层厚度，绑扎箍筋、横向钢筋间距符合设计及规范要求
				网眼尺寸		±20											
			绑扎网筋骨网	长		±10	4	5	6	6	7	8	7	9	10	−7	
				宽、高		±5	1	1	2		3	4	4	−2	−2	−5	
			受力钢筋	间距		±10		9	9		7	7	6	−7	−8	−9	
				排距		±5											
				保护层厚度	基础	±10											
					柱、梁	±5	5		4	4	3	3	−2	−4	−4	−5	
					板、墙、壳	±3											
			绑扎箍筋、横向钢筋间距			±20	20	19	18	17	16	15	−2	−5	−7	−8	
			钢筋弯起点位置			20											
			预埋件	中心线位置		5											
				水平高差													

	专业工长（施工员）		施工班组长
施工单位检查评定结果	检查工程主控项目、一般项目均符合《混凝土结构工程施工质量验收规范》GB 50204—2015 的规定，评定合格 项目专业质量检查员：　　年　　月　　日		
监理（建设）单位验收结论	同意施工单位评定结果，验收合格 专业监理工程师：　　年　　月　　日		

注：楷体字为填写内容，后同。

钢筋加工工程检验批质量验收记录表　　　　表 6-4

单位（子单位）工程名称			
分部（子分部）工程名称	混凝土结构	验收部位	地上一层顶梁板①～⑥/Ⓑ～Ⓓ轴
施工单位		项目经理	
分包单位		分包项目经理	
施工执行标准名称及编号	3.《混凝土结构工程施工质量验收规范》GB 50204-2015 4.《混凝土结构工程施工工艺标准》QB 013		

施工质量验收规范的规定				施工单位检查评定记录	监理（建设）单位验收记录
主控项目	1	力学性能检验	第 5.2.1 条	✓	钢筋的力学性能，受力钢筋的弯钩和弯折及箍筋弯钩形式均符合设计及《混凝土结构工程施工质量验收规范》GB 50204-2015的要求
	2	抗震用钢筋强度实测值	第 5.2.2 条	/	
	3	化学成分等专项检验	第 5.2.3 条	/	
	4	受力钢筋的弯钩和弯折	第 5.3.1 条	✓	
	5	箍筋弯钩形式	第 5.3.2 条	✓	
一般项目	1	外观质量	第 5.2.4 条	✓	钢筋外观质量、调直及加工的形状、尺寸均符合设计及《混凝土结构工程施工质量验收规范》GB 50204-2015的要求
	2	钢筋调直	第 5.3.3 条	✓	
	3	钢筋加工的形状、尺寸	受力钢筋顺长度方向全长的净尺寸	+6　−3　−4　+7　+2	
			弯起钢筋的弯折位置		
			箍筋内净尺寸		

施工单位检查评定结果	专业工长（施工员）		施工班组长	
	钢筋力学性能，受力钢筋的弯钩和弯折，箍筋弯钩形式，钢筋外观质量及调直，钢筋加工形状，尺寸均满足设计及规范要求，检查结果合格 项目专业质量检查员：　　年　月　日			
监理（建设）单位验收结论	同意施工单位评定结果，验收合格 专业监理工程师：　　年　月　日			

模板安装工程检验批质量验收记录表　　表 6-5

单位（子单位）工程名称			
分部（子分部）工程名称	混凝土结构	验收部位	二层框架柱①～③/Ⓑ～Ⓕ轴
施工单位		项目经理	
分包单位		分包项目经理	
施工执行标准名称及编号	5.《混凝土结构工程施工质量验收规范》GB 50204-2015 6.《混凝土结构工程施工工艺标准》QB 013		

施工质量验收规范的规定						施工单位检查评定记录										监理（建设）单位验收记录
主控项目	1	模板支撑、立柱位置和垫板			第 4.2.1 条	✓										模板支撑及板面隔离剂涂刷符合设计及规范要求
	2	避免隔离剂玷污			第 4.2.2 条	✓										
一般项目	1	模板安装一般要求			第 4.2.3 条	✓										模板安装的一般要求，预埋件、预留孔洞允许偏差符合《混凝土结构工程施工质量验收规范》GB 50204-2015 的规定
	2	用作模板的地坪、胎膜质量			第 4.2.4 条	✓										
	3	模板起拱高度			第 4.2.5 条	✓										
	4	预埋件、预留孔洞允许偏差	预埋钢板中心线位置		3mm											
			预埋管、预留孔中心线位置		3mm	2	3	3	2	3	2	3				
			插筋	中心线位置	5mm	3	3	2	4	3	2	1				
				外露长度	+10,0mm	5	7	5	4	3	2	3				
			预埋螺栓	中心线位置	2mm											
				外露长度	+10,0mm											
			预留洞	中心线位置	10mm											
				尺寸	+10,0mm											
	5	模板安装允许偏差	轴线位置		5mm	3	5	3	4	3						
			底模上表面标高		±5mm											
			截面内部尺寸	基础	±10mm											
				柱、墙、梁	+4，−5mm	3	−2	−4	2	0	3	−4	−1			
			层高垂直度	不大于 5m	6mm	4	2	3	2	0	3	−1	−2			
				大于 5m	8mm	6	3	4	1	0	4	−2	−3			
			相邻两板表面高低差		2mm											
			表面平整度		5mm											

续表

<table>
<tr><td rowspan="2">施工单位检查评定结果</td><td>专业工长（施工员）</td><td></td><td>施工班组长</td><td></td></tr>
<tr><td colspan="4">检查工程主控项目、一般项目均符合《混凝土结构工程施工质量验收规范》GB 50204-2015 的规定，评定合格
项目专业质量检查员： 年 月 日</td></tr>
<tr><td>监理（建设）单位验收结论</td><td colspan="4">同意施工单位评定结果，验收合格
专业监理工程师： 年 月 日</td></tr>
</table>

模板拆除工程检验批质量验收记录表　表 6-6

<table>
<tr><td colspan="3">单位（子单位）工程名称</td><td colspan="3"></td></tr>
<tr><td colspan="3">分部（子分部）工程名称</td><td>混凝土结构</td><td>验收部位</td><td>地上一层顶梁板①～⑥/Ⓑ～Ⓓ轴</td></tr>
<tr><td colspan="2">施工单位</td><td></td><td colspan="2">项目经理</td><td></td></tr>
<tr><td colspan="2">分包单位</td><td></td><td colspan="2">分包项目经理</td><td></td></tr>
<tr><td colspan="3">施工执行标准名称及编号</td><td colspan="3">7.《混凝土结构工程施工质量验收规范》GB 50204-2015
8.《混凝土结构工程施工工艺标准》QB 013</td></tr>
<tr><td colspan="4">施工质量验收规范的规定</td><td>施工单位检查评定记录</td><td>监理（建设）单位验收记录</td></tr>
<tr><td rowspan="3">主控项目</td><td>1</td><td>底模及其支架拆除时的混凝土强度</td><td>第 4.3.1 条</td><td>拆模时混凝土强度已达到设计强度的 94%，有同条件试件强度报告，编号 ×××</td><td rowspan="3">符合要求</td></tr>
<tr><td>2</td><td>后张法预应力构件侧模和底模的拆除时间</td><td>第 4.3.2 条</td><td>✓</td></tr>
<tr><td>3</td><td>后浇带拆模和支顶</td><td>第 4.3.3 条</td><td>✓</td></tr>
<tr><td rowspan="2">一般项目</td><td>1</td><td>避免拆模损伤</td><td>第 4.3.4 条</td><td>✓</td><td rowspan="2">模板拆除、堆放和清运符合《混凝土结构工程施工质量验收规范》GB 50204-2015 的规定</td></tr>
<tr><td>2</td><td>模板拆除、堆放和清洁</td><td>第 4.3.5 条</td><td>✓</td></tr>
</table>

<table>
<tr><td rowspan="2">施工单位检查评定结果</td><td>专业工长（施工员）</td><td></td><td>施工班组长</td><td></td></tr>
<tr><td colspan="4">检查工程主控项目、一般项目均符合《混凝土结构工程施工质量验收规范》GB 50204-2015 的规定，评定合格
项目专业质量检查员： 年 月 日</td></tr>
<tr><td>监理（建设）单位验收结论</td><td colspan="4">同意施工单位评定结果，验收合格
专业监理工程师： 年 月 日</td></tr>
</table>

混凝土施工工程检验批质量验收记录表　　表 6-7

<table>
<tr><td colspan="3">单位（子单位）工程名称</td><td colspan="4"></td></tr>
<tr><td colspan="3">分部（子分部）工程名称</td><td>混凝土结构</td><td>验收部位</td><td colspan="2">地上一层框架柱①～⑨/Ⓒ～Ⓕ轴</td></tr>
<tr><td colspan="2">施工单位</td><td colspan="2"></td><td colspan="2">项目经理</td><td></td></tr>
<tr><td colspan="2">分包单位</td><td colspan="2"></td><td colspan="2">分包项目经理</td><td></td></tr>
<tr><td colspan="3">施工执行标准名称及编号</td><td colspan="4">9.《混凝土结构工程施工质量验收标准》GB 50204-2015
10.《混凝土结构工程施工工艺标准》QB 013</td></tr>
<tr><td colspan="4">施工质量验收规范的规定</td><td colspan="2">施工单位检查评定记录</td><td>监理（建设）单位验收记录</td></tr>
<tr><td rowspan="4">主控项目</td><td>1</td><td>混凝土强度等级及试件的取样和留置</td><td>第 7.4.1 条</td><td colspan="2">混凝土强度等级为 C25，取 2 组标养试块及 1 组同条件试块，1 组见证试块，强度达到 32.5、33.6MPa</td><td rowspan="4">混凝土强度等级及试件的取样和留置，原材料每盘称量的偏差，初凝时间控制符合设计及规范要求</td></tr>
<tr><td>2</td><td>混凝土抗渗及试件取样的留置</td><td>第 7.4.2 条</td><td colspan="2">✓</td></tr>
<tr><td>3</td><td>原材料每盘称量的偏差</td><td>第 7.4.3 条</td><td colspan="2">✓</td></tr>
<tr><td>4</td><td>初凝时间控制</td><td>第 7.4.4 条</td><td colspan="2">✓</td></tr>
<tr><td rowspan="3">一般项目</td><td>1</td><td>施工缝的位置和处理</td><td>第 7.4.5 条</td><td colspan="2">✓</td><td rowspan="3">施工缝的位置和处理，混凝土养护符合设计及规范要求</td></tr>
<tr><td>2</td><td>后浇带的位置和浇筑</td><td>第 7.4.6 条</td><td colspan="2">✓</td></tr>
<tr><td>3</td><td>混凝土养护</td><td>第 7.4.7 条</td><td colspan="2">✓</td></tr>
<tr><td colspan="2" rowspan="2">施工单位检查评定结果</td><td>专业工长（施工员）</td><td></td><td>施工班组长</td><td colspan="2"></td></tr>
<tr><td colspan="5">检查工程主控项目、一般项目均符合《混凝土结构工程施工质量验收标准》GB 50204-2015 的规定，评定合格

项目专业质量检查员：　　年　月　日</td></tr>
<tr><td colspan="3">监理（建设）单位验收结论</td><td colspan="4">同意施工单位评定结果，验收合格

专业监理工程师：　　年　月　日</td></tr>
</table>

土方开挖工程检验批质量验收记录表　　　　表 6-8

<table>
<tr><td colspan="3">单位（子单位）工程名称</td><td colspan="7"></td></tr>
<tr><td colspan="3">分部（子分部）工程名称</td><td colspan="2">地基与基础</td><td colspan="2">验收部位</td><td colspan="3">基础①～⑨/Ⓑ～Ⓕ轴</td></tr>
<tr><td colspan="2">施工单位</td><td colspan="3"></td><td colspan="2">项目经理</td><td colspan="3"></td></tr>
<tr><td colspan="2">分包单位</td><td colspan="3"></td><td colspan="2">分包项目经理</td><td colspan="3"></td></tr>
<tr><td colspan="3">施工执行标准名称及编号</td><td colspan="7">11.《建筑地基基础工程施工质量验收标准》GB 50202-2018
12.《建筑地基基础工程施工工艺标准》QB 011</td></tr>
<tr><td colspan="8">施工质量验收规范的规定</td><td rowspan="4">施工单位检查评定记录</td><td rowspan="4">监理（建设）单位验收记录</td></tr>
<tr><td colspan="3" rowspan="3">项目</td><td colspan="5">允许偏差或允许值（mm）</td></tr>
<tr><td rowspan="2">桩基基坑基槽</td><td colspan="2">挖方场地平面</td><td rowspan="2">管沟</td><td rowspan="2">地（路）面基层</td></tr>
<tr><td>人工</td><td>机械</td></tr>
<tr><td rowspan="3">主控项目</td><td>1</td><td>标高</td><td>−50</td><td>±30</td><td>±50</td><td>−50</td><td>−50</td><td>✓</td><td rowspan="3">经检查，标高、长度、宽度、边坡符合规范要求</td></tr>
<tr><td>2</td><td>长度、宽度（由设计中心线向两边量）</td><td>+200
−50</td><td>+300
−100</td><td>+500
−150</td><td>+100</td><td>—</td><td>✓</td></tr>
<tr><td>3</td><td>边坡</td><td colspan="5">设计要求</td><td>1∶0.5</td></tr>
<tr><td rowspan="2">一般项目</td><td>1</td><td>表面平整度</td><td>20</td><td>20</td><td>50</td><td>20</td><td>20</td><td>✓</td><td>经检查，表面平整度，基底土性符合规范要求</td></tr>
<tr><td>2</td><td>基底土性</td><td colspan="4">设计要求</td><td colspan="2">土性为××，与勘查报告相符</td><td></td></tr>
<tr><td colspan="2" rowspan="2">施工单位检查评定结果</td><td colspan="2">专业工长（施工员）</td><td colspan="2"></td><td colspan="2">施工班组长</td><td colspan="2"></td></tr>
<tr><td colspan="8">检查工程主控项目、一般项目均符合《建筑地基基础工程施工质量验收标准》GB 50202-2018 的规定，评定合格

项目专业质量检查员：　　　年　　月　　日</td></tr>
<tr><td colspan="3">监理（建设）单位验收结论</td><td colspan="7">同意施工单位评定结果，验收合格

专业监理工程师：　　　年　　月　　日</td></tr>
</table>

土方回填工程检验批质量验收记录表　　表 6-9

<table>
<tr><td colspan="3">单位（子单位）工程名称</td><td colspan="8"></td></tr>
<tr><td colspan="3">分部（子分部）工程名称</td><td colspan="2">地基与基础</td><td colspan="2">验收部位</td><td colspan="4">基础①～⑨/Ⓑ～Ⓕ轴</td></tr>
<tr><td colspan="3">施工单位</td><td colspan="3"></td><td colspan="2">项目经理</td><td colspan="3"></td></tr>
<tr><td colspan="3">分包单位</td><td colspan="3"></td><td colspan="2">分包项目经理</td><td colspan="3"></td></tr>
<tr><td colspan="3">施工执行标准名称及编号</td><td colspan="8">13.《建筑地基基础工程施工质量验收标准》GB 50202-2018
14.《建筑地基基础工程施工工艺标准》QB 011</td></tr>
<tr><td colspan="8">施工质量验收规范的规定</td><td rowspan="4">施工单位检查评定记录</td><td rowspan="4">监理（建设）单位验收记录</td></tr>
<tr><td colspan="3" rowspan="3">检查项目</td><td colspan="5">允许偏差或允许值（mm）</td></tr>
<tr><td rowspan="2">桩基基坑基槽</td><td colspan="2">挖方场地平面</td><td rowspan="2">管沟</td><td rowspan="2">地（路）面基层</td></tr>
<tr><td>人工</td><td>机械</td></tr>
<tr><td rowspan="3">主控项目</td><td>1</td><td>标高</td><td>-50</td><td>±30</td><td>±50</td><td>-50</td><td>-50</td><td>✓</td><td rowspan="3">经检查，标高、分层压实度符合规范要求</td></tr>
<tr><td>2</td><td>分层压实系数</td><td colspan="5">设计要求</td><td>压实系数 0.95</td></tr>
<tr><td>3</td><td>回填土料</td><td colspan="5">设计要求</td><td>压实系数 0.95</td></tr>
<tr><td rowspan="2">一般项目</td><td>1</td><td>分层厚度及含水量</td><td colspan="5">设计要求</td><td>✓</td><td rowspan="2">经检查，回填土料、分层厚度及含水率、表面平整度符合规范要求</td></tr>
<tr><td>2</td><td>表面平整度</td><td>20</td><td>20</td><td>30</td><td>20</td><td>20</td><td>✓</td></tr>
<tr><td colspan="2" rowspan="2">施工单位检查评定结果</td><td colspan="2">专业工长（施工员）</td><td colspan="2"></td><td colspan="2">施工班组长</td><td colspan="2"></td></tr>
<tr><td colspan="8">检查工程主控项目、一般项目均符合《建筑地基基础工程施工质量验收标准》GB 50202-2018 的规定，评定合格

项目专业质量检查员：　　年　月　日</td></tr>
<tr><td colspan="3">监理（建设）单位验收结论</td><td colspan="8">同意施工单位评定结果，验收合格

专业监理工程师：　　年　月　日</td></tr>
</table>

砌体工程检验批质量验收记录表　　表 6-10

单位（子单位）工程名称				
分部（子分部）工程名称	混凝土结构	验收部位	首层墙体①～⑨ / Ⓑ～Ⓕ轴	
施工单位		项目经理		
分包单位		分包项目经理		
施工执行标准名称及编号	19.《砌体工程施工质量验收规范》GB 50203-2011 20.《砌体工程施工工艺标准》QB 014			

施工质量验收规范的规定				施工单位检查评定记录								监理（建设）单位验收记录
主控项目	1	砖强度等级	设计要求 MU	砖强度等级为 MU10，有合格证和复试报告各 1 份，试验编号 ××，合格								砖强度等级 MU10，砂浆强度等级 M10 及砖砌留槎均符合设计和验收规范要求
	2	砂浆强度等级	设计要求 M	水泥砂浆强度等级为 M10，有配合比单，计量设施完备、准确，砂浆试块编号 ×××，抗压强度合格								
	3	水平灰缝砂浆饱满度	≥ 80%	✓								
	4	斜槎留置	第 5.2.3 条	✓								
	5	直槎拉结钢筋及接槎处理	第 5.2.4 条	✓								
	6	轴线位移	≤ 10mm	5	3	3	5	6	4	8	6	
	7	垂直度（每层）	≤ 5mm									
一般项目	1	组砌方法	第 5.3.1 条									一般项目检查符合施工验收规范要求，超差点在允许偏差范围内
	2	水平灰缝厚度	8 ～ 12mm									
	3	基础顶面、楼面标高	±15mm									
	4	表面平整度	清水：5mm 混水：8mm									
	5	门窗洞口高、宽	±5mm									
	6	外墙上下窗口偏移	20mm									
	7	水平灰缝平直度	清水：7mm 混水：10mm									
	8	清水墙游丁走缝	20mm									

施工单位检查评定结果	专业工长（施工员）		施工班组长	
	检查工程主控项目、一般项目均符合《砌体工程施工质量验收规范》GB 50203-2012 的规定，评定合格 项目专业质量检查员：　　年　月　日			
监理（建设）单位验收结论	同意施工单位评定结果，验收合格 专业监理工程师：　　年　月　日			

屋面保温层工程检验批质量验收记录表　　表 6-11

<table>
<tr><td colspan="5">单位（子单位）工程名称</td><td colspan="11"></td></tr>
<tr><td colspan="5">分部（子分部）工程名称</td><td colspan="4">卷材防水屋面</td><td colspan="3">验收部位</td><td colspan="4">屋面①～⑥/Ⓑ～Ⓕ轴</td></tr>
<tr><td colspan="3">施工单位</td><td colspan="3"></td><td colspan="4">项目经理</td><td colspan="6"></td></tr>
<tr><td colspan="3">分包单位</td><td colspan="3"></td><td colspan="4">分包项目经理</td><td colspan="6"></td></tr>
<tr><td colspan="5">施工执行标准名称及编号</td><td colspan="11">21.《屋面工程施工质量验收规范》GB 50207－2012
22.《屋面工程施工工艺标准》QB 015</td></tr>
<tr><td colspan="5">施工质量验收规范的规定</td><td colspan="10">施工单位检查评定记录</td><td>监理（建设）单位验收记录</td></tr>
<tr><td rowspan="2">主控项目</td><td>1</td><td colspan="2">材料质量</td><td>第 4.2.8 条</td><td colspan="10">材料有合格证、检测报告各 1 份，各项技术指标符合要求</td><td rowspan="2">保温块材质量合格，含水率经复验符合设计要求</td></tr>
<tr><td>2</td><td colspan="2">保温层含水率</td><td>第 4.2.9 条</td><td colspan="10">检验报告符合设计要求</td></tr>
<tr><td rowspan="4">一般项目</td><td>1</td><td colspan="2">保温层铺设</td><td>第 4.2.10 条</td><td colspan="10">按设计要求铺设表面平整，找坡正确</td><td rowspan="4">与基层贴靠紧密平稳，板块缝隙均匀</td></tr>
<tr><td>2</td><td colspan="2">倒置式屋面保护层</td><td>第 4.2.12 条</td><td colspan="10">符合设计要求</td></tr>
<tr><td rowspan="2">3</td><td rowspan="2">保温层厚度允许偏差</td><td>松散、整体</td><td>+10%，−5%</td><td>5</td><td>6</td><td>3</td><td>4</td><td>5</td><td>7</td><td>5</td><td>6</td><td>4</td><td>3</td></tr>
<tr><td>板块</td><td>±5% 且 ≤ 4mm</td><td>1</td><td>2</td><td>3</td><td>4</td><td>2</td><td>0</td><td>1</td><td>2</td><td>3</td><td>1</td></tr>
<tr><td colspan="2" rowspan="2">施工单位检查评定结果</td><td colspan="2">专业工长（施工员）</td><td colspan="3"></td><td colspan="4">施工班组长</td><td colspan="5"></td></tr>
<tr><td colspan="14">检查工程主控项目、一般项目均符合《屋面工程施工质量验收规范》GB 50207－2012 的规定，评定合格

项目专业质量检查员：　　年　月　日</td></tr>
<tr><td colspan="3">监理（建设）单位验收结论</td><td colspan="13">同意施工单位评定结果，验收合格

专业监理工程师：　　年　月　日</td></tr>
</table>

卷材防水层工程检验批质量验收记录表　　表 6-12

<table>
<tr><td colspan="4">单位（子单位）工程名称</td><td colspan="11"></td></tr>
<tr><td colspan="4">分部（子分部）工程名称</td><td colspan="3">卷材防水屋面</td><td colspan="3">验收部位</td><td colspan="5">屋面①～⑨/Ⓑ～Ⓕ轴</td></tr>
<tr><td colspan="2">施工单位</td><td colspan="3"></td><td colspan="3">项目经理</td><td colspan="7"></td></tr>
<tr><td colspan="2">分包单位</td><td colspan="3"></td><td colspan="3">分包项目经理</td><td colspan="7"></td></tr>
<tr><td colspan="4">施工执行标准名称及编号</td><td colspan="11">23.《屋面工程施工质量验收规范》GB 50207－2012
24.《屋面工程施工工艺标准》QB 015</td></tr>
<tr><td colspan="4">施工质量验收规范的规定</td><td colspan="10">施工单位检查评定记录</td><td>监理（建设）单位验收记录</td></tr>
<tr><td rowspan="3">主控项目</td><td>1</td><td>卷材及配套材料质量</td><td>第 4.3.15 条</td><td colspan="10">防水卷材及其配套材料有检验报告，复检报告，编号 ×××，合格</td><td rowspan="3">主控项目符合规范规定，细部构造外均有附加层</td></tr>
<tr><td>2</td><td>卷材防水层</td><td>第 4.3.16 条</td><td colspan="10">✓</td></tr>
<tr><td>3</td><td>防水细部构造</td><td>第 4.3.17 条</td><td colspan="10">✓</td></tr>
<tr><td rowspan="5">一般项目</td><td>1</td><td>卷材搭接缝与收头质量</td><td>第 4.3.18 条</td><td colspan="10">✓</td><td rowspan="5">卷材搭接长度与宽度符合要求，收头牢固、无翘边</td></tr>
<tr><td>2</td><td>卷材保护层</td><td>第 4.3.19 条</td><td colspan="10">✓</td></tr>
<tr><td>3</td><td>排气屋面孔道留置</td><td>第 4.3.20 条</td><td colspan="10">✓</td></tr>
<tr><td>4</td><td>卷材铺贴方向</td><td>铺贴方向正确</td><td colspan="10">✓</td></tr>
<tr><td>5</td><td>搭接宽度允许偏差</td><td>-10mm</td><td>-3</td><td>-5</td><td>-4</td><td>-1</td><td>-2</td><td>-1</td><td>0</td><td>-4</td><td>-6</td><td>-2</td></tr>
<tr><td colspan="3" rowspan="2">施工单位检查评定结果</td><td colspan="2">专业工长（施工员）</td><td colspan="3"></td><td colspan="3">施工班组长</td><td colspan="4"></td></tr>
<tr><td colspan="12">检查工程主控项目、一般项目均符合《屋面工程施工质量验收规范》GB 50207－2012 的规定，评定合格

项目专业质量检查员：　　　年　　月　　日</td></tr>
<tr><td colspan="4">监理（建设）单位验收结论</td><td colspan="11">同意施工单位评定结果，验收合格

专业监理工程师：　　　年　　月　　日</td></tr>
</table>

室内给水管道及配件安装工程检验批质量验收记录表　　表 6-13

单位（子单位）工程名称			
分部（子分部）工程名称	室内给水系统	验收部位	1 ~ 4 层
施工单位		项目经理	
分包单位		分包项目经理	
施工执行标准名称及编号	25.《建筑给水排水及采暖工程施工质量验收规范》GB 50242-2002 26.《建筑给水排水及采暖工程施工工艺标准》QB 017		

施工质量验收规范的规定						施工单位检查评定记录										监理（建设）单位验收记录
主控项目	1	给水管道、水压试验			设计要求	水压试验方式和结果符合设计要求										水压试验及通水试验、冲洗符合质量验收规范要求
	2	给水系统、通水试验			第 4.2.2 条	给水系统经通水试验，符合设计要求										
	3	生活给水系统管道、冲洗和消毒			第 4.2.3 条	给水系统经冲洗消毒试验，经检测合格										
	4	直埋金属给水管道、冲洗和消毒			第 4.2.4 条	✓										
一般项目	1	给排水管铺设的平行、垂直净距			第 4.2.5 条	经检查给排水管净距均符合要求										检查一般项目的实际偏差，均在允许偏差范围内
	2	金属给水管道及管件焊接			第 4.2.6 条	✓										
	3	给水水平管道、坡度坡向			第 4.2.7 条	管道坡度最大为 4‰，最小为 3‰										
	4	管道支、吊架			第 4.2.9 条	管道支吊架安装符合规范要求										
	5	水表安装			第 4.2.10 条	水表安装符合规范要求										
	6	水平管道纵、横方向弯曲允许偏差	钢管	每 m	1mm	1	1	1	1	1	1.5	1	1	1	1	
				全长 25m 以上	≯ 25mm	16	18	21	20	22	14	24	26	18	17	
			塑料管复合管	每 m	1.5mm											
				全长 25m 以上	≯ 25mm											
			铸铁管	每 m	2mm											
				全长 25m 以上	≯ 25mm											
		立管垂直度允许偏差	钢管	每 m	3mm	2	1	3	2	4	2	2	1	3	2	
				5m 以上	≯ 8mm											
			塑料管复合管	每 m	2mm											
				5m 以上	≯ 8mm											
			铸铁管	每 m	3mm											
				5m 以上	≯ 10mm											
	7	成排管段和成排阀门		在同一平面上间距	3mm											

续表

<table>
<tr><td rowspan="2">施工单位检查评定结果</td><td>专业工长（施工员）</td><td></td><td>施工班组长</td><td></td></tr>
<tr><td colspan="4">主控项目中试压、冲洗全部符合设计要求；一般项目中管道及附件安装符合要求，允许偏差项目抽查 30 点，超差点 3 点，合格率 90%。1 ～ 4 层给水立支管道及配件安装符合《建筑给水排水及采暖工程施工质量验收规范》GB 50242-2002 的规定，评定合格

项目专业质量检查员：　　　　年　月　日</td></tr>
<tr><td>监理（建设）单位验收结论</td><td colspan="4">同意施工单位评定结果，验收合格

专业监理工程师：　　　　年　月　日</td></tr>
</table>

室内排水管道及配件安装工程检验批质量验收记录表　　表 6-14

<table>
<tr><td colspan="3">单位（子单位）工程名称</td><td colspan="3"></td></tr>
<tr><td colspan="3">分部（子分部）工程名称</td><td>室内排水系统</td><td>验收部位</td><td>1 ～ 5 层</td></tr>
<tr><td colspan="3">施工单位</td><td></td><td>项目经理</td><td></td></tr>
<tr><td colspan="3">分包单位</td><td></td><td>分包项目经理</td><td></td></tr>
<tr><td colspan="3">施工执行标准名称及编号</td><td colspan="3">31.《建筑给水排水及采暖工程施工质量验收规范》GB 50242-2002
32.《建筑给水排水及采暖工程施工工艺标准》QB 017</td></tr>
<tr><td colspan="4">施工质量验收规范的规定</td><td>施工单位检查评定记录</td><td>监理（建设）单位验收记录</td></tr>
<tr><td rowspan="4">主控项目</td><td>1</td><td>排水管道灌水试验</td><td>第 5.2.1 条</td><td>灌水试验结果符合规范要求</td><td rowspan="4">主控项目全部符合要求</td></tr>
<tr><td>2</td><td>生活污水铸铁管、塑料管坡度</td><td>第 5.2.2、5.2.3 条</td><td>抽查 50 处，均大于最小坡度值</td></tr>
<tr><td>3</td><td>排水塑料管安装伸缩节</td><td>第 5.2.4 条</td><td>伸缩节安装位置、数量符合设计要求</td></tr>
<tr><td>4</td><td>排水立管及水平干管通球试验</td><td>第 5.2.5 条</td><td>已进行通球试验，通球试验结果符合要求</td></tr>
<tr><td rowspan="5">一般项目</td><td>1</td><td>生活污水管道上设检查口和清扫口</td><td>第 5.2.6、5.2.7 条</td><td>检查口的设置符合规范要求</td><td rowspan="5">一般项目检查符合施工验收规范的要求，超差点在允许偏差范围内</td></tr>
<tr><td>2</td><td>金属盒塑料管道支吊架安装</td><td>第 5.2.8、5.2.9 条</td><td>支吊架安装位置、构造合理符合要求</td></tr>
<tr><td>3</td><td>排水通气管安装</td><td>第 5.2.10 条</td><td>屋顶通气高度均大于 2m，并且高于门 700mm</td></tr>
<tr><td>4</td><td>医院污水和饮食业工艺排水</td><td>第 5.2.11、5.2.12 条</td><td>✓</td></tr>
<tr><td>5</td><td>室内排水管道安装</td><td>第 5.2.13、5.2.14、5.2.15 条</td><td>管道安装拐弯以及采用的管件符合规范要求</td></tr>
</table>

续表

一般项目	6	排水管安装允许偏差		坐标			15	15	12	13	14	15	14	16	13	14	12	一般项目检查符合施工验收规范的要求，超差点在允许偏差范围内
				标高			±15	+13	+13	+13	+14	−14	−14	−14	−15	16	+14	
			横管纵横方向弯曲	铸铁管	每 1m		≯ 1											
					全长（25m）以上		≯ 25											
				钢管	每 1m	管径 ≤ 100mm	1											
						管径 >100mm	1.5											
					全长（25m）以上	管径 ≤ 100mm	≯ 25											
						管径 >100mm	≯ 38											
				塑料管	每 1m		1.5	1	1	1	0	1	1	2	1	1	1	
					全长（25m）以上		≯ 38											
				钢筋混凝土管、混凝土管	每 1m		3											
					全长（25m）以上		≯ 75											
			立管垂直度	铸铁管	每 1m		3											
					全长（25m）以上		≯ 15											
				钢管	每 1m		3											
					全长（25m）以上		≯ 10											
				塑料管	每 1m		3	2	1	3	2	2	1	2	2	2	3	
					全长（25m）以上		≯ 15											

施工单位检查评定结果	专业工长（施工员）		施工班组长	
	主控项目全部符合规范要求；一般项目安装满足规范规定要求，允许偏差项目抽查 40 点，超差点 3 点，合格率 92.5%，满足规范规定要求。1 ～ 5 层室内排水管道及配件安装项目评定合格 项目专业质量检查员：　　年　月　日			
监理（建设）单位验收结论	同意施工单位评定结果，验收合格 专业监理工程师：　　年　月　日			

电线、电缆穿管和线槽敷线检验批质量验收记录表　　表 6-15

<table>
<tr><td colspan="3">单位（子单位）工程名称</td><td colspan="5"></td></tr>
<tr><td colspan="3">分部（子分部）工程名称</td><td>电线、电缆穿管和线槽敷设</td><td>验收部位</td><td colspan="3">首层公共走廊</td></tr>
<tr><td colspan="2">施工单位</td><td colspan="2"></td><td colspan="2">项目经理</td><td colspan="2"></td></tr>
<tr><td colspan="2">分包单位</td><td colspan="2"></td><td colspan="2">分包项目经理</td><td colspan="2"></td></tr>
<tr><td colspan="3">施工执行标准名称及编号</td><td colspan="5">35.《建筑电气工程施工质量验收规范》GB 50303-2015
36.《建筑电气工程施工工艺标准》QB 018</td></tr>
<tr><td colspan="4">施工质量验收规范的规定</td><td colspan="2">施工单位检查评定记录</td><td colspan="2">监理（建设）单位验收记录</td></tr>
<tr><td rowspan="3">主控项目</td><td>1</td><td>交流单芯电缆不得单独穿于钢导管内</td><td>第 15.1.1 条</td><td colspan="2">✓</td><td colspan="2" rowspan="3">主控项目符合设计及规范要求</td></tr>
<tr><td>2</td><td>电线穿管</td><td>第 15.1.2 条</td><td colspan="2">同一交流回路的导线穿同一金属导管内，管内导线无接头</td></tr>
<tr><td>3</td><td>爆炸危险环境照明线路的电线、电缆选用和穿管</td><td>第 15.1.3 条</td><td colspan="2">✓</td></tr>
<tr><td rowspan="3">一般项目</td><td>1</td><td>电线、电缆管内清扫和管口处理</td><td>第 15.2.1 条</td><td colspan="2">管内杂物清理干净，管口无毛刺，管口均戴塑料护口</td><td colspan="2" rowspan="3">所报项目按规定数量及要求进行查验，均符合各相关条文质量要求</td></tr>
<tr><td>2</td><td>同一建筑物、构筑物内电线绝缘层颜色的选择</td><td>第 15.2.2 条</td><td colspan="2">同一建筑物的导线绝缘层外皮颜色选择一致，符合规范要求</td></tr>
<tr><td>3</td><td>线槽敷线</td><td>第 15.2.3 条</td><td colspan="2">导线在线槽内留有余量，并按回路编号，绑扎间距为 1.5m</td></tr>
<tr><td colspan="2" rowspan="2">施工单位检查评定结果</td><td>专业工长（施工员）</td><td colspan="2"></td><td>施工班组长</td><td colspan="2"></td></tr>
<tr><td colspan="6">检查工程主控项目、一般项目均符合《建筑电气工程施工质量验收规范》GB 50303-2015 的规定，评定合格

项目专业质量检查员：　　年　月　日</td></tr>
<tr><td colspan="3">监理（建设）单位验收结论</td><td colspan="5">同意施工单位评定结果，验收合格

专业监理工程师：　　年　月　日</td></tr>
</table>

接地装置安装检验批质量验收记录表 表 6-16

<table>
<tr><td colspan="3">单位（子单位）工程名称</td><td colspan="4"></td></tr>
<tr><td colspan="3">分部（子分部）工程名称</td><td>防雷及接地装置安装</td><td>验收部位</td><td colspan="2">地下二层</td></tr>
<tr><td colspan="3">施工单位</td><td></td><td>项目经理</td><td colspan="2"></td></tr>
<tr><td colspan="3">分包单位</td><td></td><td>分包项目经理</td><td colspan="2"></td></tr>
<tr><td colspan="3">施工执行标准名称及编号</td><td colspan="4">41.《建筑电气工程施工质量验收规范》GB 50303-2015
42.《建筑电气工程施工工艺标准》QB 018</td></tr>
<tr><td colspan="4">施工质量验收规范的规定</td><td colspan="2">施工单位检查评定记录</td><td>监理（建设）单位验收记录</td></tr>
<tr><td rowspan="5">主控项目</td><td>1</td><td>接地装置测试点的设置</td><td>第 24.1.1 条</td><td colspan="2">利用建筑物的地板钢筋</td><td rowspan="5">主控项目符合设计及规范要求</td></tr>
<tr><td>2</td><td>接地电阻值测试</td><td>第 24.1.2 条</td><td colspan="2">测试接地电阻值为 0.6 Ω，符合设计要求</td></tr>
<tr><td>3</td><td>防雷接地的人工接地装置的接线干线埋设</td><td>第 24.1.3 条</td><td colspan="2">✓</td></tr>
<tr><td>4</td><td>接地模块设置应垂直或水平就位</td><td>第 24.1.4 条</td><td colspan="2">接地模块埋设基坑，埋深为模块周长的 1.3 倍，间距为模块长度的 4 倍</td></tr>
<tr><td>5</td><td>接地模块设置应垂直或水平就位</td><td>第 24.1.5 条</td><td colspan="2">接地模块垂直就位，与基坑土壤接触良好</td></tr>
<tr><td rowspan="3">一般项目</td><td>1</td><td>接地装置埋设深度、间距和搭接长度</td><td>第 24.2.1 条</td><td colspan="2">符合设计要求</td><td rowspan="3">所报项目按规定数量及要求进行查验，均符合各相关条文质量要求</td></tr>
<tr><td>2</td><td>接地装置的材质和最小允许规格</td><td>第 24.2.2 条</td><td colspan="2">接地装置的材质符合设计要求</td></tr>
<tr><td>3</td><td>接地模块与干线的连接和干线材质选用</td><td>第 24.2.3 条</td><td colspan="2">用干线把接地模块并联成一个环路，干线采用 40mm × 4mm 热浸镀锌扁钢</td></tr>
<tr><td rowspan="2" colspan="2">施工单位检查评定结果</td><td colspan="2">专业工长（施工员）</td><td>施工班组长</td><td colspan="2"></td></tr>
<tr><td colspan="5">检查工程主控项目、一般项目均符合《建筑电气工程施工质量验收规范》GB 50303-2015 的规定，评定合格
项目专业质量检查员： 年 月 日</td></tr>
<tr><td colspan="3">监理（建设）单位验收结论</td><td colspan="4">同意施工单位评定结果，验收合格
专业监理工程师： 年 月 日</td></tr>
</table>

模板分项工程质量验收记录　　表 6-17

编号：

<table>
<tr><td colspan="2">单位（子单位）工程名称</td><td></td><td>结构类型</td><td>框架剪力墙</td></tr>
<tr><td colspan="2">分部（子分部）工程名称</td><td>主体混凝土结构</td><td>检验批数</td><td>58</td></tr>
<tr><td colspan="2">施工单位</td><td></td><td>项目经理</td><td></td></tr>
<tr><td>序号</td><td>检验批名称及部位、区段</td><td>施工单位检查评定结果</td><td colspan="2">监理（建设）单位验收结论</td></tr>
<tr><td>1</td><td>首层墙、板</td><td>✓</td><td colspan="2">合格</td></tr>
<tr><td>2</td><td>二层墙、板</td><td>✓</td><td colspan="2">合格</td></tr>
<tr><td>3</td><td>三层墙、板</td><td>✓</td><td colspan="2">合格</td></tr>
<tr><td>4</td><td>四层墙、板</td><td>✓</td><td colspan="2">合格</td></tr>
<tr><td>5</td><td>五层墙、板</td><td>✓</td><td colspan="2">合格</td></tr>
<tr><td>6</td><td>六层墙、板</td><td>✓</td><td colspan="2">合格</td></tr>
<tr><td>7</td><td>七层墙、板</td><td>✓</td><td colspan="2">合格</td></tr>
<tr><td>8</td><td>八层墙、板</td><td>✓</td><td colspan="2">合格</td></tr>
<tr><td>9</td><td>九层墙、板</td><td>✓</td><td colspan="2">合格</td></tr>
<tr><td>10</td><td>十层墙、板</td><td>✓</td><td colspan="2">合格</td></tr>
<tr><td>11</td><td>屋顶电梯机房</td><td>✓</td><td colspan="2">合格</td></tr>
<tr><td>12</td><td>屋顶水箱间</td><td>✓</td><td colspan="2">合格</td></tr>
<tr><td>检查结论</td><td>首层至屋顶水箱间模板安装及拆除工程施工质量符合《混凝土结构工程施工质量验收规范》GB 50204-2015的要求，模板分项工程合格

项目专业技术负责人：

年　月　日</td><td>验收结论</td><td colspan="2">同意施工单位检查结论，验收合格

监理工程师：

年　月　日</td></tr>
</table>

钢筋分项工程质量验收记录　　表 6-18

<table>
<tr><td colspan="2">单位（子单位）工程名称</td><td></td><td>结构类型</td><td colspan="2">框架剪力墙</td></tr>
<tr><td colspan="2">分部（子分部）工程名称</td><td>主体混凝土结构</td><td>检验批数</td><td colspan="2">71</td></tr>
<tr><td colspan="2">施工单位</td><td></td><td>项目经理</td><td colspan="2"></td></tr>
<tr><td>序号</td><td>检验批名称及部位、区段</td><td colspan="2">施工单位检查评定结果</td><td colspan="2">监理（建设）单位验收结论</td></tr>
<tr><td>1</td><td>首层墙、板</td><td colspan="2">✓</td><td colspan="2">合格</td></tr>
<tr><td>2</td><td>二层墙、板</td><td colspan="2">✓</td><td colspan="2">合格</td></tr>
<tr><td>3</td><td>三层墙、板</td><td colspan="2">✓</td><td colspan="2">合格</td></tr>
<tr><td>4</td><td>四层墙、板</td><td colspan="2">✓</td><td colspan="2">合格</td></tr>
<tr><td>5</td><td>五层墙、板</td><td colspan="2">✓</td><td colspan="2">合格</td></tr>
<tr><td>6</td><td>六层墙、板</td><td colspan="2">✓</td><td colspan="2">合格</td></tr>
<tr><td>7</td><td>七层墙、板</td><td colspan="2">✓</td><td colspan="2">合格</td></tr>
<tr><td>8</td><td>八层墙、板</td><td colspan="2">✓</td><td colspan="2">合格</td></tr>
<tr><td>9</td><td>九层墙、板</td><td colspan="2">✓</td><td colspan="2">合格</td></tr>
<tr><td>10</td><td>十层墙、板</td><td colspan="2">✓</td><td colspan="2">合格</td></tr>
<tr><td>11</td><td>屋顶电梯机房</td><td colspan="2">✓</td><td colspan="2">合格</td></tr>
<tr><td>12</td><td>屋顶水箱间</td><td colspan="2">✓</td><td colspan="2">合格</td></tr>
<tr><td>检查结论</td><td>首层至屋顶水箱间钢筋加工及安装施工质量符合《混凝土结构工程施工质量验收规范》GB 50204-2015的要求，钢筋分项工程合格

项目专业技术负责人：

年　月　日</td><td>验收结论</td><td colspan="3">同意施工单位检查结论，验收合格

监理工程师：

年　月　日</td></tr>
</table>

混凝土分项工程质量验收记录　　表 6-19

单位（子单位）工程名称		结构类型	框架剪力墙
分部（子分部）工程名称	主体混凝土结构	检验批数	60
施工单位		项目经理	

序号	检验批名称及部位、区段	施工单位检查评定结果	监理（建设）单位验收结论
1	首层墙、板	✓	合格
2	二层墙、板	✓	合格
3	三层墙、板	✓	合格
4	四层墙、板	✓	合格
5	五层墙、板	✓	合格
6	六层墙、板	✓	合格
7	七层墙、板	✓	合格
8	八层墙、板	✓	合格
9	九层墙、板	✓	合格
10	十层墙、板	✓	合格
11	屋顶电梯机房	✓	合格
12	屋顶水箱间	✓	合格
检查结论	首层至屋顶水箱间混凝土材料、配合比设计及混凝土施工质量符合《混凝土结构工程施工质量验收规范》GB 50204-2015 的要求，混凝土分项工程合格 项目专业技术负责人： 年　月　日	验收结论	同意施工单位检查结论，验收合格 监理工程师： 年　月　日

一般抹灰分项工程质量验收记录　　表 6-20

<table>
<tr><td colspan="2">单位（子单位）工程名称</td><td colspan="2"></td><td>结构类型</td><td>框架剪力墙</td></tr>
<tr><td colspan="2">分部（子分部）工程名称</td><td colspan="2">一般抹灰工程</td><td>检验批数</td><td>10</td></tr>
<tr><td colspan="2">施工单位</td><td colspan="2"></td><td>项目经理</td><td></td></tr>
<tr><td>序号</td><td>检验批名称及部位、区段</td><td colspan="2">施工单位检查评定结果</td><td colspan="2">监理（建设）单位验收结论</td></tr>
<tr><td>1</td><td>一层①~⑪/Ⓐ~Ⓖ轴（室内）</td><td colspan="2">✓</td><td colspan="2">各分项工程检验批验收合格</td></tr>
<tr><td>2</td><td>二层①~⑪/Ⓐ~Ⓖ轴（室内）</td><td colspan="2">✓</td><td colspan="2">各分项工程检验批验收合格</td></tr>
<tr><td>3</td><td>三层①~⑪/Ⓐ~Ⓖ轴（室内）</td><td colspan="2">✓</td><td colspan="2">各分项工程检验批验收合格</td></tr>
<tr><td>4</td><td>四层①~⑪/Ⓐ~Ⓖ轴（室内）</td><td colspan="2">✓</td><td colspan="2">各分项工程检验批验收合格</td></tr>
<tr><td>5</td><td>五层①~⑪/Ⓐ~Ⓖ轴（室内）</td><td colspan="2">✓</td><td colspan="2">各分项工程检验批验收合格</td></tr>
<tr><td>6</td><td>六层①~⑪/Ⓐ~Ⓖ轴（室内）</td><td colspan="2">✓</td><td colspan="2">各分项工程检验批验收合格</td></tr>
<tr><td>7</td><td>七层①~⑪/Ⓐ~Ⓖ轴（室内）</td><td colspan="2">✓</td><td colspan="2">各分项工程检验批验收合格</td></tr>
<tr><td>8</td><td>八层①~⑪/Ⓐ~Ⓖ轴（室内）</td><td colspan="2">✓</td><td colspan="2">各分项工程检验批验收合格</td></tr>
<tr><td>9</td><td></td><td colspan="2"></td><td colspan="2"></td></tr>
<tr><td>10</td><td></td><td colspan="2"></td><td colspan="2"></td></tr>
<tr><td>11</td><td></td><td colspan="2"></td><td colspan="2"></td></tr>
<tr><td>12</td><td></td><td colspan="2"></td><td colspan="2"></td></tr>
<tr><td>检查结论</td><td>一至八层①~⑪/Ⓐ~Ⓖ轴（室内）抹灰工程施工质量符合《建筑装饰装修工程质量验收标准》GB 50210-2018的要求，一般抹灰分项工程合格
项目专业技术负责人：
年　月　日</td><td>验收结论</td><td colspan="3">同意施工单位检查结论，验收合格
监理工程师：
年　月　日</td></tr>
</table>

屋面节能工程检验批 / 分项工程质量验收表　　表 6-21

<table>
<tr><td colspan="3">单位（子单位）工程名称</td><td colspan="5"></td></tr>
<tr><td colspan="3">分部（子分部）工程名称</td><td>建筑节能工程</td><td colspan="2">验收部位</td><td colspan="2">①~⑩轴</td></tr>
<tr><td colspan="3">施工单位</td><td colspan="2"></td><td>项目经理</td><td colspan="2"></td></tr>
<tr><td colspan="3">分包单位</td><td colspan="2"></td><td>分包项目经理</td><td colspan="2"></td></tr>
<tr><td colspan="3">施工执行标准名称及编号</td><td colspan="5">《建筑节能工程施工质量验收标准》GB 50411-2019</td></tr>
<tr><td colspan="4">施工质量验收规范的规定</td><td colspan="3">施工单位检查评定记录</td><td>监理（建设）单位验收记录</td></tr>
<tr><td rowspan="7">主控项目</td><td>1</td><td>保温隔热材料进场验收</td><td>第 7.2.1 条</td><td colspan="3">符合设计要求和相关标准规定</td><td rowspan="7">合格</td></tr>
<tr><td>2</td><td>保温隔热材料的性能及复验</td><td>第 7.2.2 条
第 7.2.3 条</td><td colspan="3">符合设计要求</td></tr>
<tr><td>3</td><td>保温隔热层施工质量及热桥部位的做法</td><td>第 7.2.4 条</td><td colspan="3">符合设计要求和相关标准规定</td></tr>
<tr><td>4</td><td>通风隔热架空层的施工</td><td>第 7.2.5 条</td><td colspan="3">符合设计要求和相关标准规定</td></tr>
<tr><td>5</td><td>采光屋面的性能及节点的构造做法</td><td>第 7.2.6 条</td><td colspan="3">符合设计要求和相关标准规定</td></tr>
<tr><td>6</td><td>采光屋面的安装</td><td>第 7.2.7 条</td><td colspan="3">符合规范要求</td></tr>
<tr><td>7</td><td>隔汽层施工</td><td>第 7.2.8 条</td><td colspan="3">隔汽层位置正确完整、严密</td></tr>
<tr><td rowspan="3">一般项目</td><td>1</td><td>屋面保温隔热层的施工</td><td>第 7.3.1 条</td><td colspan="3">符合规范和施工方案的要求</td><td rowspan="3">符合要求</td></tr>
<tr><td>2</td><td>金属板保温夹芯屋面的施工</td><td>第 7.3.2 条</td><td colspan="3">符合规范要求</td></tr>
<tr><td>3</td><td>坡屋面、内架空屋面当采用敷设于屋面内侧的保温材料做保温隔热层时的施工</td><td>第 7.3.3 条</td><td colspan="3">有保护层，其做法符合设计要求</td></tr>
<tr><td colspan="3" rowspan="2">施工单位检查评定结果</td><td>专业工长（施工员）</td><td></td><td>施工班组长</td><td colspan="2"></td></tr>
<tr><td colspan="5">检查工程主控项目、一般项目均符合《建筑节能工程施工质量验收标准》GB 50411-2019 的规定，评定合格

项目专业质量检查员：　　年　月　日</td></tr>
<tr><td colspan="3">监理（建设）单位验收结论</td><td colspan="5">同意施工单位评定结果，验收合格

专业监理工程师：　　年　月　日</td></tr>
</table>

门窗节能工程检验批 / 分项工程质量验收表　　表 6-22

单位（子单位）工程名称					
分部（子分部）工程名称		建筑节能工程	验收部位	①～⑩轴	
施工单位			项目经理		
分包单位			分包项目经理		
施工执行标准名称及编号		《建筑节能工程施工质量验收标准》GB 50411－2019			
施工质量验收规范的规定				施工单位检查评定记录	监理（建设）单位验收记录
主控项目	1	建筑外门窗的进场验收	第 6.2.1 条	符合设计要求和相关标准规定	合格
	2	外窗的性能参数及复检	第 6.2.2 条 第 6.2.3 条	复验合格	
	3	建筑门窗采用的玻璃品种及中空玻璃密封	第 6.2.4 条	符合要求	
	4	金属外门窗隔断热桥措施	第 6.2.5 条	符合设计要求和产品标准规定	
	5	建筑外窗采用推拉窗或凸窗的气密性试验	第 6.2.6 条	检测结果符合设计要求	
	6	外门窗框或副框与洞口之间的密封；外门窗框与副框之间的密封	第 6.2.7 条	符合规范要求	
	7	外窗遮阳设施的性能及安装	第 6.2.9 条	符合设计、产品标准及规范要求	
	8	特种门的性能及安装	第 6.2.10 条	符合设计和产品标准要求	
	9	天窗安装	第 6.2.11 条	符合设计和规范要求	
一般项目	1	门窗扇密封条和玻璃镶嵌密封条的性能及安装	第 6.3.1 条	符合设计和规范要求	所报项目按规定进行查验，均符合规范及设计要求
	2	门窗镀（贴）膜玻璃的安装及密封	第 6.3.2 条	镀（贴）膜方向正确，均压管已密封	
	3	外门窗遮阳设施调节应灵活、能调节到位	第 6.3.3 条	灵活，能调节到位	
施工单位检查评定结果	专业工长（施工员）		施工班组长		
	检查工程主控项目、一般项目均符合《建筑节能工程施工质量验收标准》GB 50411-2019 的规定，评定合格 项目专业质量检查员：　　年　月　日				
监理（建设）单位验收结论	同意施工单位评定结果，验收合格 专业监理工程师：　　年　月　日				

主体混凝土结构分部（子分部）工程质量验收记录　　表 6-23

<table>
<tr><td colspan="3">单位（子单位）工程名称</td><td colspan="2"></td><td>结构类型及层数</td><td>框架剪力墙</td></tr>
<tr><td colspan="2">施工单位</td><td></td><td>技术部门负责人</td><td></td><td>质量部门负责人</td><td></td></tr>
<tr><td colspan="2">分包单位</td><td></td><td>分包单位负责人</td><td></td><td>分包技术负责人</td><td></td></tr>
<tr><td>序号</td><td colspan="2">子分部（分项）工程名称</td><td>检验批数</td><td colspan="2">施工单位检查评定</td><td>验收意见</td></tr>
<tr><td>1</td><td colspan="2">模板</td><td>12</td><td colspan="2">✓</td><td rowspan="8">混凝土子分部工程的各分项工程验收合格，主要结构柱梁断面尺寸、楼层标高、轴线位置符合设计要求</td></tr>
<tr><td>2</td><td colspan="2">钢筋</td><td>12</td><td colspan="2">✓</td></tr>
<tr><td>3</td><td colspan="2">混凝土</td><td>12</td><td colspan="2">✓</td></tr>
<tr><td>4</td><td colspan="2">混凝土现浇结构</td><td>12</td><td colspan="2">✓</td></tr>
<tr><td></td><td colspan="2"></td><td></td><td colspan="2"></td></tr>
<tr><td></td><td colspan="2"></td><td></td><td colspan="2"></td></tr>
<tr><td></td><td colspan="2"></td><td></td><td colspan="2"></td></tr>
<tr><td></td><td colspan="2"></td><td></td><td colspan="2"></td></tr>
<tr><td colspan="3">质量控制资料</td><td colspan="3">共 × 项，经审查符合要求 × 项</td><td>各分项工程质量控制资料齐全</td></tr>
<tr><td colspan="3">安全和功能检验（检测）报告</td><td colspan="3">共 × 项，经审查符合要求 × 项</td><td>同意施工单位评定</td></tr>
<tr><td colspan="3">观感质量验收</td><td colspan="3">混凝土的表面平整度、界面尺寸、标高及洞口尺寸、位置均符合设计要求和《混凝土结构工程施工质量验收规范》GB 50204-2015的规定</td><td>同意施工单位评定</td></tr>
<tr><td rowspan="5">验收单位</td><td colspan="2">分包单位</td><td colspan="2"></td><td colspan="2">项目经理：　　年　月　日</td></tr>
<tr><td colspan="2">施工单位</td><td colspan="2"></td><td colspan="2">项目经理：　　年　月　日</td></tr>
<tr><td colspan="2">勘察单位</td><td colspan="2"></td><td colspan="2">项目经理：　　年　月　日</td></tr>
<tr><td colspan="2">设计单位</td><td colspan="2"></td><td colspan="2">项目经理：　　年　月　日</td></tr>
<tr><td colspan="2">监理（建设）单位</td><td colspan="2"></td><td colspan="2">各分项工程均符合施工质量验收规范要求，质量控制资料及安全和功能检验（检测）报告齐全，合格，观感质量良好，同意施工单位评定结果，验收合格
总监理工程师：　　年　月　日</td></tr>
</table>

单位（子单位）工程质量竣工验收记录　　表 6-24

<table>
<tr><td colspan="2">单位（子单位）工程名称</td><td colspan="3"></td><td>结构类型</td><td>框架剪力墙</td></tr>
<tr><td colspan="2">施工单位</td><td colspan="3"></td><td>层数</td><td>18</td></tr>
<tr><td colspan="2">技术负责人</td><td>项目经理</td><td colspan="2"></td><td>建筑面积</td><td>19324m²</td></tr>
<tr><td colspan="2">项目技术负责人</td><td>开工日期</td><td colspan="2"></td><td>竣工日期</td><td></td></tr>
<tr><td>序号</td><td>项目</td><td colspan="3">验收记录</td><td colspan="2">验收结论</td></tr>
<tr><td>1</td><td>分部工程</td><td colspan="3">共8分部，核查8分部，符合标准及设计要求8分部</td><td colspan="2">经各专业分部工程验收，工程质量符合验收标准</td></tr>
<tr><td>2</td><td>质量控制资料核查</td><td colspan="3">共54项，经审查符合要求54项，经核定符合规范要求54项</td><td colspan="2">质量控制资料经核查共54项符合有关规范规定</td></tr>
<tr><td>3</td><td>安全和主要使用功能核查及抽查结果</td><td colspan="3">共核查31项，符合要求31项，共抽查4项，符合要求4项，经返工处理符合要求0项</td><td colspan="2">安全和主要使用功能共31项符合要求，抽查其中4项使用功能均满足</td></tr>
<tr><td>4</td><td>观感质量验收</td><td colspan="3">共抽查20项，符合要求20项，不符合要求0项</td><td colspan="2">观感质量验收为好</td></tr>
<tr><td>5</td><td>综合验收结论</td><td colspan="5">经对本工程综合验收，各分项分部工程符合设计要求，施工质量均满足有关质量验收规范和标准规定，单位工程竣工验收合格</td></tr>
<tr><td rowspan="2">参加验收单位</td><td>建设单位</td><td colspan="2">监理单位</td><td colspan="2">施工单位</td><td>设计单位</td></tr>
<tr><td>单位盖章
单位（项目）负责人：
年　月　日</td><td colspan="2">单位盖章
总监理工程师：
年　月　日</td><td colspan="2">单位盖章
单位（项目）负责人：
年　月　日</td><td>单位盖章
单位（项目）负责人：
年　月　日</td></tr>
</table>

单位（子单位）工程安全和功能检验资料核查及主要功能抽查记录　　表 6-25

<table>
<tr><td colspan="3">单位（子单位）工程名称</td><td colspan="2"></td><td>施工单位</td><td></td></tr>
<tr><td>序号</td><td>项目</td><td>安全和功能检查项目</td><td>份数</td><td>核查意见</td><td>抽查结果</td><td>核查（抽查）人</td></tr>
<tr><td>1</td><td rowspan="3">建筑与结构</td><td>屋面淋水试验记录</td><td>3</td><td>试验记录齐全</td><td>符合要求</td><td></td></tr>
<tr><td>2</td><td>地下室防水效果检查记录</td><td>3</td><td>检查记录齐全</td><td>符合要求</td><td></td></tr>
<tr><td>3</td><td>有防水要求的地面蓄水试验记录</td><td>12</td><td>厕浴间防水记录齐全</td><td>符合要求</td><td></td></tr>
</table>

续表

单位（子单位）工程名称					施工单位	
序号	项目	安全和功能检查项目	份数	核查意见	抽查结果	核查（抽查）人
4	建筑与结构	建筑物垂直度、标高、全高测量记录	2	记录符合测量规范要求	符合要求	
5		抽气（风）道检查记录	3	检查记录齐全	符合要求	
6		幕墙及外墙气密性、水密性、耐风压检测报告	2	“三性”试验报告符合要求	符合要求	
7		建筑物沉降观测测量记录	1	符合要求	符合要求	
8		节能、保温测试记录	2	保温测试记录符合要求	符合要求	
9		室内环境检测报告	1	有害物指标满足要求	符合要求	
10						
1	给排水与采暖	给水管道通水试验记录	15	通水试验记录齐全	符合要求	
2		暖气管道、散热器压力试验记录	23	压力试验记录齐全	符合要求	
3		卫生器具满水试验记录	45	满水试验记录齐全	符合要求	
4		消防管道、燃气管道压力试验记录	47	压力试验符合要求	符合要求	
5		排水干管通球试验记录	15	试验记录齐全	符合要求	
6						
1	电气	照明全符合试验记录		符合要求	符合要求	
2		大型灯具牢固性试验记录		试验记录符合要求	符合要求	
3		避雷接地电阻测试记录		记录齐全符合要求	符合要求	
4		线路、插座、开关接地检验记录		检验记录齐全	符合要求	
5						
1	智能建筑	系统试运行记录		系统运行记录齐全	符合要求	
2		系统电源及接地检测报告		检测报告符合要求	符合要求	
3						

续表

单位（子单位）工程名称				施工单位		
序号	项目	安全和功能检查项目	份数	核查意见	抽查结果	核查（抽查）人
1	通风与空调	通风、空调系统试运行记录		符合要求	符合要求	
2		风量、温度测试记录		有不同风量、温度记录	符合要求	
3		洁净室内净度测试记录		测试记录符合要求	符合要求	
4		制冷机组试运行调试记录		机组运行调试正常	符合要求	
5						
1	电梯	电梯运行记录		运行记录符合要求	符合要求	
2		电梯安全装置检测报告		安检报告齐全	符合要求	
3						
1	建筑节能	粘结强度和锚固力核查试验报告		试验报告符合要求	符合要求	
2		幕墙及外窗气密性检测报告		检测报告符合要求	符合要求	
3		冷凝水收集及排水系统通水试验记录		试验齐全	符合要求	
4		活动遮阳设施牢固程度测试记录		测试记录符合要求	符合要求	
5		遮阳设施牢固程度测试记录		测试记录符合要求	符合要求	
6		天窗淋水试验记录		试验记录符合要求	符合要求	
7		系统试运行记录		试运行记录符合要求	符合要求	
8						

结论：

对本工程安全、功能资料进行核查，基本符合要求。对单位工程的主要功能进行抽样检查，其检查结果合格，满足使用功能，同意竣工验收

施工单位项目经理：　　　　　　　　　　　　　　　　总监理工程师：

年　月　日　　　　　　　　　　　　　　　　　　　　年　月　日

单位（子单位）工程观感质量检查记录表　　表 6-26

单位（子单位）工程名称								施工单位						
序号	项目		抽查质量状况										质量评价		
													好	一般	差
1	建筑与结构	室外墙面	✓	✓	✓	✓	✓	✓	○	✓	✓	✓	✓		
2		变形缝	✓	✓	✓	✓	✓	✓	✓	✓	✓	✓	✓		
3		水落管、屋面	✓	✓	✓	✓	✓	✓	✓	✓	✓	✓	✓		
4		室内墙面	✓	✓	✓	✓	✓	✓	✓	✓	✓	✓	✓		
5		室内顶棚	✓	✓	✓	○	✓	✓	✓	✓	✓	✓	✓		
6		室内地面	✓	○	✓	○	✓	✓	✓	✓	✓	✓	✓		
7		楼梯、踏步、护栏	✓	✓	✓	○	✓	✓	✓	✓	✓	✓	✓		
8		门窗	✓	○	✓	○	○	✓	○	✓	○	✓		✓	
1	给排水与采暖	管道接口、坡度、支架	✓	✓	✓	✓		✓	✓	✓	✓	✓	✓		
2		卫生器具、支架、阀门	✓	✓	✓	✓	✓	✓	✓	✓	✓	✓	✓		
3		检查口、扫除口、地漏	✓	✓	✓	✓		✓	✓	✓	✓	✓	✓		
4		散热器、支架	○	○	✓	○	○	✓	✓	○	✓	○		✓	
1	建筑电气	配电箱、盘、板、接线盒	✓	✓	✓	✓	○	✓	✓	✓	✓	✓	✓		
2		设备器具、开关、插座	✓	○	○	✓	✓	✓	✓	✓	✓	✓	✓		
3		防雷、接地	✓	✓	✓	✓	✓	✓	✓	✓	✓	✓	✓		
1	通风与空调	风管、支架	✓	✓	○	✓	✓	✓	○	✓	✓	✓	✓		
2		风口、风阀	✓	✓	✓	✓	✓	✓	○	✓	✓	✓	✓		
3		风机、空调设备	✓	○	✓	✓	○	○	✓	○	○	✓		✓	
4		阀门、支架	✓	○	✓	○	✓	✓	✓	✓	✓	✓	✓		
5		水泵、冷却塔													
6		绝热													
1	电梯	运行、平层、开关门	✓	✓	✓	✓	✓	✓	✓	✓	✓	✓	✓		
2		层门、信号系统	○	✓	✓	✓	✓	✓	✓	✓	✓	✓	✓		
3		机房	✓	✓	✓	✓	✓	✓	✓	✓	✓	✓	✓		

续表

单位（子单位）工程名称				施工单位		
序号	项目		抽查质量状况	质量评价		
				好	一般	差
1	智能建筑	机房设备安装及布局				
2		现场设备安装				
3						
观感质量综合评价			好			
检查结论	工程观感质量综合评价为好，验收合格 施工单位项目经理： 年 月 日 总监理工程师： 年 月 日					

单元 6.3 施工阶段质量监理工作流程

【单元描述】

监理工程师要进行全过程、全方位的监督、检查与控制，不仅涉及最终产品的检查、验收，而且涉及施工过程的各环节及中间产品的监督、检查与验收。

【学习支持】

6.3.1 施工阶段质量控制的分类、依据

1. 施工阶段质量控制的分类

按工程实体质量形成过程的时间阶段划分，施工阶段的质量控制可以分为以下三个环节：

（1）施工准备控制

指在各工程对象正式施工活动开始前，对各项准备工作及影响质量的各因素进行控制，这是确保施工质量的先决条件。

（2）施工过程控制

指在施工过程中对实际投入的生产要素质量及作业技术活动的实施状态

和结果所进行的控制，包括作业者发挥技术能力过程的自控行为和来自有关管理者的监控行为。

（3）竣工验收控制

指对于通过施工过程所完成的具有独立功能和使用价值的最终产品（单位工程或整个工程项目）及有关方面（例如质量文档）的质量进行控制。

上述三个环节的质量控制涉及的主要方面如图 6-1 所示。

2. 施工阶段质量控制的依据

施工阶段项目监理机构进行质量控制的依据，大体上有以下四类：

（1）工程合同文件（包括工程承包合同文件、委托监理合同文件等）。

（2）“按图施工”是施工阶段质量控制的一项重要原则。因此，经过批准的设计图纸和技术说明书等设计文件，无疑是质量控制的重要依据。

（3）国家及政府部门颁布的有关质量管理方面的法律、法规性文件。

（4）有关质量检验与控制的专门技术法规性文件。概括来说，属于这类专门的技术法规性的依据主要有以下四类：

◆ 工程项目施工质量验收标准。包括《建筑工程施工质量验收统一标准》GB 50300－2013 以及其他行业工程项目的质量验收标准。

◆ 有关工程材料、半成品和构配件质量控制方面的专门技术法规性依据。包括：有关工程材料及其制品质量的技术标准；有关材料或半成品的取样、试验等方面的技术标准或规程等；有关材料验收、包装、标志及质量证明书的一般规定等。

◆ 控制施工作业质量的技术规程。

◆ 凡采用新工艺、新技术、新材料的工程，事先应进行试验，并应有权威性技术部门的技术鉴定书及有关的质量数据、指标，在此基础上制订有关的质量标准和施工工艺规程，以此作为判断与控制质量的依据。

6.3.2 施工阶段质量监理工作流程

施工阶段质量控制的工作程序体现在施工阶段全过程中，这种全过程、全方位的质量监理一般工作流程如图 6–1 所示。

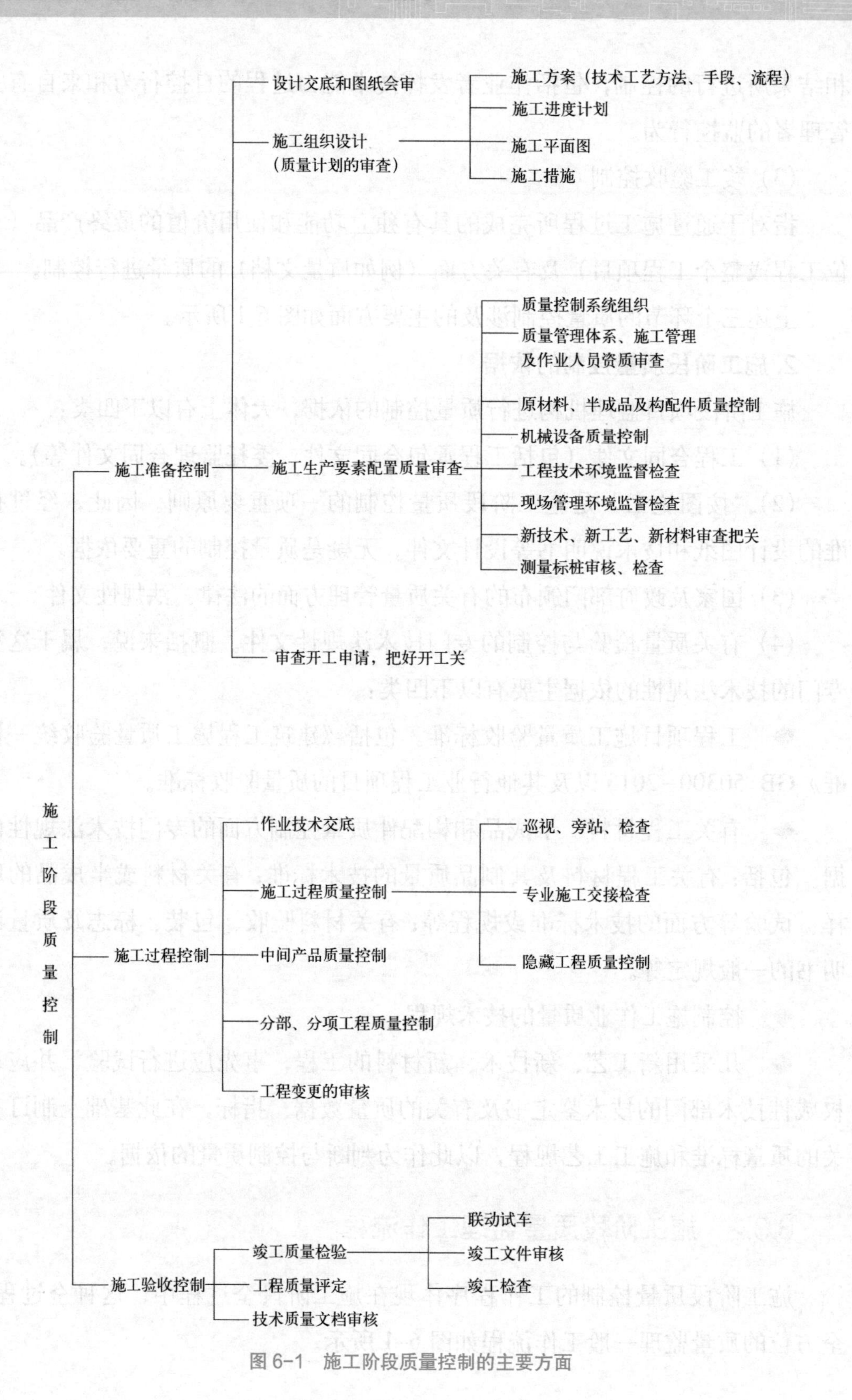

图6-1 施工阶段质量控制的主要方面

在每项工程开始前，施工单位须做好施工准备工作，然后填报《工程开工报审表》，附上该项工程的开工报告、施工方案以及施工进度计划、人员及机械设备配置、材料准备情况等，报送监理审查。若审查合格，则由总监理工程师批复准予施工；否则，施工单位应进一步做好施工准备，待条件具备时再次填报开工申请。

在施工过程中，监理应督促施工单位加强内部质量管理，严格质量控制。施工作业过程均可按规定工艺和技术要求进行。在每道工序完成后，施工单位应进行自检，确保工序质量合格，对需要隐蔽的工序，施工单位自检合格后填报《隐蔽工程报验单》交监理检验。监理收到检查申请后，应在合同规定的时间内到现场检验，检验合格后予以确认，方可进行下一工序。

只有上一道工序被确认质量合格后，方能准许下道工序施工，按上述程序完成逐道工序。当一个检验批、分项、分部工程完成后，施工单位首先对检验批、分项、分部工程进行自检，填写相应质量验收记录，确认工程质量符合要求，向监理提交《工程报验单》，附上自检的相关资料。监理对相关资料审核及现场检查，符合要求予以签认验收，否则签发《工程质量整改通知》，要求施工单位进行整改或返工处理。

在施工质量验收过程中，涉及结构安全的试块、试件以及有关材料，可按规定进行见证取样检测；对涉及结构安全和使用功能的重要分部工程，应进行抽样检测。承担见证取样检测及有关结构安全检测的单位应具有相应资质。

通过返修或加固仍不能满足安全使用要求的分部工程、单位工程严禁验收。

单元 6.4　案例分析

6.4.1　案例 1

【背景】某工程，建设单位与甲施工单位按照《建设工程施工合同（示范文本）》签订了施工合同。经建设单位同意，甲施工单位选择了乙施工单位作为分包单位。在合同履行中发生了如下事件。

事件1：在合同约定的工程开工日前，建设单位收到甲施工单位报送的《工程开工报审表》后，即予处理：考虑到施工许可证已获政府主管部门批准且甲施工单位的施工机具和施工人员已经进场，便审核确认了《工程开工报审表》并通知了项目监理机构。

事件2：在施工过程中，甲施工单位的资金出现困难，无法按分包合同约定支付乙施工单位工程款。乙施工单位向项目监理机构提出了支付申请。项目监理机构受理并征得建设单位同意后，即向乙施工单位签发了付款凭证。

事件3：专业监理工程师在巡视中发现，乙施工单位施工的某部位存在质量隐患，专业监理工程师随即向甲施工单位签发了整改通知。甲施工单位回函称，建设单位已直接向乙施工单位付款，因而本单位对乙施工单位施工的工程质量不承担责任。

事件4：甲施工单位向建设单位提交了工程竣工验收报告后，建设单位于2003年9月20日组织勘察、设计、施工、监理等单位竣工验收，工程竣工验收通过，各单位分别签署了质量合格文件。建设单位于2004年3月办理了工程竣工备案。因使用需要，建设单位于2003年10月初要求乙施工单位按其示意图在已验收合格的承重墙上开车库门洞，并于2003年10月底正式将该工程投入使用。2005年2月该工程给排水管道大量漏水，经监理单位组织检查，确认是因开车库门洞施工时破坏了承重结构所致。建设单位认为工程还在保修期，要求甲施工单位无偿修理。建设行政主管部门对责任单位进行了处罚。

问题：

1. 指出事件1中建设单位做法的不妥之处，说明理由。

2. 指出事件2中项目监理机构做法的不妥之处，说明理由。

3. 在事件3中甲施工单位的说法是否正确？为什么？

4. 根据《建设工程质量管理条例》，指出事件4中建设单位做法的不妥之处，说明理由。

5. 根据《建设工程质量管理条例》，建设行政主管部门是否应该对建设单位、监理单位、甲施工单位和乙施工单位进行处罚？并说明理由。

参考答案：

1. 不妥之处：建设单位接受并签发甲施工单位报送的开工报审表。

理由：开工报审表应报项目监理机构，由总监理工程师签发，并报建设单位。

2. 不妥之处：项目监理机构受理乙施工单位的支付申请，并签发付款凭证。

理由：乙施工单位和建设单位没有合同关系。

3. 不正确，分包单位的任何违约行为或疏忽影响工程质量，总承包单位承担连带责任。

4.（1）不妥之处：未按时限备案。

理由：应在验收合格后 15 日内备案。

（2）不妥之处：要求乙施工单位在承重墙上按示意图开车库门洞；

理由：开车库门洞应经原设计单位或具有相应资质等级的设计单位提出设计方案。

5.（1）对建设单位应予处罚。

理由：未按时备案．擅自在承重墙上开车库门洞。

（2）对监理单位不应处罚。

理由：监理单位无过错。

（3）对甲施工单位不应处罚。

理由：甲施工单位无过错。

（4）对乙施工单位应予处罚。

理由：无设计方案就施工。

6.4.2 案例 2

【背景】某监理单位承担了一工业项目的施工监理工作。经过招标，建设单位选择了甲、乙施工单位分别承担 A、B 标段工程的施工，并按照《建设工程施工合同（示范文本）》分别和甲、乙施工单位签订了施工合同。建设单位与乙施工单位在合同中约定，B 标段所需的部分设备由建设单位负责采购。乙施工单位按照正常的程序将 B 标段的安装工程分包给丙施工单位。在施工过程中，发生了如下事件。

事件 1：建设单位在采购 B 标段的锅炉设备时，设备生产厂商提出由自己的施工队伍进行安装更能保证质量，建设单位便与设备生产厂商签订了供货和安装合同并通知了监理单位和乙施工单位。

事件2：总监理工程师根据现场反馈信息及质量记录分析，对A标段某部位隐蔽工程的质量有怀疑，随即指令甲施工单位暂停施工，并要求剥离检验。甲施工单位称：该部位隐蔽工程已经专业监理工程师验收，若剥离检验，监理单位需赔偿由此造成的损失并相应延长工期。

事件3：专业监理工程师对B标段进场的配电设备进行检验时，发现由建设单位采购的某设备不合格，建设单位对该设备进行了更换，从而导致丙施工单位停工。因此，丙施工单位致函监理单位，要求补偿其被迫停工所遭受的损失并延长工期。

问题：

1. 在事件1中，建设单位将设备交由厂商安装的做法是否正确？为什么？

2. 在事件1中，若乙施工单位同意由该设备生产厂商的施工队伍安装该设备，监理单位应该如何处理？

3. 在事件2中，总监理工程师的做法是否正确？为什么？试分析剥离检验的可能结果及总监理工程师相应的处理方法。

4. 在事件3中，丙施工单位的索赔要求是否应该向监理单位提出？为什么？对该索赔事件应如何处理？

参考答案：

1. 不正确，因为违反了合同约定。

2. 监理单位应该对厂商的资质进行审查。若符合要求，可以由该厂安装。如乙单位接受该厂作为其分包单位，监理单位应协助建设单位变更与设备厂的合同；如乙单位接受厂商直接从建设单位承包，监理单位应该协助建设单位变更与乙单位的合同；如果不符合要求，监理单位应该拒绝由该厂商施工。

3. 总监理工程师的做法是正确的。无论工程师是否参加了验收，当工程师对某部分的工程质量有怀疑，均可要求承包人对已经隐蔽的工程进行重新检验。

重新检验质量合格，发包人承担由此发生的全部追加合同价款，赔偿施工单位的损失，并相应顺延工期；检验不合格，施工单位承担发生的全部费用，工期不予顺延。

4. (1) 不应该，因为建设单位和丙施工单位没有合同关系。

(2) 处理：

◆ 丙向乙提出索赔，乙向监理单位提出索赔意向书。

◆ 监理单位收集与索赔有关的资料。

◆ 监理单位受理乙单位提交的索赔意向书。

◆ 总监理工程师对索赔申请进行审查，初步确定费用额度和延期时间，与乙施工单位和建设单位协商。

◆ 总监理工程师对索赔费用和工程延期作出决定。

【思考与练习题】

一、填空题

1. 工程质量要求主要表现为（ ）、（ ）、（ ）、标准等规定的质量标准。

2. 工程质量控制按其（ ）不同，分为政府工程质量控制和工程监理单位质量控制的（ ）、勘察设计单位质量控制和施工单位质量控制的（ ）。

3. 事中控制中项目监理机构应对施工单位报验的（ ）、（ ）、（ ）和（ ）进行验收。

4. 施工阶段质量控制可以分为（ ）控制、（ ）控制、（ ）控制。

二、单选题

1. 直接从事质量职能的活动者有（ ）。

A. 勘察设计单位质量控制和监理单位质量控制

B. 勘察设计单位质量控制和施工单位质量控制

C. 监理单位质量控制和施工单位质量控制

D. 政府工程质量控制和工程监理单位

2. 以下不属于建筑工程中混凝土结构子分项的质量控制点是（ ）。

A. 混凝土试块取样、制作　　B. 施工缝处理

C. 砂浆配合比　　D. 混凝土保护层厚度

3. 项目监理机构对已进场经检验不合格的工程材料、构配件、设备，应

要求施工单位限期将其撤出施工现场是属于施工阶段质量控制的（ ）。

A．事前控制　　B．事中控制

C．事后控制　　D．以上都不是

三、判断题

1. 按图施工是施工单位的责任。（ ）

2. 未经监理单位的许可，施工单位不能擅自修改工程设计。（ ）

3. 在监理单位同意下，施工单位可以使用未经检测的建筑材料。（ ）

4. 监理单位可以超越本单位资质等级许可的范围与建设单位签订监理合同。（ ）

5. 监理方与施工方串通，造成建设方损失，监理方要负主要责任。（ ）

四、简答题

1. 简述工程监理单位的质量责任。

2. 简述混凝土结构分部中的质量控制点有哪些。

3. 施工阶段质量控制中的事前控制方法及措施包括哪些内容？

4. 施工阶段项目监理机构进行质量控制的依据有哪几类？

五、案例题

背景：

某工程，建设单位委托监理单位实施施工阶段监理。按照施工总承包合同约定，建设单位负责空调设备和部分工程材料的采购，施工总承包单位选择桩基施工和设备安装两家分包单位。

在施工过程中，发生如下事件：

事件一：专业监理工程师对使用商品混凝土的现浇结构验收时，发现施工现场混凝土试块的强度不合格，拒绝签字。施工单位认为，建设单位提供的商品混凝土质量存在问题；建设单位认为，商品混凝土质量证明资料表明混凝土质量没有问题。经法定检测机构对现浇结构的实体进行检测，结果为商品混凝土质量不合格

事件二：在给水管道验收时，专业监理工程师发现部分管道渗漏。经查，是由于设备安装单位使用的密封材料存在质量缺陷所致。

问题：

1. 针对事件一中现浇结构的质量问题，建设单位、监理单位和施工总承包单位谁来承担责任？说明理由。

2. 写出专业监理工程师对事件二中质量缺陷的处理程序。

模块 7
建设工程进度控制实务

【模块概述】

建设工程进度控制指对工程项目建设的工作内容、工作程序等编制计划并付诸实施，在实施过程中经常检查实际进度是否按计划要求进行。在工程建设过程中存在着许多影响进度的因素，要认真分析对待。进度控制中要严格执行监理程序，采用合理的措施进行监理进度控制。建设工程进度计划在实施前要进行审批，实施过程中要进行分析检查，并根据偏差情况进行调整。

【学习目标】

通过本模块的学习，学生能够：了解建设工程项目进度的基本概念、建设工程进度控制的依据和原则；熟悉建设工程进度控制的过程和程序、建设工程投资进度的主要任务与内容、建设工程投资控制的方法与措施；会根据实际情况，进行建设工程进度控制中的监理工作。

单元 7.1　建设工程进度控制概述

【单元描述】

建设工程进度控制指对工程项目建设各阶段的工作内容、工作程序、持续时间和衔接关系根据进度总目标及资源优化配置的原则编制计划并付诸实施，然后在进度计划的实施过程中经常检查实际进度是否按计划要求进行。在工程建设过程中存在着许多影响进度的因素，要认真分析对待。

【学习支持】

7.1.1 建设项目的进度控制

控制建设工程进度，不仅能够确保工程建设项目按预定的时间交付使用，及时发挥投资效益，而且有益于维持国家良好的经济秩序。因此，监理工程师应采用科学的控制方法和手段来控制工程项目的建设进度。

建设工程进度控制指对工程项目建设各阶段的工作内容、工作程序、持续时间和衔接关系根据进度总目标及资源优化配置的原则编制计划并付诸实施，然后在进度计划的实施过程中经常检查实际进度是否按计划要求进行。对出现的偏差情况进行分析，采取补救措施或调整、修改原计划后再实施，如此循环，直到建设工程竣工验收交付使用。

进度控制是监理工程师的主要任务之一。在工程建设过程中存在着许多影响进度的因素。这些因素往往来自不同的部门和不同的时期，它们对建设工程进度产生着复杂的影响。因此，进度控制人员必须事先对影响建设工程进度的各种因素进行检查分析，预测它们对建设工程进度的影响程度，确定合理的进度控制目标，编制可行的进度计划，使工程建设工作能够按计划进行。

但是，不管进度计划的周密程度如何，毕竟是人们的主观设想。在实施过程中，必然会因为新情况的产生、各种干扰因素和风险因素的作用而发生变化，使人们难以执行原定的进度计划。为此，进度控制人员必须掌握动态控制原理，在计划执行过程中不断检查建设工程实际进展情况，并将实际状况与计划安排进行对比，从中得出偏离计划的信息。然后在分析偏差及其产生原因的基础上，通过采取组织、技术、经济等措施，维持原计划，使之能正常实施。如果采取措施后不能维持原计划，则需要对原进度计划进行调整或修正，再按新的进度计划实施。这样在进度计划的执行过程中，进行不断地检查和调整，以保证建设工程进度能得到有效控制。

施工阶段的进度控制是施工监理过程中“三大控制”的重要组成部分。工程进度是各种因素综合作用的结果，也是监理单位实施控制最困难的环节之一。

施工阶段的进度控制是指监理工程师依据监理合同文件所赋予的权力，在项目实施阶段运用各种监理方法和手段，在确保工程质量、安全和投资费用的前提之下，督促施工单位采用先进合理的施工方案以及组织、管理措施，按照预定的计划目标或合同规定的建设期限以及经监理工程师批准的工期延期时间完成工程项目的施工建设。施工阶段进度控制的总目标是已批准的施工总工期，最终目的是为了确保建设项目在预定的时间内完成或提前交付使用。

监理工程师要根据施工进度的总目标及资源优化配置的原则，对工程项目施工阶段的工作内容、工作程序、持续时间和衔接关系，编制控制计划并付诸实施，并对施工单位进度计划的实施过程实施监控，检查实际进度是否按计划要求进行，对出现的偏差情况进行分析，督促施工单位采取补救措施或调整、修改原计划后再付诸实施，直至工程竣工验收交付使用。

【知识拓展】

建设工程进度控制的最终目的是确保建设项目按预定的时间启用或提前交付使用，建设工程进度控制的总目标是建设工期。

7.1.2 进度控制的原则与依据

1. 控制原则

（1）动态循环管理。

（2）确定完整的进度计划系统，实施由宏观到微观、由粗到细的系统进度控制。

（3）主动控制（事前）与被动控制（事中、事后）相结合，强化事前主动控制。

（4）以信息管理为基础，形成完整的信息沟通报告体系。

2. 控制依据

（1）施工合同中合同工期。

(2) 总控进度计划、单位工程进度计划和季、月、周进度计划。

7.1.3 影响施工进度的因素分析

由于建设项目大部分具有规模庞大、工程结构和工艺技术复杂、建设周期较长以及相关单位较多等特点，因而对施工进度产生影响的因素也相应较多。监理工程师要对施工进度进行有效的控制，就必须在施工进度计划实施之前，对影响施工进度的有利因素和不利因素进行全面、细致的分析和预测，进而提出保证进度计划成功实施的措施，以达到对施工进度进行主动控制的目的。这样，一方面可以促进对有利因素的充分利用和对不利因素的妥善预防，另外一方面也便于事先制定预防措施，事中采取有效对策，事后进行妥善补救，以缩小实际进度与计划进度的偏差，实现对建设工程进度的主动控制和动态控制。

影响建设工程进度的不利因素有很多，如人为因素，技术因素，设备、材料及构配件因素，机具因素，资金因素，水文、地质与气象因素，以及其他自然与社会环境等方面的因素。其中，人为因素是最大的干扰因素。从产生的根源看，有的来源于建设单位及其上级主管部门；有的来源于勘察设计、施工及材料、设备供应单位；有的来源于政府、建设主管部门、相关协作单位和社会；有的来源于各种自然条件；也有的来源于建设监理单位本身。

在工程建设过程中，常见的影响因素如下：

(1) 建设单位因素。如因建设单位使用要求改变而进行设计变更；应提供的施工场地条件不能及时提供或所提供的场地不能满足工程正常需要；不能及时向施工承包单位或材料供应商付款等。

(2) 勘察设计因素。如勘察资料不准确，特别是地质资料错误或遗漏；设计内容不完善，规范应用不恰当，设计有缺陷或错误；设计对施工的可能性未考虑或考虑不周；施工图纸供应不及时、不配套，或出现重大差错等。

(3) 施工技术因素。如施工工艺错误；不合理的施工方案；施工安全措施不当；不可靠技术的应用等。

(4) 自然环境因素。如复杂的工程地质条件；不明的水文气象条件；地下埋藏文物的保护、处理；洪水、地震、台风等不可抗力等。

（5）社会环境因素。如节假日交通、市容整顿的限制，临时停水、停电、断路，以及在国外常见的法律及制度变化，经济制裁、战争、骚乱、企业倒闭等。

（6）组织管理因素。如向有关部门提出各种申请审批手续的延误；合同签订时遗漏条款、表达失当；计划安排不周密，组织协调不力，导致停工待料、相关作业脱节；领导不力、指挥失当，使参加工程建设的各个单位、各个专业、各个施工过程之间交接、配合上发生矛盾等。

（7）材料、设备因素。如材料、构配件、机具、设备供应环节的差错，品种、规格、质量、数量、时间不能满足工程的需要；特殊材料及新材料的不合理使用；施工设备不配套，选型失当，安装失误，有故障等。

（8）资金因素。如有关单位拖欠资金，资金不到位，资金短缺，汇率浮动和通货膨胀等。

单元 7.2　建设工程进度控制的程序和措施

【单元描述】

进度控制中要严格执行监理程序，采用合理的措施进行监理进度控制。

【学习支持】

7.2.1　进度控制监理程序

1. 总监理工程师审批承包单位报送的施工总进度计划。

2. 总监理工程师主持编制监理方三级总控进度计划。

3. 总监理工程师审批承包单位编制的年、季、月、周施工进度计划。

4. 进度控制专业监理工程师对进度计划实施情况进行跟踪检查、分析，实施动态控制。

5. 当实际进度符合计划进度时，重复步骤 3、4 实施循环控制。

6. 当实际进度滞后于计划进度时，采取例会或专题会议的形式研讨确定纠偏及预控措施，同时要求承包单位在后续提交的周期性进度计划体现落实各项纠偏预控赶工措施；之后以会议纪要或监理通知单的形式，书面通知承包单位组织落实纠偏措施并监督实施。

图 7-1 为施工进度控制流程图。

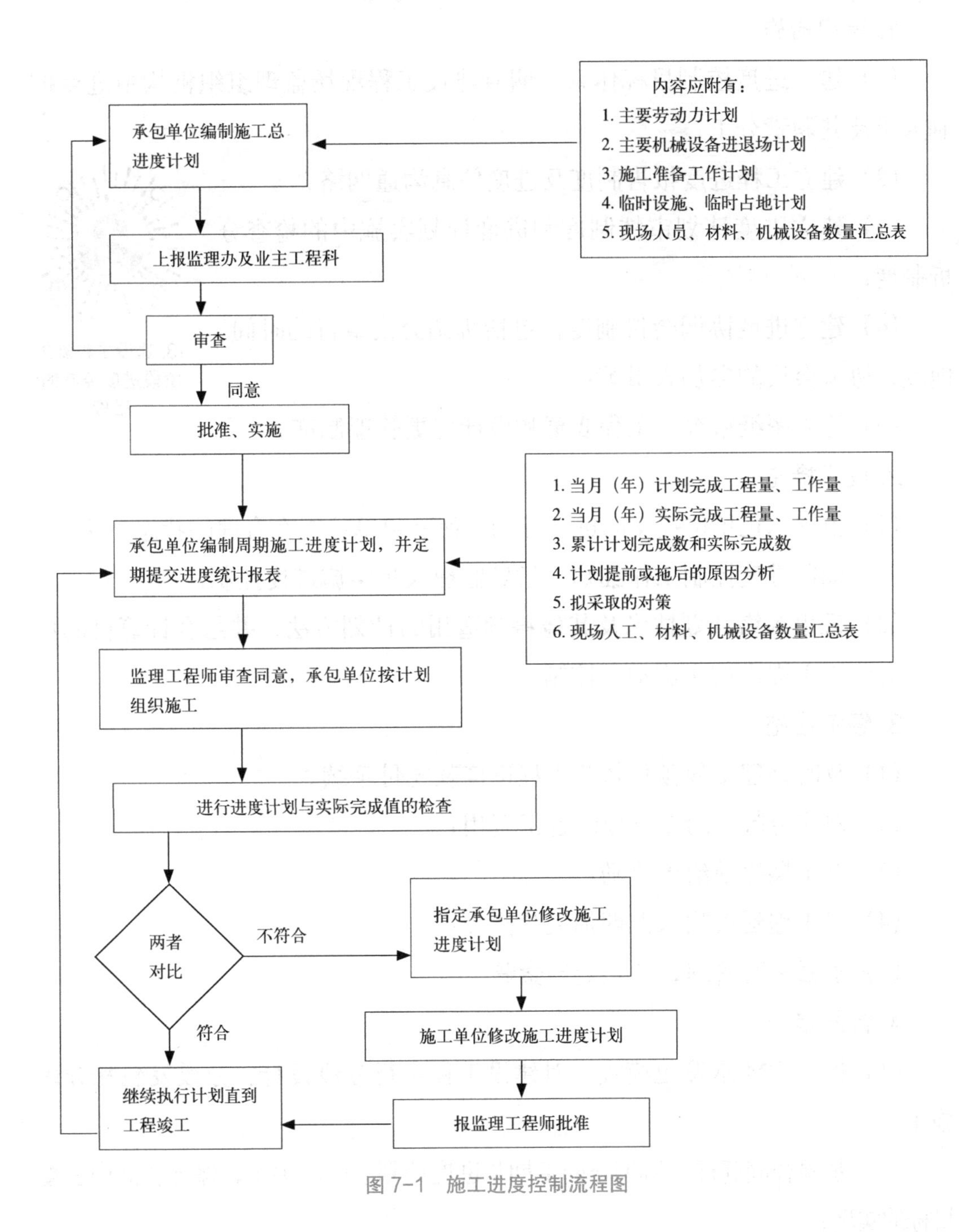

图 7-1　施工进度控制流程图

7.2.2 建设工程施工阶段进度控制的措施

建设工程施工阶段的进度控制包括组织措施、技术措施、经济措施及合同措施。

1. 组织措施

（1）建立进度控制目标体系，明确建设工程现场监理组织机构中进度控制人员及其职责分工；

（2）建立工程进度报告制度及进度信息沟通网络；

（3）建立进度计划审核制度和进度计划实施中的检查分析制度；

（4）建立进度协调会议制度，包括协调会议举行的时间、地点，协调会议的参加人员等；

（5）建立图纸审查、工程变更和设计变更管理制度。

13. 建设工程施工阶段进度控制的措施

2. 技术措施

（1）审查承包单位提交的进度计划，使承包单位能在合理的状态下施工；

（2）编制进度控制工作细则，指导监理人员实施进度控制；

（3）采用网络计划技术及其他科学适用的计划方法，并结合计算机的应用，对建设工程进度实施动态控制。

3. 经济措施

（1）及时办理工程预付款及工程进度款支付手续；

（2）对应急赶工给予优厚的赶工费用；

（3）对工期提前给予奖励；

（4）对工程延误收取误期损失赔偿金；

（5）加强索赔管理，公正处理索赔。

4. 合同措施

（1）推行 CM 承发包模式，对建设工程实行分段设计、分段发包和分段施工；

（2）加强合同管理，协调合同工期与进度计划之间的关系，保证合同中进度目标的实现；

(3) 严格控制合同变更，对各方提出的工程变更和设计变更，监理工程师应严格审查后，再补入合同文件中；

(4) 加强风险管理，合同中应充分考虑风险因素及其对进度的影响，及相应的处理方法。

7.2.3 施工进度计划的表示方法

建设工程进度计划的表示方法有多种，常用的有横道图和网络图两种表示方法。

1. 横道图

横道图也称甘特图，是美国人甘特在 20 世纪 20 年代提出的。由于其形象、直观，且易于编制和理解，因而长期以来被广泛应用于建设工程进度控制中。

用横道图表示的建设工程进度计划，一般包括两个基本部分，即左侧的工作名称及工作的持续时间等基本数据部分和右侧的横道线部分，可以明确地表示出各项工作的划分、工作的开始时间和完成时间、工作的持续时间、工作之间的相互搭接关系，以及整个工程项目的开工时间、完工时间和总工期。

横道图计划具有编制容易，绘图简便，排列整齐有序，表达形象直观，便于统计劳动力、材料及机具的需要量等优点。它具有时间坐标，各施工过程（工作）的开始时间、工作持续时间、结束时间、相互搭接时间、工期以及流水施工的开展情况，都表示得清楚明白、一目了然。

2. 网络图

建设工程进度计划用网络图来表示，可以使建设工程进度得到有效控制。网络计划技术是用于控制建设工程进度的最有效工具。无论是建设工程设计阶段的进度控制，还是施工阶段的进度控制，均可使用网络计划技术。作为建设工程监理工程师，必须掌握和应用网络计划技术。

(1) 网络计划类型

网络计划可分为确定型和非确定型两类。如果网络计划中各项工作及其持续时间和各工作之间的相互关系都确定，就是确定型网络计划，否则属于非确定型网络计划。建设工程进度控制主要应用确定型网络计划。除了普通的双代号网络计划、单代号网络计划外，还有时标网络计划、搭接网络计划、有时限网络计划、多级网络计划等。

(2) 网络计划优缺点

◆ 网络计划技术把一项工程中各有关的工作组成一个有机的整体，能全面、明确地表达出各项工作之间的先后顺序和相互制约、相互依赖的关系。

◆ 通过网络图时间参数计算，可以在名目繁多、错综复杂的计划中找到关键工作和关键线路，从而使管理者能够采取技术组织措施，千方百计地确保计划总工期。

◆ 通过网络计划的优化，可以在若干个可行方案中找到最优方案。

◆ 在网络计划执行过程中，能够对其进行有效的监督和控制，如某项工作提前或推迟完成时，管理者可以预见到它对整个网络计划的影响程度，以便及时采取技术、组织措施加以调整。

◆ 利用网络计划中某些工作的时间储备，可以合理地安排人力、物力和资源，达到降低工程成本和缩短工期的目的。

◆ 网络计划可以为管理者提供工期、成本和资源方面的管理信息，有利于加强施工管理工作。

◆ 可以利用计算机进行各项参数计算和优化，为管理现代化创造条件。

网络计划的缺点：在网络计划编制过程中，各项时间参数计算比较繁琐，绘制劳动力和资源需要量曲线比较困难。

单元 7.3 建设工程进度调整

【单元描述】

建设工程项目施工可以采用依次、平行、流水等组织方式。建设工程进度计划在实施前要进行审批，实施过程中要进行分析检查，并根据偏差情况进行调整。

【学习支持】

7.3.1 建设工程组织施工方式

考虑工程项目的施工特点、工艺流程、资源利用、平面或空间布置等要求，建设工程项目施工可以采用依次、平行、流水等组织方式。

1. 依次施工

依次施工方式是将拟建工程项目中的每一个施工对象分解为若干个施工过程，按施工工艺要求依次完成每一个施工过程；当一个施工对象完成后，再按同样的顺序完成下一个施工对象。依次类推，直至完成所有施工对象。

2. 平行施工

平行施工方式是组织几个劳动组织相同的工作队，在同一时间、不同的空间，按施工工艺要求完成各施工对象。

14. 施工组织方式

3. 流水施工

流水施工方式是将拟建工程项目中的每一个施工对象分解为若干个施工过程，并按照施工过程成立相应的专业工作队，各专业队按照施工顺序依次完成各个施工对象的施工过程，同时保证施工在时间和空间上连续、均衡和有节奏地进行搭接作业。

流水施工，它是一种科学、有效的工程项目施工组织方法，可以充分利用工作时间和操作空间，减少非生产性劳动消耗，提高劳动生产率，保证工程施工连续、均衡、有节奏地进行，从而对提高工程质量、降低工程造价、缩短工期有着显著的作用。因此，施工单位在条件允许的情况下，应尽量采用流水施工作业。

7.3.2 建设工程进度调整

在建设工程实施进度检测过程中，一旦发现实际进度偏离计划进度，就要认真分析进度偏差产生的原因及其对后续工作和总工期的影响，必要时采取合理、有效的进度计划调整措施，确保进度总目标的实现。

实际进度与计划进度的比较是建设工程进度监测的主要环节。常用的进度比较方法有横道图、S 曲线、香蕉曲线、前锋线和列表比较法。此处重点介绍横道图和前锋线比较法。

（1）横道图比较法

横道图比较法是指将项目实施过程中检查实际进度收集的数据，经加工整理后直接用横道线平行绘于原计划的横道线下，进行实际进度与计划进度的比较方法。它适用于工程项目中某些工作实际进度与计划进度的局部比较，且工作在不同单位时间里的进展速度不相等。不仅可以进行某一时刻实际进度与计划进度的比较，还能进行某一时间段实际进度与计划进度的比较。其特点是形象、直观。

（2）前锋线比较法

前锋线比较法是通过绘制某检查时刻工程项目实际进度前锋线，进行工程实际进度与计划进度比较的方法，它主要适用于时标网络计划。

◆ 前锋线是指在原时标网络计划上，从检查时刻的时标点出发，用点画线依次将各项工作实际进展位置点连接而成的折线。

◆ 前锋线比较法就是通过实际进度前锋线与原进度计划各工作标志线交点的位置来判断工作的实际进度与计划进度的偏差，进而判定该偏差对后续工作及总工期影响程度的一种方法。

◆ 主要适用于时标网络计划，既能用来进行工作实际进度与计划进度的局部比较，也可用来分析和预测工程项目整体进度情况。

◆ 前锋线比较法是针对匀速进展的工作。

【知识拓展】

在工程实践中，有些项目可以根据实际情况采用“横道图比较法＋前锋线比较法＋里程碑检查法”组合控制方法。各方法的具体应用特点见表 7–1。

进度检查方法明细　　表 7–1

序号	名称	工作程序
1	横道图比较法	（1）编制横道图计划； （2）在横道线上方标出各检查时点的计划完成工程（工作）量累计百分比； （3）在横道线下方标出相应时点的实际完成工程（工作）量累计百分比； （4）在原横道线内涂黑标出工作的实际进度，从开始之日标起，同时反映该工作在实施过程中的连续与间断情况；

续表

序号	名称	工作程序
1	横道图比较法	(5) 比较同一时刻实际完成工作量累计百分比和计划完成工作量累计百分比，判断工作实际进度与计划进度之间的关系： 同一时刻横道线上方累计百分比大于横道线下方累计百分比，则表明实际进度拖后，拖欠工作量为二者之差； 同一时刻横道线上方累计百分比小于横道线下方累计百分比，则表明实际进度超前，超前工作量为二者之差； 同一时刻横道线上下方两个累计百分比相等，则表明实际进度与计划进度一致
2	前锋线比较法	(1) 绘制时标网络计划，一般应在网络计划的上下方各设一时间坐标。 (2) 绘制实际进度前锋线： 从时标网络计划图上方时间坐标的检查日期开始绘制，依次连接相邻工作的实际进展位置点，最后与时标网络计划图下方坐标的检查日期连接。 工作实际进展位置点的标定方法有两种。按工作已完工作量比例进行标定，根据该工作实际完成工作量占该工作计划总工作量的比例，然后在工作箭线从左至右按相应比例标定实际进展位置点；按尚需作业时间进行标定，对于难以按工作量估算工作时间时，可以先估算出检查时刻到该工作全部完成尚需作业的时间，然后在工作箭线上从右至左逆向标定其实际进展位置点。 (3) 进行实际进度与计划进度的比较： 工作实际进展位置点落在检查日期的左侧，表明该工作实际进度拖后，拖后时间为二者之差； 工作实际进展位置点与检查日期重合，表明该工作实际进度与计划进度一致； 工作实际进展位置点落在检查日期的右侧，表明该工作实际进度超前，超前时间为二者之差
3	里程碑检查法	(1) 编制里程碑进度计划； (2) 检查并收集里程碑时间段内关键事件的形象进度； (3) 与里程碑计划要求的关键事件的形象进度比较； (4) 通过判断，预测项目实际进度能否达到里程碑计划要求

7.3.3 进度计划的审批与检查

1. 计划内容

各类进度计划都应包括以下内容：

(1) 文字说明。

(2) 进度计划图表。

(3) 分部分项施工工程开工、完工日期及工期一览表。

(4) 资源（人员、机械）需要量及供应平衡表。

2. 计划审批

进度审批包括以下环节：

(1) 承包单位依据合同规定按时提交施工总进度计划和周期进度计划至项目监理机构。

(2) 监理机构依据总控进度计划和现场实际情况，对进度计划进行审核；若发现存在问题，及时向承包单位提出修改意见或发出监理通知令其修改，其中的重大问题及时向业主汇报。

(3) 审批后的进度计划，返还承包单位并报送业主。

3. 进度检查工作内容

(1) 督促承包单位按批准的施工进度计划，合理组织安排施工。

(2) 督促承包单位加强对进度的管理，做好生产调度。

(3) 按时检查承包单位报送的施工进度报表和分析资料，进行必要的核实确认。

(4) 进度检查工作要点：

◆ 认真分析研究施工单位所提交进度计划和施工组织设计的合理性、可靠性，是否满足合同文件的要求，同时还应注意与相邻合同段施工进度计划的衔接，避免冲突。

◆ 分部分项工程施工进度计划是否与总体施工进度计划相符。

◆ 施工单位配备的机械设备的品种和型号，是否适合施工现场地形、地貌、地质、水文和工程状况；施工设备的技术状况是否良好；维修保养措施是否落实。

◆ 施工单位配备的技术人员、管理人员、试验人员、测量人员、机械设备驾驶人员、维修保养人员是否能保证工程按计划进度进行。

◆ 施工便道、水、电等临时设施是否妥善合理。

◆ 材料供应是否落实，库存材料数量是否能满足工程需要。

(5) 由专业进度监理工程师每日监督、检查承包单位的进度计划执行情况，并填制完成的检查记录；记录中包括以下事项：

◆ 当日实际完成及累计完成的工程量。

◆ 当日实际参加施工的人力、机械数量。

◆ 当日施工停滞的人力、机械数量及其原因。

◆ 当日发生的影响工程进度的特殊事件或原因。

◆ 当日的天气情况等。

4. 进度调整工作内容

(1) 当施工进度滞后时，召开工地例会或专题协调会议，研讨确定纠偏及预控措施，并督促检查承包单位各项赶工措施的组织落实情况。

(2) 当进度严重滞后时，在承包单位采取有效纠偏措施的同时，总监理工程师将下达指令要求承包单位重新调整修改进度计划。

5. 进度报告工作内容

(1) 督促承包单位及时提交有关进度的报表和资料。

(2) 随时整理进度控制监理资料（检查记录、统计报表、会议纪要等），并建立工程进度台账。

(3) 定期完成进度跟控报告的编写；报告中反映工程实际进度状态、进度控制措施的执行情况。

(4) 在工程完工后收集汇总工程进度资料，完成归类编目与建档。

6. 进度报告内容格式

(1) 本周期各分部分项工程施工准备和施工过程工程进展情况的形象进度描述和进度数据汇总统计。

(2) 前期纠偏预控措施的落实情况。

(3) 依据规定的进度检查方法绘制的能反映本周期进度完成情况、累计进度偏差和后续进度偏差趋势的进度检查分析图表。

(4) 本周期内进度偏差的内容、程度及原因分析。

(5) 后续周期需实施的纠偏措施。

(6) 后续周期可能发生的进度偏差的分析。

(7) 后续周期应实施的预控措施。

7.3.4 建设工程进度计划分析与调整

1. 建设工程进度计划分析

在工程项目实施过程中，当通过实际进度与计划进度的比较，发现有进度偏差时，需要分析该偏差对后续工作及总工期的影响，从而采取相应的调整措施对原进度计划进行调整，以确保工期目标的顺利实现。进度偏差的大小及其所处的位置不同，对后续工作和总工期的影响程度是不同的，分析时需要利用网络计划中工作总时差和自由时差的概念进行判断，最后依据实际情况，决定是否调整及调整的方法和措施。

2. 建设工程进度计划调整

通过检查分析，如果发现原有进度计划已不能适应实际情况时，为了确保进度控制目标的实现或需要确定新的计划目标，就必须对原有进度计划进行调整，以形成新的进度计划，作为进度控制的新依据。

施工进度计划的调整方法主要有两种：一是通过缩短某些工作的持续时间来缩短工期；二是通过改变某些工作间的逻辑关系来缩短工期。在实际工作中，应根据具体情况选用上述方法进行进度计划的调整。

（1）缩短某些工作的持续时间

这种方法的特点是不改变工作之间的先后顺序关系，通过缩短网络计划中关键线路上工作的持续时间来缩短工期。这时，通常需要采取一定的措施来达到目的。具体措施有：

1）组织措施

◆ 增加工作面，组织更多的施工队伍；

◆ 增加每天的施工时间（如采用三班制等）；

◆ 增加劳动力和施工机械的数量。

2）技术措施

◆ 改进施工工艺和施工技术，缩短工艺技术间歇时间；

◆ 采用更先进的施工方法，以减少施工过程的数量（如将现浇框架方案改为预制装配方案）；

◆ 采用更先进的施工机械。

3）经济措施

◆ 实行包干奖励；

◆ 提高奖金数额；

◆ 对所采取的技术措施给予相应的经济补偿。

4）其他配套措施

- 改善外部配合条件；
- 改善劳动条件；
- 实施强有力的调度等。

一般来说，不管采取哪种措施都会增加费用，因此在调整施工进度计划时，应利用费用优化的原理，选择费用增加量最小的关键工作作为压缩对象。

（2）改变某些工作间的逻辑关系

这种方法的特点是不改变工作的持续时间，而只改变工作的开始时间和完成时间。对于大型建设工程，由于其单位工程较多且相互间的制约比较小，可调整的幅度比较大，所以容易采用平行作业的方法来调整施工进度计划。而对于单位工程项目，由于受工作之间工艺关系的限制，可调整的幅度比较小，所以通常采用搭接作业的方法来调整施工进度计划。但不管是搭接作业还是平行作业，建设工程在单位时间内的资源需求量将会增加。

除了分别采用上述两种方法来缩短工期外，有时由于工期拖延的太长，当采用某种方法进行调整，其可调整的幅度又受到限制时，还可以同时利用这两种方法对同一施工进度计划进行调整，以满足工期目标的要求。

单元 7.4　建设工程进度控制的内容

【单元描述】

施工阶段进度控制主要工作内容包括编制施工进度控制监理细则、编制或审核施工进度计划、下达工程开工令等。

【学习支持】

7.4.1　建设工程进度控制工作流程

图 7–2 为建设工程进度控制工作流程图。

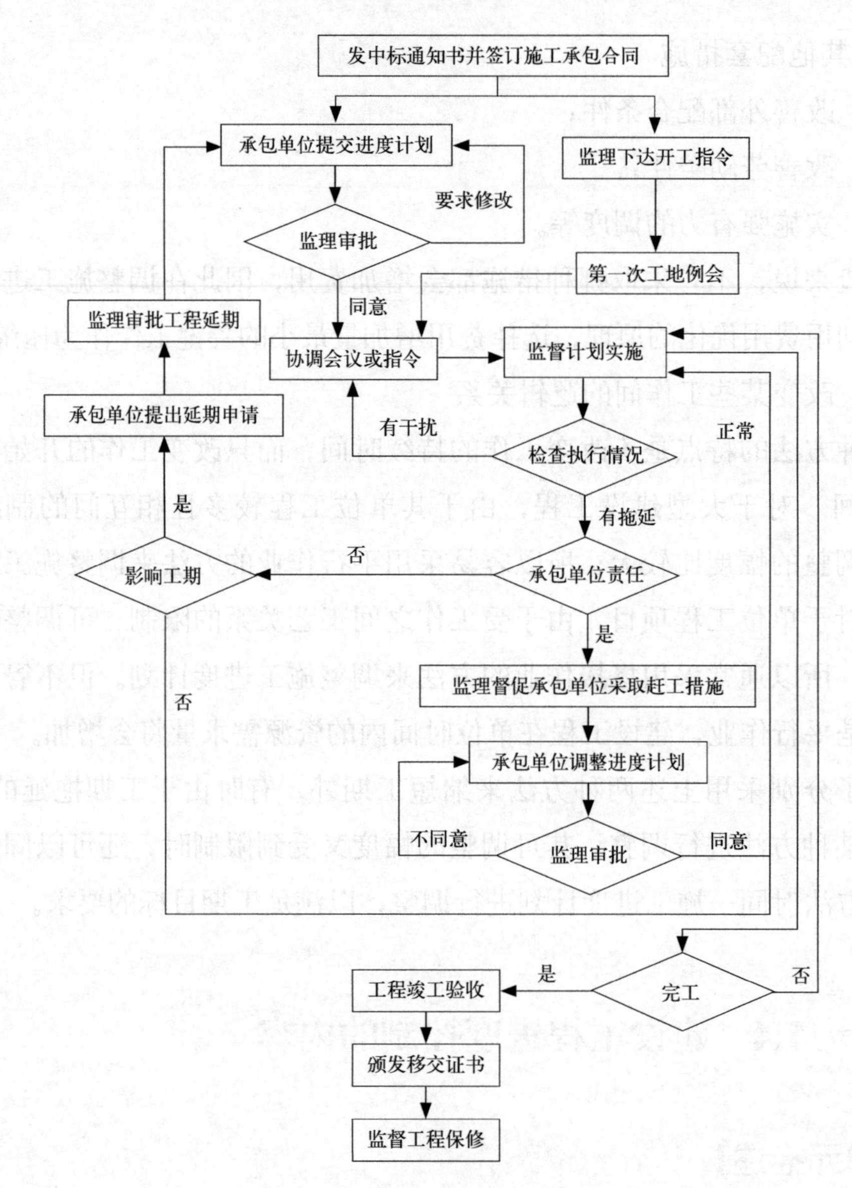

图 7-2　建设工程进度控制工作流程图

7.4.2　施工阶段进度控制的内容

1. 施工阶段进度控制程序

施工阶段控制分事前控制程序、事中控制程序和事后控制程序。

（1）事前控制程序

◆　总监理工程师组织专业监理工程师预测和分析影响进度计划的可能因素，制订防范对策，依据施工承包合同的工期目标制订控制性进度计划。

◆ 总监理工程师组织专业监理工程师审核施工承包单位提交的施工总进度计划，审核进度计划对工期目标的保证程度，施工方案与施工进度计划的协调性和合理性。

◆ 总进度计划符合要求，总监理工程师在《施工进度计划报审表》签字确认，作为进度控制的依据。

（2）事中控制程序

◆ 专业监理工程师负责检查工程进度计划的实施。每天了解施工进度计划实施情况，并做好实际进度情况记录；随时检查施工进度的关键控制点；当发现实际进度偏离进度计划时，应及时报告总监理工程师，由总监理工程师指令施工承包单位采取调整措施，并报建设单位备案。

◆ 专业监理工程师审核施工承包单位提交的年度、季度、月度进度计划，向总监理工程师提交审查报告，总监理工程师审核签发《施工进度计划报审表》并报建设单位备案。

◆ 总监理工程师组织专业监理工程师审核施工承包单位提交的施工进度调整计划并提出审查意见，总监理工程师审核经建设单位同意后，签发《施工进度调整计划报告表》并报建设单位备案。

◆ 总监理工程师定期向建设单位汇报有关工程进展情况。

◆ 严格控制施工过程中的设计变更，对工程变更、设计修改等事项，专业监理工程师负责进度控制的预分析；如发现与原施工进度计划有较大差异时，应书面向总监理工程师报告并报建设单位。

（3）事后控制程序主要工作为由总监理工程师负责处理工期索赔工作。

2. 施工阶段进度控制主要工作内容

（1）编制施工进度控制监理细则，其内容包括：

◆ 施工进度控制目标分解图；

◆ 施工进度控制的主要工作内容和深度；

◆ 进度控制人员的职责分工；

◆ 与进度控制有关各项工作的时间安排及工作流程；

◆ 进度控制的方法；

◆ 进度控制的具体措施；

◆ 施工进度控制目标实现的风险分析；

◆ 尚待解决的有关问题。

（2）编制或审核施工进度计划

对于大型工程项目，若建设单位采取分期分批发包或由若干个承包单位平行承包，项目监理机构有必要编制施工总进度计划。施工总进度计划应确定分期分批的项目组成；各批工程项目的开工、竣工顺序及时间安排；全场施工准备工作，特别是首批子项目进度安排及准备工作的内容等。当工程项目有总承包单位时，项目监理机构只需对总承包单位提交的工程总进度计划进行审核即可。而对于单位工程施工进度计划，项目监理机构只负责审核。施工进度计划审核的主要内容有以下几点：

◆ 进度安排是否符合工程项目建设总进度计划中总目标和分目标的要求，是否符合施工合同中开工、竣工日期的规定；

◆ 施工总进度计划中的项目是否有遗漏，分期施工是否满足分批动用的需要和配套动用的要求；

◆ 施工顺序的安排是否符合施工程序的原则要求；

◆ 劳动力、材料、构配件、机具和设备的供应计划是否能保证进度计划的实现，供应是否均衡，需求高峰期是否有足够实现计划的供应能力；

◆ 建设单位的资金供应能力是否满足进度需要；

◆ 施工的进度安排是否与设计单位的图纸供应进度相符；

◆ 建设单位应提供的场地条件、原材料和设备，特别是国外设备的到货与施工进度计划是否衔接；

◆ 总分包单位分别编制的各单位工程施工进度计划之间是否相协调，专业分工与衔接的计划安排是否明确，合理；

◆ 进度安排是否存在造成建设单位违约而导致索赔的可能。

如果监理工程师在审核施工进度计划的过程中发现问题，应及时向承包单位提出书面修改意见，并督促承包单位修改，其中重大问题应及时向建设单位汇报。

（3）按年、季、月编制工程综合计划

对于分期分批发包或由若干个承包单位平行承包的大型工程项目，在按计划期编制的年、季、月进度计划中，监理着重解决各承包单位施工进度计划之间、施工进度计划与资源保障计划之间及外部协作条件的延伸性计划之间的综合平衡与相互衔接问题。并根据上期计划的完成情况对本期计划做必要的调整，从而作为承包单位近期执行的指令性（实施性）计划。

（4）下达工程开工令。

（5）协助承包单位实施进度计划

监理要随时了解施工进度计划执行过程中所存在的问题，并帮助承包单位解决承包单位无力解决的与建设单位、平行承包单位之间的内层关系协调问题。

（6）监督施工进度计划的实施

这是工程项目施工阶段进度控制的经常性工作。项目监理机构不仅要及时检查承包单位报送的施工进度报表和分析资料，同时还要进行必要的现场实地检查，核实所报送的已完成的项目时间及工程量，杜绝虚假现象。在对工程实际进度资料进行整理的基础上，监理人员应将其与计划进度相比较，以判定实际进度是否出现偏差。如果出现偏差，应进一步分析偏差对进度控制目标的影响程度及其产生的原因，以便研究对策、提出纠偏措施建议。必要时，还应对后期工程进度计划做适当的调整。计划调整要及时、有效。

（7）组织现场协调会

监理应每月、每周定期组织召开不同层次的现场协调会议，以解决工程施工过程中的相互协调配合问题。在平行、交叉施工单位多、工序交接频繁且工期紧迫的情况下，现场协调会甚至需要每日召开。在会上通报和检查当天的工程进度，确定薄弱环节，部署当天的赶工任务，以便为次日正常施工创造条件。对于某些未曾预料的突发变故或问题，监理工程师还可以发布紧急协调指令，督促有关单位采取应急措施，维护工程施工的正常秩序。

（8）签发工程进度款支付凭证。

（9）审批工程延期。

（10）向建设单位提供进度报告。

（11）督促承包单位整理技术资料。

（12）审批竣工申请报告、协助建设单位组织竣工验收（组织工程竣工预验收、签署工程竣工预验报验单和竣工报告、提交质量评估报告)。

(13) 整理工程进度资料

在工程完工以后，监理工程师应将工程进度资料进行收集整理、归类、编目和建档，以便为今后类似工程项目的进度控制提供参考。

(14) 工程移交

项目监理机构应督促承包单位办理工程移交手续，颁发工程移交证书。

单元 7.5 工程延期

【单元描述】

在建设工程施工过程中，其工期的延长分为工程延误和工程延期两种。要严格控制工程延期的申报与审批，正确处理工程延误。

【学习支持】

工程延误和工程延期都使工程拖期，但由于性质不同，因而业主与承包单位所承担的责任也就不同。如果是属于工程延误，则由此造成的一切损失由承包单位承担。同时，业主还有权对承包单位施行误期违约罚款。而如果是属于工程延期，则承包单位不仅有权要求延长工期而且还有权向业主提出赔偿费用的要求，以弥补由此造成的额外损失，因此，监理工程师是否将施工过程中工期的延长批准为工程延期，对业主和承包单位都十分重要。

7.5.1 工程延期的申报与审批

1. 申报工程延期的条件

由于以下原因导致工程拖期，承包单位有权提出延长工期的申请。监理工程师应按合同规定，批准工程延期时间。

(1) 监理工程师发出工程变更指令而导致工程量增加；

(2) 合同所涉及的任何可能造成工程延期的原因，如延期交图、工程暂停、对合格工程的剥离检查及不利的外界条件等；

（3）异常恶劣的气候条件；

（4）由业主造成的任何延误、干扰或障碍，如未及时提供施工场地、未及时付款等；

（5）除承包单位自身以外的其他任何原因。

2. 工程延期的审批程序

当工程延期事件发生后，承包单位应在合同规定的有效期内，以书面形式通知监理工程师（即《工程延期意向通知》），以便监理工程师尽早了解所发生的事件，及时作出一些减少延期损失的决定。随后，承包单位应在合同规定的有效期内（或监理工程师可能同意的合理期限内），向监理工程师提交详细的申述报告（延期理由及依据）。监理工程师收到该报告后，应及时进行调查核实，准确地确定出工程延期时间。

当延期事件具有持续性，承包单位在合同规定的有效期内不能提交最终详细的申述报告时，应先向监理工程师提交阶段性的详情报告。监理工程师应在调查核实阶段性报告的基础上，尽快作出延长工期的临时决定。临时决定的延期时间不宜太长，一般不超过最终批准的延期时间。

待延期事件结束后，承包单位应在合同规定的期限内，向监理工程师提交最终的详情报告。监理工程师应复查详情报告的全部内容，然后确定该延期事件所需要的延期时间。

如果遇到比较复杂的延期事件，监理工程师可以成立专门小组进行处理。对于一时难以作出结论的延期事件，即使不属于持续性的事件，也可以采用先作出临时延期的决定，然后再作出最后决定的办法。这样既可以保证有充足的时间处理延期事件，又可以避免由于处理不及时而造成的损失。

监理工程师在作出临时工程延期批准或最终工程延期批准前，均应与业主和承包单位进行协商。

3. 工程延期的审批原则

监理工程师在审批工程延期时应遵循下列原则：

（1）合同条件

监理工程师批准的工程延期必须符合合同条件。也就是说，导致工期拖延的原因确实属于承包单位自身以外的，否则不能批准为工程延期。这是监理工程师确定工程延期成立的基础。

（2）工期的影响

发生延期事件的工程部位，无论其是否处在施工进度计划的关键线路上，只有当所延长的时间超过其相应的总时差而影响到工期时，才能批准工程延期；如果延期事件发生在非关键线路上，且延长的时间并未超过总时差时，即使符合批准为工程延期的合同条件，也不能核准工程延期。

应当说明，建设工程施工进度计划中的关键线路并非固定不变，它会随着工程的进展和情况的变化而转移。监理工程师应以承包单位提交、经自己审核后的施工进度计划（不断调整后）为依据，来决定是否批准工程延期。

（3）实际情况

批准的工程延期必须符合实际情况。为此，承包单位应对延期事件发生后的各类有关细节进行详细记载，并及时向监理工程师提交详细报告。与此同时，监理工程师也应对施工现场进行详细考察和分析，并做好有关记录，以便为合理确定工程延期时间提供可靠依据。

7.5.2 工程延期的控制

发生工程延期事件，不仅影响工程的进展，而且会给业主带来损失。因此，监理工程师应做好以下工作，以减少或避免工程延期事件的发生。

1. 选择合适的时机下达工程开工令

监理工程师在下达工程开工令前，应充分考虑业主的前期准备工作是否充分。特别是征地、拆迁问题是否已解决，设计图纸能否及时提供，以及付款方面有无问题等，以避免由于上述问题缺乏准备而造成工程延期。

2. 提醒业主履行施工承包合同中所规定的职责

在施工过程中，监理工程师应经常提醒业主履行自己的职责，提前做好施工场地及设计图纸的提供工作，并能及时支付工程进度款，以减少或避免由此而造成的工程延期。

3. 妥善处理工程延期事件

当延期事件发生以后，监理工程师应根据合同规定进行妥善处理。既要尽量减少工程延期时间及其损失，又要在详细调查研究的基础上合理批准工程延期时间。

此外，业主在施工过程中应尽量减少干预、多协调，以避免由于业主的干扰和阻碍而导致延期事件的发生。

7.5.3 工程延误的处理

如果由于承包单位自身的原因造成工期拖延，而承包单位又未按照监理工程师的指令改变延期状态时，通常可以采用下列手段进行处理：

1. 拒绝签署付款凭证

当承包单位的施工活动不能使监理工程师满意时，监理工程师有权拒绝承包单位的支付申请。因此，当承包单位的施工进度拖后且又不采取积极措施时，监理工程师可采取拒绝签署付款凭证的手段制约承包单位。

2. 误期损失赔偿

拒绝签署付款凭证一般是监理工程师在施工过程中制约承包单位延误工期的手段，而误期损失赔偿则是当承包单位未能按合同规定的工期完成合同范围内的工作时对其的处罚。如果承包单位未能按合同规定的工期和条件完成整个工程，则应向业主支付投标书附件中规定的金额，作为违约的损失赔偿费。

3. 取消承包资格

如果承包单位严重违反合同，又不采取补救措施，则建设方为了保证合同工期有权取消其承包资格。例如：承包单位接到监理工程师的开工通知后，无正当理由推迟开工时间，或在施工过程中无任何理由要求延长上期，施工进度缓慢，又无视监理工程师的书面警告等，都有可能受到取消承包资格的处罚。

取消承包资格是对承包单位违约的严厉制裁。因为业主一旦取消了承包单位的承包资格，承包单位不但会被驱逐出施工现场，还要承担由此而造成的业主的损失费用。这种惩罚措施一般不轻易采用，而且在作出这项决定前，业主必须事先通知承包单位，并要求其在规定的期限内做好辩护准备。

【思考与练习题】

一、填空题

1. 进度控制的依据（　）；（　）、（　）和季、月、周进度计划。

2. 影响建设工程进度的不利因素有很多，如人为因素，（　）因素，（　）因素，（　）因素，（　）因素，水文、地质与气象因素，以及其他自然与社会环境等方面的因素。

3. 建设工程施工阶段的进度控制包括（　）措施、（　）措施、（　）措施及（　）措施。

4. 事后控制·程序主要工作为由（　）负责处理工期索赔工作。

5. 在建设工程施工过程中，其工期的延长分为（　）和（　）两种。

6. 临时决定的延期时间不宜太长，一般不超过（　）的延期时间。

7. 工程延误的处理手段有（　）；（　）；（　）。

二、单选题

1.（　）是监理工程师确定工程延期成立的基础。

A. 工程签证　　B. 工程资料

C. 施工组织设计　　D. 合同条件

2. 影响建设工程进度的不利因素有很多，其中（　）因素是最大的干扰因素。

A. 水文、地质　　B. 人为

C. 气象　　D. 社会环境

3. 由总监理工程师负责处理工期索赔工作是属于（　）控制程序。

A. 事前　　B. 事中

C. 事后　　D. 以上都不是

三、判断题

1. 建设单位拖欠工程款会影响施工进度。（　）

2. 洪水属于不可抗力因素，会影响施工进度。（　）

3. 监理单位控制进度是以合同的工期为唯一依据。（　）

4. 专业监理工程负责检查工程进度计划的实施并定期向建设单位汇报。（　）

5. 由于施工方的原因造成工程延期，监理方可拒绝签署付款凭证。（　）

四、简答题

1. 建设工程进度控制定义是什么？

2. 监理工程师如何做好施工进度控制？

3. 进度控制有哪些监理程序？

4. 事中控制程序的监理细则有哪些？

5. 编制施工进度控制的监理细则内容有哪些？

五、案例题

背景：

某实施监理的工程项目，监理工程师对施工单位报送的施工组织设计审核时发现两个问题：一是施工单位为方便施工，将设备管道竖井的位置作了移位处理；二是工程的有关试验主要安排在施工单位试验室进行。总监理工程师分析后认为，管道竖井移位方案不会影响工程使用功能和结构安全，因此，签认了该施工组织设计报审表并送达建设单位。

项目监理过程中有如下事件：

事件一：在建设单位主持召开的第一次工地会议上建设单位介绍工程开工准备工作基本完成，施工许可证正在办理，要求会后就组织开工总监理工程师认为施工许可证未办理好之前，不宜开工。对此，建设单位代表很不满意，会后建设单位起草了会议纪要，纪要中明确一边施工一边办理施工许可证，并将此会议纪要送发监理单位、施工单位，要求遵照执行。

事件二：设备安装施工，要求安装人员有安装资格证书。专业监理工程师检查时发现施工单位安装人员与资格报审名单中的人员不完全相符，其中五名安装人员无安装资格证书，他们已参加并完成了该工程的一项设备安装工作。

事件三：设备调试时，总监理工程师发现施工单位未按技术规程要求进行调试，存在较大的质量和安全隐患，立即签发了“工程停令”，并要求施工单位整改。施工单位用了2天时间整改后被指令复工。对此次停工，施工单位向总监理工程师提交了费用索赔和工程延期的申请，强调设备调试为关键工作，停工4天导致窝工，建设单位应给予工期顺延和费用补偿，理由是虽然施工单位未按技术规程调试但并未出现质量和安全事故，停工4天是监理单位要求的。

问题：

1. 总监理工程师应如何组织审批施工组织设计？总监理工程师对施工单位报送的施工组织设计内容的审批处理是否妥当？说明理由。

2. 事件一中建设单位在第一次工地会议的做法有哪些不妥之处？写出正确的做法。

3. 监理单位应如何处理事件二？

4. 在事件三中，总监理工程师的做法是否妥当？施工单位的费用索赔和工程延期要求是否应该被批准？说明理由。

模块8 建设工程投资控制实务

【模块概述】

投资控制，就是行为主体在建设工程存在各种变化的条件下，按事先拟定的计划，采取各种方法、措施以达到既定造价实现的过程。投资控制过程可分为事前控制、事中控制和事后控制三个阶段。严格执行监理投资控制程序，并对投资控制进行质量维护。投资控制贯穿于工程建设全过程中的各个阶段，在各阶段都有各种不同方法的应用。同时为了有效地控制建设工程投资，应多方面采取措施。专业监理工程师应及时建立月完成工程量和工作量统计表，正确处理工程变更和工程索赔。

【学习目标】

通过本模块的学习，学生能够：了解建设工程项目投资的概念和特点、建设工程投资控制原理和投资控制的依据和原则；熟悉建设工程投资控制的过程和程序、建设工程投资控制的主要任务与内容、建设工程投资控制的方法与措施；会根据实际情况，进行建设工程投资控制中的监理工作。

单元 8.1 建设工程投资控制概述

【单元描述】

投资控制，就是行为主体在建设工程存在各种变化的条件下，按事先拟定的计划，采取各种方法、措施以达到既定造价实现的过程。建设工程项目投资的特点是由建设工程项目的特点决定的。

【学习支持】

工程项目的施工阶段是资金大量投入而项目经济效益尚未实现的阶段。施工阶段的投资控制具有周期长、内容多、潜力大等特点，此阶段对工程投资的控制可有效地防止工程项目“三超”现象的发生。

施工阶段进度控制的实际工作中，监理工程师可考虑把总计划投资额分解为单位工程或分部分项工程的分目标值，并编制资金使用计划；审查施工方提交的施工图预算，严格按施工进度审批工程进度款，使建设资金得到合理分配；在施工过程中严格控制设计变更和技术核定价款；站在客观公正立场上，以合同为依据及时处理各种索赔；并做好投资支出分析。

8.1.1 建设工程项目投资的概念和特点

1. 建设工程项目投资的概念

建设工程项目投资是指进行某项工程建设花费的全部费用。生产性建设工程项目总投资包括建设投资和铺底流动资金两部分；非生产性建设工程项目总投资则只包括建设投资。

建设投资，由设备及工器具购置费、建筑安装工程费、工程建设其他费用、预备费（包括基本预备费和涨价预备费）和建设期利息组成。

设备及工器具购置费，是指按照建设工程设计文件要求，建设单位（或其委托单位）购置或自制达到固定资产标准的设备和新、扩建项目配置的首套工器具及生产家具所需的费用。设备及工器具购置费由设备原价、工器具原价和运杂费（包括设备成套公司服务费）组成。在生产性建设工程中，设备及工器具投资主要表现为其他部门创造的价值向建设工程中的转移，但这部分投资是建设工程项目投资中的积极部分，它占项目投资比重的提高，意味着生产技术的进步和资本有机构成的提高。

建筑安装工程费，是指建设单位用于建筑和安装工程方面的投资，它由建筑工程费和安装工程费两部分组成。建筑工程费是指建设工程涉及范围内的建筑物、构筑物、场地平整、道路、室外管道铺设、大型土石方工程费用等。安装工程费是指主要生产、辅助生产、公用工程等单项工程中需要安装的机械设备、电器设备、专用设备、仪器仪表等设备的安装及配件工程费，以及工艺、供热、供水等各种管道、配件、闸门和供电外线安装工程费用等。

工程建设其他费用，是指未纳入以上两项的费用。根据设计文件要求和国家有关规定应由项目投资支付的、为保证工程建设顺利完成和交付使用后能够正常发挥效用而发生的一些费用。工程建设其他费用可分为三类：第一类是土地使用费，包括土地征用及迁移补偿费和土地使用权出让金；第二类是与项目建设有关的费用，包括建设单位管理费、勘察设计费、研究试验费、建设工程监理费等；第三类是与未来企业生产经营有关的费用，包括联合试运转费、生产准备费、办公和生活家具购置费等。

建设投资可分为静态投资部分和动态投资部分。静态投资部分由建筑安装工程费、设备及工器具购置费、工程建设其他费和基本预备费构成。动态投资部分，是指在建设期内，因建设期利息和国家新批准的税费、汇率、利率变动以及建设期价格变动引起的建设投资增加额，包括涨价预备费和建设期利息。

2. 建设工程项目投资的特点

建设工程项目投资的特点是由建设工程项目的特点决定的。

(1) 建设工程项目投资数额巨大

建设工程项目投资数额巨大，动辄上千万，数十亿。建设工程项目投资数额巨大的特点使它关系到国家、行业或地区的重大经济利益，对国计民生也会产生重大的影响。从这一点也说明了建设工程投资管理的重要意义。

(2) 建设工程项目投资差异明显

每个建设工程项目都有其特定的用途、功能、规模，每项工程的结构、空间分割、设备配置和内外装饰都有不同的要求，工程内容和实物形态都有其差异性。同样的工程处于不同的地区或不同的时段在人工、材料、机械消耗上也有差异。所以，建设工程项目投资的差异十分明显。

（3）建设工程项目投资需单独计算

每个建设工程项目都有专门的用途，所以其结构、面积、造型和装饰也不尽相同。即使是用途相同的建设工程项目，技术水平、建筑等级和建筑标准也有所差别。建设工程项目还必须在结构、造型等方面适应项目所在地的气候、地质、水文等自然条件，这就使建设工程项目的实物形态千差万别。再加上不同地区构成投资费用的各种要素的差异，最终导致建设工程项目投资的千差万别。因此，建设工程项目只能通过特殊的程序（编制估算、概算、预算、合同价、结算价及最后确定竣工决算等），就每个项目单独计算其投资。

（4）建设工程项目投资确定依据复杂

建设工程项目投资的确定依据繁多，关系复杂，在不同的建设阶段有不同的确定依据，且互为基础和指导，互相影响。如预算定额是概算定额（指标）编制的基础，概算定额（指标）又是估算指标编制的基础；反过来，估算指标又控制概算定额（指标）的水平，概算定额（指标）又控制预算定额的水平。这些都说明了建设工程项目投资的确定依据复杂的特点。

（5）建设工程项目投资确定层次繁多

凡是按照一个总体设计进行建设的各个单项工程汇集的总体即为一个建设工程项目。在建设工程项目中凡是具有独立的设计文件、竣工后可以独立发挥生产能力或工程效益的工程为单项工程，也可将它理解为具有独立存在意义的完整的工程项目。各单项工程又可分解为各个能独立施工的单位工程。考虑到组成单位工程的各部分是由不同工人用不同工具和材料完成的，又可以把单位工程进一步分解为分部工程。然后还可按照不同的施工方法、构造及规格，把分部工程更细致地分解为分项工程。此外，需分别计算分部分项工程投资、单位工程投资、单项工程投资，最后才能汇总形成建设工程项目投资。可见建设工程项目投资的确定层次繁多。

（6）建设工程项目投资需动态跟踪调整

每个建设工程项目从立项到竣工都有一个较长的建设期，在此期间都会出现一些不可预料的变化因素，对建设工程项目投资产生影响。如工程设计变更，设备、材料、人工价格变化，国家利率、汇率调整，因不可抗力出现或因承包方、发包方原因造成的索赔事件出现等，必然要引起建设工程项目投资的变动。所以，建设工程项目投资在整个建设期内都属于不确定的，需随时进行动态跟踪、调整，直至竣工决算后才能真正确定建设工程项目投资。

【知识拓展】

工程造价，一般是指一项工程预计开支或实际开支的全部固定资产投资费用，在这个意义上工程造价与建设投资的概念是一致的。因此，我们在讨论建设投资时，经常使用工程造价这个概念。需要指出的是，在实际应用中工程造价还有另一种含义，那就是指工程价格，即为建成一项工程，预计或实际在土地市场、设备市场、技术劳务市场以及承包市场等交易活动中所形成的建筑安装工程的价格和建设工程的总价格。

8.1.2 建设工程投资控制原理

建设工程投资控制，是在建设工程存在各种变化的情况下，在投资决策阶段、设计阶段、发包阶段、施工阶段以及竣工阶段，把建设工程投资控制在批准的投资限额以内，采取各种措施、方法，随时纠正发生的偏差，以保证项目投资管理目标的实现，以求在建设工程中能合理使用人力、物力、财力，取得较好的投资效益和社会效益。

1. 投资控制的动态原理

投资控制是项目控制的主要内容之一。投资控制原理如图 8–1 所示。这种控制是动态的，并贯穿于项目建设的始终。

这个流程应每两周或一个月循环进行，上图表达的含义如下：

（1）项目投入，即把人力、物力、财力投入到项目实施中。

（2）在工程进展过程中，必定存在各种各样的干扰，如恶劣天气、设计出图不及时等。

（3）收集实际数据，即对项目进展情况进行评估。

（4）把投资目标的计划值与实际值进行比较。

（5）检查实际值与计划值有无偏差，如果没有偏差，则项目继续进展，继续投入人力、物力和财力等。

（6）如果有偏差，则需要分析产生偏差的原因，采取控制措施。

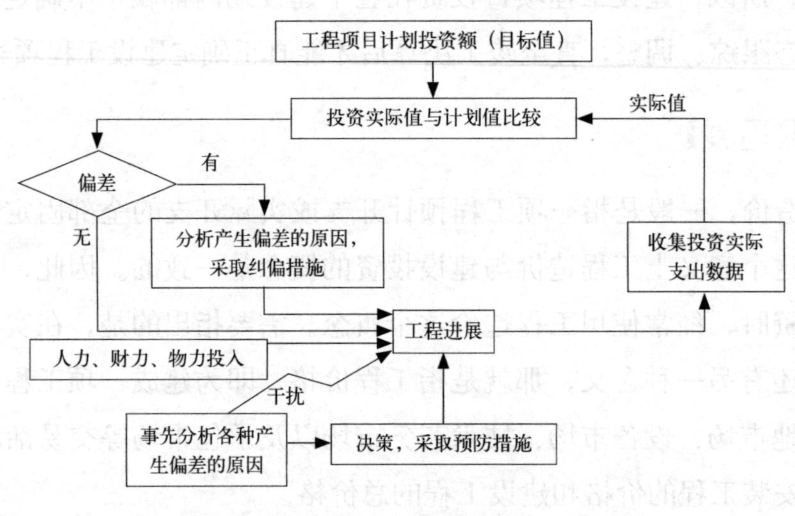

图 8-1　投资控制原理图

在这一动态控制过程中，应着重做好以下几项工作：

（1）对计划目标值的论证和分析。实践证明，由于各种主观和客观因素的制约，项目规划中的计划目标值有可能是难以实现或不尽合理的，需要在项目实施的过程中，或合理调整，或细化和精确化。只有项目目标是正确合理的，项目控制方能有效。

（2）及时对项目进展做出评估，即收集实际数据。没有实际数据的收集，就无法清楚项目的实际进展情况，更不可能判断是否存在偏差。因此，数据的及时、完整和正确是确定偏差的基础。

（3）进行项目计划值与实际值的比较，以判断是否存在偏差。这种比较同样也要求在项目规划阶段就应对数据体系进行统一的设计，以保证比较工作的效率和有效性。

（4）采取控制措施以确保投资控制目标的实现。

2. 投资控制的目标

投资控制是为确保目标的实现而服务的，一个系统若没有目标，就不需要、也无法进行控制。目标的设置应是很严肃的，应有科学的依据。

投资控制的总体目标是将工程建设的实际发生额控制在批准的投资额以内，随时纠正发生的偏差，力求在本工程建设中合理使用人力、物力和财力，取得良好的经济效益和社会效益。具体工作标准是：确保在监理范围内，经监理签认向施工承包商支付的承包价款控制在相关的有效合同文件规定的范围内；经监理核定的承包范围外的增减结算价款数据正确、依据符合规定。

工程项目建设过程是一个周期长、投入大的生产过程，建设者在一定时间内占有的经验知识是有限的，不但常常受到科学条件和技术条件的限制，而且也受到客观过程的发展及其表现程度的限制，因而不可能在工程建设伊始，就设置一个科学的、一成不变的投资控制目标，而只能设置一个大致的投资控制目标，这就是投资估算。随着工程建设实践、认识、再实践、再认识，投资控制目标一步步清晰、准确，这就是设计概算、施工图预算、承包合同价等。也就是说，投资控制目标的设置应是随着工程项目建设实践的不断深入而分阶段设置。具体来讲，投资估算应是建设工程设计方案选择和进行初步设计的投资控制目标；设计概算应是进行技术设计和施工图设计的投资控制目标；施工图预算或建安工程承包合同价则应是施工阶段投资控制的目标。有机联系的各个阶段目标相互制约，相互补充，前者控制后者，后者补充前者，共同组成建设工程投资控制的目标系统。

目标要既有先进性又有实现的可能性，目标水平要能激发执行者的进取心和充分发挥他们的工作能力，挖掘他们的潜力。若目标水平太低，如对建设工程投资高估冒算，则对建造者缺乏激励性，建造者亦没有发挥潜力的余地，目标形同虚设；若水平太高，如在建设工程立项时投资就留有缺口，建造者一再努力也无法达到，则可能产生灰心情绪，使工程投资控制成为一纸空文。

【知识拓展】

投资控制贯穿于项目建设的全过程，这一点是毫无疑义的，但是必须重点突出。影响项目投资最大的阶段，是约占工程项目建设周期四分之一的技术设计结束前的工作阶段。在初步设计阶段，影响项目投资的可能性为75% ~ 95%；在技术设计阶段，影响项目投资的可能性为35% ~ 75%；在施工图设计阶段，影响项目投资的可能性则为 5% ~ 35%。很显然，项目投资控制的重点在于施工以前的投资决策和设计阶段，而在项目做出投资决策后，控制项目投资的关键就在于设计。据西方一些国家分析，设计费一般只相当于建设工程全寿命费用的 1% 以下，但正是这少于 1% 的费用却基本决定了几乎全部随后的费用。由此可见，设计对整个建设工程的效益是何等重要。这里所说的建设工程全寿命费用包括建设投资和工程交付使用后的经常性开支费用（含经营费用、日常维护修理费用、使用期内大修理和局部更新费用）以及该项目使用期满后的报废拆除费用等。

8.1.3　施工阶段投资控制的依据和原则

1. 投资控制的依据

（1）合同文件。合同文件是工程监理和投资控制的基本依据。监理工程师必须正确理解和熟练掌握合同文件，包括来往函文。合同文件是一个有机的整体，它的内容是统一的，并且互相解释和互为补充。监理工程师首先要能正确地理解合同文件，才能正确地解释和应用合同文件，充分发挥合同文件的约束力，有根有据地促使合同当事人严格履行合同规定的相互权利和义务。同时监理工程师必须熟悉合同文件、来往函文、文件的先后次序、修改补充的内容，甚至废除替代的条款都要非常清楚。

（2）国家和地方有关法律、法规、规章制度及政策性文件。对于基本建设领域主要包括《民法通则》《合同法》《招标投标法》《建筑法》以及《建设工程质量管理条例》等行政法规，这些法律法规具有普遍适用性，是调整平等民事主体在民事法律关系中遵循的基本准则，合同当事人及参与方的建设行为必须满足合法性要求。

（3）工程设计图纸、设计说明及设计变更、洽商。

（4）材料、设备、人工等市场价格信息。

（5）《分项、分部工程施工报验表》。

（6）现行技术规范、定额、强制性标准等。

2. 投资控制的原则

（1）应严格执行建设工程施工合同中所约定的合同价、单价，工程量计算规则和工程款支付方法。

(2) 应坚持对报验资料不全、与合同条件的约定不符、未经监理工程师质量验收合格或有违约的工程量不予计量和审核，拒绝该部分工程款的支付。

(3) 处理由于工程变更和违约赔偿引起的费用增减，应坚持合理、公正。

(4) 对有争议的工程量计量和工程款支付，应采取协商的方法确定；在协商无效时，由总监理工程师做出决定。若仍有争议，可执行合同争议调解的基本程序。

(5) 对工程量及工程款的审核应在建设工程施工合同所约定的时限内。

单元 8.2　建设工程投资控制的过程和程序

【单元描述】

投资控制过程可分为事前控制、事中控制和事后控制三个阶段。严格执行监理投资控制程序，并对投资控制进行质量维护。

【学习支持】

8.2.1　施工阶段的投资控制过程

施工阶段的投资控制过程可分为事前控制、事中控制和事后控制三个阶段。

1. 投资事前控制

就是对工程风险进行预测，并采取相应的防范对策，尽量减少施工单位提出过程索赔的可能。包括以下几方面内容：

(1) 研究熟悉设计图纸、设计要求、标底标书，分析合同价构成因素，明确工程费用最易突破的部分和环节，从而明确投资控制的重点。

(2) 按照合同要求，及时提供设计图纸等技术资料，尽量不给施工单位造成索赔条件。

(3) 根据合同规定的条件，协助业主如期提交施工现场，并按期、按质、按量地提供由业主负责的材料、设备到现场，使其能如期开工、正常施工、连续施工，不要违约造成索赔条件。

（4）预测工程在施工过程中可能发生的风险以及可能导致索赔的诱因，制定防范性对策，减少向业主索赔事件的发生。

2. 投资事中控制

投资的事中控制包括以下几方面内容：

（1）监理工程师在施工过程中主动搞好设计、材料、设备、土建、安装及其他外部协调、配合，不要造成对方索赔的条件。

（2）对工程变更、设计修改等情况应事前进行技术经济合理性预分析，慎重处理。

（3）严格执行合同规定，及时答复施工单位提出的问题及配合要求，避免造成违约和对方索赔的条件；及时对已完工程计量进行验方，不要造成未经监理验方认可就承认其完成数量的被动局面；及时支付进度款，避免造成违约被处以罚款的条件。

（4）严格经费签证，凡涉及经济费用支出的停窝工签证、用工签证、使用机械签证、材料代用、材料调价等的签证，项目总监理工程师最后核签后方才有效。

（5）完善价格信息制度，及时掌握国家调价的范围和幅度。

（6）检查、监督施工单位执行合同情况，使其全面履约；定期、不定期地进行工程费用超支分析，并提出控制工程费用突破的方案和措施；定期向总监、业主报告工程投资动态情况。

3. 投资事后控制

投资事后控制包括认真审核施工单位提交的工程结算书，公正地处理施工单位提出的索赔等内容。

8.2.2 投资控制主要程序

1. 根据监理合同确定的投资控制范围，设定投资控制的具体内容，并经建设管理单位确认。

2. 按月审查施工月度作业计划，控制单项、单位工程开竣工日期，提高投资的使用效益。

3. 及时审查有关方提出的承包合同范围外的价款申报；对设计变更和变更设计要进行审核和确认其经济和技术可行性，按“工程进度款结算审核办法”和“设计变更管理办法”执行。

4. 由专业监理工程师负责核实施工申报的已经验收合格的工程量；由负责技经的专业监理工程师负责核定相应结算价款，由总监理工程师负责把关并经签证确认后，转报建设管理单位作为与施工承包商结算工程款的依据。

5. 随时整理、记录各类投资管理台账。

6. 工程完工，项目监理部负责监督责任单位及时整理结算资料，汇总后报送建设管理单位。

8.2.3 投资控制的质量维护

1. 为保证投资控制的质量，项目监理部实行按程序文件规定，定期检查投资控制作业文件的执行情况。公司经营部负责定期复核，并根据需要，协助项目监理部完善投资控制作业程序和作业文件，确保和提高投资控制的工作质量。

2. 经常听取建设管理单位关于投资控制的意见，及时向公司经营部反映并采取措施，提高为建设管理单位服务的水平。

单元 8.3 建设工程投资控制的主要任务与内容

【单元描述】

投资控制是我国建设工程监理的一项主要任务，贯穿于监理工作的各个环节。国外项目咨询机构和我国项目监理机构在建设工程投资控制中的主要工作。

【学习支持】

监理工程师在施工阶段投资控制的主要任务，就是把计划投资额作为项目投资控制的目标值，在工程施工过程中定期地进行投资实际值与目标值的比较，通过比较发现并找出支出额与投资控制目标值之间的偏差，然后分析产生偏差的原因，并采取切实有效的措施加以控制，以保证投资控制目标的实现，使项目的实际投资不超过该项目的计划投资额，同时确保资金的合理使用，使资金和资源得到最有效的利用，以期达到最佳投资效益。

8.3.1 国外项目咨询机构在建设工程投资控制的主要任务

近几十年来，各工业发达国家在工程建设中实行咨询制度已成为通行的惯例，并形成了许多不同的形式和流派，其中影响最大的有两类主体，即项目管理咨询公司（PM）和工料测量师行（QS）。

1. 项目管理咨询公司

项目管理咨询公司是在欧洲大陆和美国广泛实行的建设工程咨询机构，其国际性组织是国际咨询工程师联合会（FIDIC）。该组织 1980 年所制定的 IGRAI－1980PM 文件，是用于咨询工程师与业主之间订立委托咨询的国际通用合同文本。该文本明确指出，咨询工程师的根本任务是：进行项目管理，在业主所要求的进度、质量和投资的限制之内完成项目。其可向业主提供的咨询服务范围包括以下八个方面：项目的经济可行性分析；项目的财务管理；与项目有关的技术转让；项目的资源管理；环境对项目影响的评估；项目建设的工程技术咨询；物资采购与工程发包；施工管理。

其中涉及项目投资控制的具体任务是：项目的投资效益分析（多方案）；初步设计时的投资估算；项目实施时的预算控制；工程合同的签订和实施监控；物资采购；工程量的核实；工时与投资的预测；工时与投资的核实；有关控制措施的制定；发行企业债券；保险审议；其他财务管理等。

2. 工料测量师行

在英联邦国家，负责项目投资控制的通常是工料测量师行。公司开办人称为合伙人，他们是公司的所有者，在法律上代表公司，在经济上自负盈亏，并亲自进行管理。合伙人本身必须是经过英国皇家测量师协会授予称号的工料测量师，如果一个人只拥有资金，而不是工料测量师，则不能当工料测量师行合伙人。

工料测量师行受雇于业主，根据工程规模的大小、难易程度，按总投资 0.5% ~ 3% 收费，同时对项目投资控制负有重大责任。如果项目建设成本最后在缺乏充足正当理由情况下超支较多，业主付不起，则将要求工料测量师行对建设成本超支额及应付银行贷款利息进行赔偿。所以测量师行在接受项目投资控制委托，特别是接受工期较长、难度较大的项目投资控制委托时，都要买专业保险，以防估价失误时对业主进行赔偿而破产。由于工料测量师在工程建设中的主要任务就是对项目投资进行全面系统的控制，因而他们被誉为“工程建设的经济专家”和“工程建设中管理财务的经理”。

8.3.2 我国项目监理机构在建设工程投资控制中的主要工作

投资控制是我国建设工程监理的一项主要任务，贯穿于监理工作的各个环节。根据《建设工程监理规范》GB/T 50319－2013 的规定，工程监理单位要依据法律法规、工程建设标准、勘察设计文件及合同，在施工阶段对建设工程进行造价控制。同时，工程监理单位还应根据建设工程监理合同的约定，在工程勘察、设计、保修等阶段为建设单位提供相关服务工作。以下分别是施工阶段和在相关服务阶段监理机构在投资控制中的主要工作。

在施工阶段，投资控制的主要任务是通过工程付款控制、工程变更费用控制、预防并处理好费用索赔、挖掘节约投资潜力来努力实现实际发生的投资费用不超过计划投资费用。

1. 施工阶段投资控制的主要工作

（1）进行工程计量和付款签证

◆ 专业监理工程师对施工单位在工程款支付报审表中提交的工程量和支付金额进行复核，确定实际完成的工程量，提出到期应支付给施工单位的金额，并提出相应的支持性材料。

◆ 总监理工程师对专业监理工程师的审查意见进行审核，签认后报建设单位审批。

◆ 总监理工程师根据建设单位的审批意见，向施工单位签发工程款支付证书。

（2）对完成工程量进行偏差分析

项目监理机构应建立月完成工程量统计表，对实际完成量与计划完成量进行比较分析，发现偏差的，应提出调整建议，并应在监理月报中向建设单位报告。

(3) 审核竣工结算款

◆ 专业监理工程师审查施工单位提交的竣工结算款支付申请，提出审查意见。

◆ 总监理工程师对专业监理工程师的审查意见进行审核，签认后报建设单位审批，同时抄送施工单位，并就工程竣工结算事宜与建设单位、施工单位协商；达成一致意见的，根据建设单位审批意见向施工单位签发竣工结算款支付证书；不能达成一致意见的，应按施工合同约定处理。

(4) 处理施工单位提出的工程变更费用

◆ 总监理工程师组织专业监理工程师对工程变更费用及工期影响做出评估。

◆ 总监理工程师组织建设单位、施工单位等共同协商确定工程变更费用及工期变化，会签工程变更单。

◆ 项目监理机构可在工程变更实施前与建设单位、施工单位等协商确定工程变更的计价原则、计价方法或价款。

◆ 建设单位与施工单位未能就工程变更费用达成协议时，项目监理机构可提出一个暂定价格并经建设单位同意，作为临时支付工程款的依据。工程变更款项最终结算时，应以建设单位与施工单位达成的协议为依据。

(5) 处理费用索赔

◆ 项目监理机构应及时收集、整理有关工程费用的原始资料，为处理费用索赔提供证据。

◆ 审查费用索赔报审表。需要施工单位进一步提交详细资料时，应在施工合同约定的期限内发出通知。

◆ 与建设单位和施工单位协商一致后，在施工合同约定的期限内签发费用索赔报审表，并报建设单位。

◆ 当施工单位的费用索赔要求与工程延期要求相关联时，项目监理机构可提出费用索赔和工程延期的综合处理意见，并应与建设单位和施工单位协商。

◆ 因施工单位原因造成建设单位损失，建设单位提出索赔时，项目监理机构应与建设单位和施工单位协商处理。

2. 相关服务阶段投资控制的主要工作

（1）工程勘察设计阶段

◆ 协助建设单位编制工程勘察设计任务书和选择工程勘察设计单位，并应协助签订工程勘察设计合同。

◆ 审核勘察单位提交的勘察费用支付申请表，以及签发勘察费用支付证书。

◆ 审核设计单位提交的设计费用支付申请表，以及签认设计费用支付证书。

◆ 审查设计单位提交的设计成果，并应提出评估报告。

◆ 审查设计单位提出的新材料、新工艺、新技术、新设备在相关部门的备案情况。必要时应协助建设单位组织专家评审。

◆ 审查设计单位提出的设计概算、施工图预算，提出审查意见。

◆ 分析可能发生索赔的原因，制定防范对策。

◆ 协助建设单位组织专家对设计成果进行评审。

◆ 根据勘察设计合同，协调处理勘察设计延期、费用索赔等事宜。

（2）工程保修阶段

◆ 对建设单位或使用单位提出的工程质量缺陷，工程监理单位应安排监理人员进行检查和记录，并应要求施工单位予以修复，同时应监督实施，合格后应予以签认。

◆ 工程监理单位应对工程质量缺陷原因进行调查，并应与建设单位、施工单位协商确定责任归属。对非施工单位原因造成的工程质量缺陷，应核实施工单位申报的修复工程费用，并应签认工程款支付证书。

单元 8.4 建设工程投资控制的方法与措施

【单元描述】

投资控制贯穿于工程建设全过程中的各个阶段，在各阶段都有各种不同方法的应用。同时为了有效地控制建设工程投资，应多方面采取措施。

【学习支持】

8.4.1 投资控制的主要方法

投资控制贯穿于工程建设全过程中的各个阶段，在各阶段都有各种不同方法的应用，下面是各阶段投资控制的一些方法。

1. 投资事前控制

投资事前控制，监理机构依据施工合同有关条款、施工图，对工程项目造价对策、目标进行工程风险预测，并采取相应的防范性对策，尽量减少承包单位提出索赔的可能。

（1）熟悉设计图纸、设计要求、标底标书，分析合同价构成因素，明确工程费用最易突破的部分和环节，从而明确投资控制的重点。

（2）预测工程风险及可能发生索赔的诱因，制定防范对策，减少向建设单位索赔的发生。

（3）按合同规定的条件，如期提交施工现场，使其能如期开工、正常施工、连续施工，避免违约造成索赔条件。

（4）按合同要求，如期、如质、如量地供应由建设单位负责的材料、设备到现场，避免违约造成索赔条件。

（5）按合同要求，及时提供设计图纸等技术资料，避免违约造成索赔条件。

2. 投资事中控制

（1）按合同规定，及时答复承包单位提出的问题及配合要求，避免造成违约和对方索赔的条件。

（2）施工中主动搞好设计、材料、设备、土建、安装及其他外部协调、配合，避免造成对方索赔的条件。

（3）监理工程师应从造价、功能要求、质量、工期等方面审查工程变更方案，并宣布工程变更实施前与建设单位、承包单位协商确定工程变更的价款。

（4）严格经费签证。凡涉及费用支出的停窝工签证、用工签证、使用机械签证、材料代用和材料调价等的签证，由项目总监理工程师最后核签后方有效。

(5) 按合同规定，及时对已完工程进行计量。

(6) 监督承包单位按合同规定，及时申报工程量，监理工程师及时审批进度款，避免延误工期违约造成索赔。

(7) 完善价格信息制度，及时掌握国家调价的范围和幅度。

(8) 检查、监督承包单位执行合同情况，使其全面履约。

(9) 每月定期向建设单位报告工程投资动态情况。

(10) 定期、不定期地进行工程费用超支分析，并提出控制工程费用突破的方案和措施。

3. 投资事后控制

在本工程中，当实际进度计划滞后时，将在分析原因的基础上，提出改进的措施建议，力争保证总工期不突破，涉及总工期变更或费用增加时，应与业主协商进度计划的变更或费用补偿问题，进度计划调整后，调整相应的施工、材料、设备和资金供应计划，组织新的平衡和协调。

(1) 审核承包单位提交的工程结算书。

(2) 公正处理承包单位提出的索赔

以上是投资事前控制、事中控制、事后控制常用到的一些方法。根据工程项目各阶段特点，具体而言又可以如下进行理解。

做好可行性研究。建设项目的可行性研究是在投资决策前，运用多学科手段综合论证一个工程项目在技术上是否现实、实用和可靠，在财务上是否盈利；做出环境影响、社会效益和经济效益的分析和评价，及工程抗风险能力等的结论，为投资决策提供科学依据。可行性研究还能为银行贷款、合作者签约、工程设计等提供依据和基础资料，它是决策科学化的必要步骤和手段。

推行限额设计。所谓限额设计，就是要按照批准的设计任务书及投资估算控制初步设计，按照批准的初步设计总概算控制施工图设计。将上阶段设计审定的投资额和工程量先分解到各专业，然后再分解到各单位工程和分部工程。各专业在保证使用功能的前提下，根据限定的额度进行方案筛选和设计，并且严格控制技术设计和施工图设计的不合理变更，以保证总投资不被突破。限额设计控制工程投资可以从两个角度入手，一种是按照限额设计过程从前往后依次进行控制，称为纵向控制；另一种途径是对设计单位及其内部各专业及设计人员进行考核，实行奖惩，进而保证设计质量的一种控制方法，称为横向控制。实践证明，限额设计是促进设计单位改善管理、优化结构、提高设计水平，真正做到用最少的投入取得最大产出的有效途径；它不仅是一个经济问题，更确切地说是一个技术经济问题，它能有效地控制整个项目的工程投资。

选用新型材料。进入21世纪，科学技术发展可谓日新月异，时刻关注新型复合建筑材料在施工的运用，选用新型合理工程材料可直接降低工程的投资，且可降低项目整体维护费用。

招投标也是投资控制的又一重要手段。通过投标竞争，业主择优选择承包商，不仅有利于确保工程质量和缩短工期，更有利于降低工程投资。投资管理人员应根据现行规范、定额和取费标准、施工图纸、现场因素、工期等认真编制标底，并使标底控制在概算或预算内。合理的标底投资是工程质量的保证。高价承包使业主蒙受损失；低于成本价承包造成承包商采购劣质建材、不规范施工、安全没保障、延误工期、施工质量隐患重重，增加工程项目的全寿命后期维修费用。

加强合同管理。施工合同是工程建设的主要合同，是工程建设质量控制、进度控制、投资控制的主要依据。在市场经济条件下，建设市场主体之间相互的权利义务关系主要是通过合同确立的，因此加强对施工合同的管理具有十分重要的意义。在施工合同中，由工程师对工程施工进行管理。施工合同中的工程师是指监理单位委派的总监理工程师或发包人指定的履行合同的负责人，其具体身份和职责由双方在合同中约定。由于工程合同周期长，工程量大，工程变更、干扰事件多，合同管理是工程项目全过程投资控制的核心和提高管理水平、经济效益的关键。所以，工程师应充分理解和熟悉合同条款，加强合同管理，避免施工单位索赔的发生，必要时抓住反索赔的机会，以减少自己的损失，降低工程投资。

发挥审计监督作用，重视建设项目全过程审计。工程项目审计是工程投资控制最有力的一环。所谓工程项目审计，是指项目投资经济活动开始至项目竣工验收前，审计机构对与工程建设项目有关的财务收支真实、合法、效益进行的审计监督。它具有独立性和客观性的特征。工程项目的审计不仅要重视被审项目的事后审计（竣工审计），更要重视事前和事中审计，即必须对工程项目整个施工生产活动的全过程进行审计。因为在施工过程中信息不对称现象经常发生，材料的消耗、质量的真实性及工程量的确认受到影响。

8.4.2 投资控制的措施

为了有效地控制建设工程投资，应从组织、技术、经济、合同与信息管理等多方面采取措施。从组织上采取措施，包括明确项目组织结构，明确投资控制者及其任务，以使投资控制有专人负责，明确管理职能分工；从技术上采取措施，包括重视设计多方案选择，严格审查监督初步设计、技术设计、施工图设计、施工组织设计，深入技术领域研究节约投资的可能性；从经济上采取措施，包括动态地比较投资的实际值和计划值，严格审核各项费用支出，采取节约投资的奖励措施等。

应该看到，技术与经济相结合是控制投资最有效的手段。长期以来，在我国工程建设领域，技术与经济相分离。许多国外专家指出，中国工程技术人员的技术水平、工作能力、知识面，跟外国同行相比，几乎不分上下，但他们缺乏经济观念。国外的技术人员时刻考虑如何降低工程投资，但有些中国技术人员则把它看成与己无关的财会人员的职责。而财会、概预算人员的主要责任是根据财务制度办事，他们往往不熟悉工程知识，也较少了解工程进展中的各种关系和问题，往往单纯地从财务制度角度审核费用开支，难以有效地控制工程投资。为此，当前迫切需要解决的是以提高项目投资效益为目的，在工程建设过程中把技术与经济有机结合，要通过技术比较、经济分析和效果评价，正确处理技术先进与经济合理两者之间的对立统一关系，力求在技术先进条件下的经济合理，在经济合理基础上的技术先进，把控制工程项目投资观念渗透到各阶段中。

由于建设工程的投资主要发生在施工阶段，在这一阶段需要投入大量的人力、物力、财力等，是工程项目建设费用消耗最多的时期，浪费投资的可能性比较大。因此，监理单位应督促承包单位精心地组织施工，挖掘各方面潜力，节约资源消耗，仍可以收到节约投资的明显效果。参建各方对施工阶段的投资控制应给予足够的重视，仅仅靠控制工程款的支付是不够的，应从组织、经济、技术、合同等多方面采取措施，控制投资。

项目监理机构在施工阶段投资控制的具体措施如下：

1. 组织措施

（1）在项目监理机构中落实从投资控制角度进行施工跟踪的人员、任务分工和职能分工。完善职责分工及有关制度，落实责任。

（2）编制本阶段投资控制工作计划和详细的工作流程图。

（3）在总结类似工程监理的基础上组织强有力的监理班子，包括施工、材料选用、设备选型方面的监理工程师，有足够的力量编制合理可行的进度计划控制网络，各分部工程指定专门的进度控制员负责各方面的进度落实。

（4）做好建设单位的参谋，及时提醒建设单位开展工作。

（5）核查承建单位管理班子的构成，确保足够的施工管理力量，落实进度保证体系。

（6）定期和不定期地召开有关协调会，协调各方面的进度。

（7）妥善处理和核批承建单位的工期索赔。

（8）协助总承包单位对施工场地实行严格的平面管理。

（9）定期向建设单位汇报进度情况，及拟采取的措施和建议。

2. 经济措施

（1）编制资金使用计划，确定、分解投资控制目标。对工程项目造价目标进行风险分析，并制定防范性对策。

（2）进行工程计量。

（3）复核工程付款账单，签发付款证书。

（4）在施工过程中进行投资跟踪控制，定期进行投资实际支出值与计划目标值的比较；发现偏差，分析产生偏差的原因，采取纠偏措施。及时进行计划施工费用与实际施工费用的比较和分析。

- 协助建设单位及时落实资金，及时审核签认工程款支付凭证。
- 核查工程款的投向，确保专款专用。
- 严格实行设计和施工进度目标奖罚制。

（5）协商确定工程变更的价款。审核竣工结算。

（6）对工程施工过程中的投资支出做好分析与预测，经常或定期向建设单位提交项目投资控制及其存在问题的报告。

3. 技术措施

（1）对设计变更进行技术经济比较，严格控制设计变更。

（2）继续寻找通过设计挖潜节约投资的可能性。

（3）审核施工组织设计和各种方案，对主要施工方案进行技术经济分析，建议业主方合理的支出费用。要求施工单位按合理的工期组织施工，避免不必要的赶工费。

◆ 结合施工组织设计审查设计方案，并对方案进行优化，使其更有利于加快施工进度。

◆ 协助建设单位提前做好三通一平等进场前的准备工作。

◆ 提前确定测量放线方案，预先建立施工平面控制网和高程控制网。

◆ 及时落实材料、设备使用情况，特别是进口材料和设备的运输、报关、验收等，并将可能出现的困难提前排除。

◆ 制定形象进度计划，将实际进度与其对比，进行动态管理，及时进行调整，对新技术、新方案提前落实、参观学习。

◆ 分施工段作业，监理积极配合，分段验收，全天候监理。制定出特殊条件下的施工安全技术措施，比如：抗雨施工、夜间施工及其他赶工措施。

◆ 检查工程进度，落实周计划、月计划、季计划。

◆ 及时组织验收。

4. 合同措施

（1）做好工程施工记录，保存各种文件图纸，特别是注有实际施工变更情况的图纸，注意积累素材，为正确处理可能发生的索赔提供依据。参与处理索赔事宜。

（2）参与合同修改、补充工作，着重考虑它对投资控制的影响。

（3）建议业主方按合同条款支付工程费，防止过早、过量的支付。要求各方全面履行合同的约定，要减少造成不必要的施工方提出索赔的条件和机会，要正确处理索赔等。

（4）制定合同条款时，要有明确的保证进度条款。

（5）检查各方履行合同的情况，当不按合同规定工期完成任务时，按合同条款及时给予处罚。

(6) 对经过实践检验没有能力完成任务的施工单位班组、管理人员、施工单位，建议及时更换。

单元 8.5 建设工程承包合同及其控制

【单元描述】

建设工程承包合同的计价方式一般可分为总价合同、单价合同和成本加酬金合同。施工图预算、招标标底和投标报价的编制可以采用工料单价法和综合单价法两种计价方法。施工图预算审查的重点是工程量计算是否准确，定额套用、各项取费标准是否符合现行规定或单价计算是否合理等方面。

【学习支持】

8.5.1 建设工程承包合同价

1. 建设工程承包合同价的分类

《建设工程施工发包与承包计价管理办法》规定，合同价可采用固定价、可调价和成本加酬金三种方式。建设工程承包合同的计价方式按国际通行做法，一般可分为总价合同、单价合同和成本加酬金合同。

总价合同是指支付给承包方的工程款项在承包合同中是一个规定的金额，即总价。

单价合同是指承包方按发包方提供的工程量清单内的分部分项工程内容填报单价，并据此签订承包合同，而实际总价则是按实际完成的工程量与合同单价计算确定。合同履行过程中无特殊情况，一般情况不得变更单价。

15. 工程价款的结算

固定价是指合同总价或者单价，在合同约定的风险范围内不可调整，即在合同的实施期内不因资源、价格等因素的变化而调整的价格。

可调价，是指合同总价或者单价，在合同实施期内根据合同约定的办法调整，即在合同的实施过程中可以按照约定，随资源价格等因素的变化而调整的价格。

成本加酬金是将工程项目的实际投资划分成直接成本和承包方完成工作后应得酬金两部分。工程实施过程中发生的直接成本由发包方实报实销，再按合同约定的方式另外支付给承包方相应报酬。

2. 合同价适用条件

（1）固定价

它分为固定总价和固定单价。适用条件一般为：

◆ 招标时的设计深度已达到施工图设计要求。工程设计图纸完整齐全。项目范围及工程量计算依据确切，合同履行过程中不会出现较大的设计变更。承包方依据的报价工程量与实际完成的工程量不会有较大的差异。

◆ 规模较小、技术不太复杂的中小型工程，承包方一般在报价时可以合理地预见实施过程中可能遇到的各种风险。

◆ 合同工期较短：一般为一年期之内的工程。

固定单价又分为估算工程量单价和纯单价。

估算工程量单价：适用于工期长、技术复杂、实施过程中可能会发生各种不可预见因素较多的建设工程；或发包方为了缩短项目建设周期，在施工图不完整或当准备招标的工程项目内容、技术经济指标尚不能明确、具体予以规定时，往往要采用这种合同形式。

纯单价：采用这种形式的合同时，发包方在招标文件中仅给出工程的各个分部分项工程一览表、工程范围和必要的说明，而不必提供实物工程量。承包方在投标时只需要对这类给定范围的分部分项工程作出报价即可，合同实施过程中按实际完成的工程量进行结算。主要适用于没有施工图、工程量不明确却急需开工的紧迫工程。

（2）可调价

可调价又分为可调总价和可调单价。

◆ 可调总价：适用于工程内容和技术经济指标规定很明确的项目，由于合同中列明调值条款，所以工期在一年以上的工程项目较适于采用这种合同形式。

◆ 可调单价：在合同中签订的单价，根据合同约定的条款，如在工程实施过程中物价发生变化等，可作调值。适用于某些分部分项工程的单价不确定性因素较多的工程。

(3) 成本加酬金

主要适用于工程内容及其技术经济指标尚未全面确定，投标报价的依据尚不充分的情况下，发包方因工期要求紧迫必须发包的工程；或者发包方与承包方之间有着高度的信任，承包方在某些方面具有独特的技术、特长和经验。

8.5.2 建设工程投标计价方法

《建筑工程施工发包与承包计价管理办法》（中华人民共和国建设部令第107号）第五条规定：施工图预算、招标标底和投标报价由成本、利润和税金构成，其编制可以采用工料单价法和综合单价法两种计价方法。

1. 工料单价法

工料单价法采用的分部分项工程量的单价为直接费单价。直接费以人工、材料、机械的消耗量及其相应价格确定。其他直接费、现场经费、间接费、利润、税金按照有关规定另行计算。

工料单价法根据其所含价格和费用标准的不同，又可分为以下两种计算方法：

(1) 按现行定额的人工、材料、机械的消耗量及其预算价格确定直接费、其他直接费、现场经费、间接费、利润（酬金）、税金等，即按现行定额费用标准计算。

(2) 按工程量计算规则和基础定额确定直接成本中的人工、材料、机械消耗量，再按市场价格计算直接费，然后接市场行情计算其他直接费、现场经费、间接费、利润、税金。

2. 综合单价法

工程量清单的单价，即分部分项工程量的单价为全费用单价，它综合了直接工程费、间接费、利润、税金等的一切费用。全费用单价综合计算完成单位分部分项工程所发生的所有费用，包括直接工程费、间接费、利润和税金等。工程量乘以综合单价就直接得到分部分项工程的造价费用，再将各个分部分项工程的造价费用加以汇总，就直接得到整个工程的总建造费用，即工程标底价格。

综合单价法按其所包含项目工作内容及工程计量方法的不同，又可分为以下三种表达形式：

(1) 参照现行预算定额（或基础定额）对应子目所约定的工作内容、计算规则进行报价。

(2) 按招标文件约定的工程量计算规则，以及按技术规范规定的每一分部分项工程所包括的工作内容进行报价。

(3) 由投标者依据招标图纸、技术规范，按其计价习惯自主报价，即工程量的计算方法、投标价的确定，均由投标者根据自身情况决定。

一般情况下，综合单价法比工料单价法能更好地控制工程价格，使工程价格接近市场行情，有利于竞争，同时也有利于降低建设工程投资。

8.5.3 施工图预算审查

施工图预算审查的重点是工程量计算是否准确，定额套用、各项取费标准是否符合现行规定或单价计算是否合理等方面。审查的具体内容如下：

1. 审查工程量

是否按照规定的工程量计算规则计算工程量，编制预算时是否考虑到了施工方案对工程量的影响，定额中要求扣除项或合并项是否按规定执行，工程计量单位的设定是否与要求的计量单位一致。

2. 审查单价

套用预算单价时，各分部分项工程的名称、规格、计量单位和所包括的工程内容是否与定额一致。有单价换算时，换算的分项工程是否符合定额规定及换算是否正确。

采用实物法编制预算时，资源单价是否反映了市场供需状况和市场趋势。

3. 审查其他的有关费用

采用预算单价法计算造价时，审查的主要内容有：是否按本项目的性质计取费用，有无高套取费标准；间接费的计取基础是否符合规定；利润和税金的计取基础和费率是否符合规定，有无多算或重算。

单元 8.6　施工阶段的投资控制

【单元描述】

监理工程师在施工阶段进行投资控制，是把计划投资额作为投资控制的目标值，在施工过程中定期地进行投资实际值与目标值的比较，通过比较发现并找出实际支出额与投资控制目标值之间的偏差，分析产生偏差的原因，并采取有效措施加以控制，以保证投资控制目标的实现。专业监理工程师应及时建立月完成工程量和工作量统计表，正确处理工程变更和工程索赔。

【学习支持】

8.6.1　施工阶段投资控制的措施

众所周知，建设工程的投资主要发生在施工阶段，在这一阶段需要投入大量的人力、物力、资金等，是工程项目建设费用消耗最多的时期，浪费投资的可能性比较大。因此，精心地组织施工，挖掘各方面潜力，节约资源消耗，仍可以收到节约投资的明显效果。对施工阶段的投资控制应给予足够的重视，仅仅靠控制工程款的支付是不够的，应从组织、经济、技术、合同等多方面采取措施来控制投资。

1. 组织措施

（1）在项目管理班子中落实从投资控制角度进行施工跟踪的人员、任务分工和职能分工。

（2）编制本阶段投资控制工作计划和详细的工作流程图。

2. 经济措施

（1）编制资金使用计划，确定、分解投资控制目标。对工程项目造价目标进行风险分析，并制定防范性对策。

(2) 进行工程计量。

(3) 复核工程付款账单，签发付款证书。

(4) 在施工过程中进行投资跟踪控制，定期进行投资实际支出值与计划目标值的比较；发现偏差，分析产生偏差的原因，采取纠偏措施。

(5) 协商确定工程变更的价款，审核竣工结算。

(6) 对工程施工过程中的投资支出作好分析与预测，经常或定期向建设单位提交项目投资控制及其存在问题的报告。

3. 技术措施

(1) 对设计变更进行技术经济比较，严格控制设计变更。

(2) 继续寻找通过设计挖掘节约投资的可能性。

(3) 审核承包商编制的施工组织设计，对主要施工方案进行技术经济分析。

4. 合同措施

(1) 做好工程施工记录，保存各种文件图纸，特别是注有实际施工变更情况的图纸，注意积累素材，为正确处理可能发生的索赔提供依据，参与处理索赔事宜。

(2) 参与合同修改、补充工作，着重考虑它对投资控制的影响。

8.6.2 施工阶段投资控制的主要内容

1. 编制资金使用计划

监理工程师根据施工进度计划和工程预算，制订出资金使用计划，合理地确定建设项目投资控制目标值，包括建设项目的总目标值、分目标值、各细目标值。施工阶段，以投资控制目标为依据，对项目投资实际支出值与目标值比较，找出偏差，使投资控制更具针对性，编制资金使用计划的方式有两种。

(1) 按子项编制资金使用计划。建设项目可层层分解为若干单项工程、单位工程及分部分项工程。按分解的子项对资金的使用进行合理分配时，必须先对工程项目进行划分，划分的粗细程度根据实际情况而定。

(2) 按时间进度编制的资金使用计划。建设项目投资是分阶段支出的，资金使用是否合理与资金时间安排有密切关系。为了编制资金使用计划，并据此筹措资金，尽可能减少资金占用和利息支付，有必要将总投资目标按使用时间进行分解，确定分目标值。

编制按时间进度的资金使用计划时，要求在拟定工程项目的执行计划中，一方面确定完成某项工作所耗的时间，另一方面确定完成这一项工作合适的支出预算。将网络计划与资金两者结合，形成资金使用计划。利用确定的网络计划便可计算各项工作的最早及最迟开工时间，可编制按时间进度划分的投资累计曲线。

2. 工程计量

工程计量要按照工程承包文件的规定以及监理机构批准的方法、范围、内容和单位进行计量。对施工单位不符合工程承包合同文件要求，未经工程质量检验合格或未按设计要求完成的工程与工作不予计算；工程计量要严格执行“质量达到合同标准的已完工程才予以计量”的原则，对质量验收不合格或未达到验收条件的工程坚决不予以计量；对于施工单位未经批准，超出设计图纸要求增加的工程量和自身原因造成返工的工程量，均不予计量。

工程施工过程中，工程计量属于中间支付计量，监理工程师可以按工程承建合同文件规定，在事后对已经通过审查和批准的工程计量，再次进行审核、修正和调整，并为此发布修正与调整工程计量的签证。

通常月完成工程量计量程序如下：

（1）承包单位根据当月实际完成工程量编报《月完成工程量统计报表》，并同时编报《月完成工程量报审表》报项目监理机构。

（2）项目监理机构对承包单位所报月完成工程量进行审查。审查原则是：

◆ 所报工程量已经过监理工程师签认，并且对所填报的《工程报验申请表（A4)》经现场验收质量合格；

◆ 所报工程量与现场形象进度基本符合。

（3）项目监理机构的各专业监理工程师按现场与实际完成核查工程量，必要时要求承包单位派人员参加，共同进行，核算工程量时必须符合概算定额的有关规定或合同的约定。

（4）项目监理机构的造价控制监理工程师将工程量核查有差异项目计入

承包单位编报的《月完成工程量报审表》并签发。

（5）承包单位对有差异项目如意见不一致，可进行协商确定，协商不成，总监理工程师有权决定。

（6）承包单位按造价控制监理工程师审批的工程量作为申报月工程进度款的依据。

3. 严格控制设计变更及工程索赔

施工过程中发生设计变更通常会引起投资的增加，监理工程师为了控制投资在预定的目标值内，一定要严格控制和审查设计变更，保证总投资额不被突破。工程变更可能来自很多方面，包括建设单位的原因、设计单位的原因、监理单位的原因等情况。不论哪一方造成的工程变更，均应由监理工程师签发工程变更指令。防止承包商为了追求利润而搞工程变更，变相增加工程造价。工程变更只有规范操作，事先把关，主动控制，其投资才能得到有效控制。

监理工程师对必须变更的项目要严格按照变更程序进行控制：首先要由变更单位提出工程变更申请，说明变更的原因和依据，设计变更要由监理工程师进行审查，并报请建设单位同意后，监理工程师才能发出设计变更通知或指令。

合同价款的变更，在一定的时间内由施工单位提出变更价格，报监理工程师批准后调整合同价款和竣工日期。监理工程师必须依据工程变更内容，认真核查工程量清单和估算工程变更价格，进行技术经济分析比较，检查每个子项单价、数量和金额的变化情况。按照承包合同中工程变更价格的条款确定变更价格，计算该项工程变更对总投资额的影响。监理工程师审核施工单位所提出的变更价款是否合理时，应注意以下几点：①合同中已有适用于变更工程的价格，按合同已有的价格变更合同价款；②合同中只有类似于变更工程的价格，可以参照类似工程的价格变更合同价款；③合同中没有适用或类似于变更工程的价格，由施工单位提出适当的变更价格，与监理工程师及业主进行协商后，并经监理工程师确认后执行。实际工作中，可以采用合同中工程量清单的单价和价格来确定变更价款，也可通过协商来确定单价和价格。

4. 工程款的中间支付

对按设计图纸及其技术要求完成的、并按合同规定应给予计量支付的工程项目，经检验合格以后，根据工程承包合同文件及其技术条件、国家及有关部门颁布的工程费用管理规程和规定，监理工程师对其进行计量和办理合同支付。

施工阶段，施工单位应严格按合同条件规定的程序或格式要求，向监理工程师递交工程款支付申请报告或报表。监理工程师应严格按工程承包合同文件规定，及时办理工程价款支付审查与签证。同时监理工程师应对呈报单位工程款的使用进行监督，确保业主支付的工程款用于合同工程。工程款的支付一般按月进行，监理工程师对施工单位提出的工程款合同支付申报进行审查，必须符合以下条件：①属于监理范围，工程承包合同规定必须进行结算的；②当月完成或当月以前完成，尚未进行支付结算的；③有相应开工指令，施工质量检验合格证和分项、分部工程（或工序）质量评定表（属于某单位工程最后一个分部工程的，还必须同时具备该分部工程、单位工程质量评定表）等完整的监理认证文件；④监理工程师确认签证的合同索赔支付。

监理工程师对施工单位递交的工程款支付申请进行审核，根据具体情况可以提出以下几种签证意见：①全部或部分申报工程量准予结算；②全部或部分申报工程量暂缓结算；③全部或部分申报工程量不予结算。对于暂缓结算或不予结算的工程量，在接到监理工程师审签意见后的7天内，施工单位项目经理可以书面提请总监理工程师重新予以确认，也可在下次支付申请中再次申报。

8.6.3 工程计量

工程计量仅计算报验资料齐全、项目监理机构签认合格的工程量、工作量。工程计量必须依据施工图纸和总监签认的工程变更单，对于超出设计图纸范围和因施工原因造成返工的工程量不得计量；对于监理机构未认可的工程变更和未认可合格的工程也不得计量。

专业监理工程师应及时建立月完成工程量和工作量统计表。对实际完成量与计划完成量进行比较分析，制定调整措施，并在监理月报中向建设单位报告，以便建设单位建设资金的筹措和合理调度。

工程计量和工程款支付工作程序如下：

(1) 承包单位应在施工合同专用条款中约定进度款支付时间（专用条款没有约定的，支付期间以月为单位）结束后的 7 天内向造价工程师发出《工程款支付申请表》，附有承包单位代表签署的已完工程款额报告、工程款计算书及有关资料，申请开具工程款支付证书。详细说明此支付期间自己认为有权获得的款额，内容包括：已完工程的价款，已实际支付的工程价款，本期间完成工程价款，零星工作项目价款，本期间应支付的安全防护、文明施工措施费，应支付的价款调整费用及各种应扣款项，本期间应支付的工程价款。并抄送建设单位和监理工程师各一份。

(2) 造价工程师对《工程款支付申请表》及所附资料进行审核、现场计量；当进行现场计量时，应在计量前 24 小时通知承包单位，承包单位应为计量提供便利条件并派人参加。承包单位收到通知后不派人参加计量，应视为认可计量结果。造价工程师不按约定时间通知承包单位，致使承包单位未能派人参加计量，计量结果无效。

(3) 造价工程师应在收到报告后的 14 天内核实工程量，并将核实结果通知承包单位、抄报建设单位，作为工程计价和工程款支付的依据。造价工程师在收到报告后的 14 天内，未进行计量或未向承包单位通知计量结果的，从第 15 天起，承包单位报告中开列的工程量即视为被确认，作为工程计价和工程款支付的依据。

(4) 如果承包单位认为造价工程师的计量结果有误，应在收到计量结果通知后的 7 天内向造价工程师提出书面意见，并附上其认为正确的计量结果和详细的计算过程等资料。造价工程师收到书面意见后，应立即会同承包单位对计量结果进行复核，并在签发支付证书前确定计量结果，同时通知承包单位、抄报建设单位。承包单位对复核计量结果仍有异议或建设单位对计量结果有异议的，按照合同争议规定处理。

(5) 总监理工程师（造价工程师）在收到报告后的 28 天内报建设单位确认后向建设单位发出期中支付证书，同时抄送承包单位。如果该支付期间应支付金额少于专用条款约定的期中支付证书的最低限额时，则不必按本款开具任何支付证书，但应通知建设单位和承包单位。上述款额转期结算，直到累计应支付的款额达到专用条款约定的期中支付证书的最低限额为止。如果总监（造价工程师）在规定的期限内签发期中支付证书，也未按规定通知建设单位和承包单位来达到最低限额的，则应视为承包单位的支付申请已被认可，承包单位可向建设单位发出要求付款的通知。建设单位应在收到通知后的 14 天内，按承包单位申请支付的金额支付进度款。

（6）建设单位应在造价工程师签发期中支付证书后的 14 天内，按期中支付证书向承包单位支付进度款，并通知总监、造价工程师。

（7）造价工程师有权在期中支付证书中修正以前签发的任何支付证书。如果合同工程或其任何部分证明没有达到质量要求，造价工程师有权在任何期中支付证书中扣除该项价款。

8.6.4 工程变更

1. 工程变更的概念

《建筑工程工程量清单计价规范》GB 50500－2013 中，工程变更是指合同工程实施过程中由发包人提出或由承包人提出经发包人批准的合同工程任何一项工作的增、减、取消或施工工艺、顺序、时间的改变；设计图纸的修改；施工条件的改变；招标工程量清单的错、漏从而引起合同条件的改变或工程量的增减变化。

工程变更主要有以下几种情况：施工条件变更、工程内容变更或停工、延长工期或者缩短工期、物价变动、天灾或其他不可抗拒因素。

当工程变更超过合同规定的限度时，常常会对项目的施工成本产生很大的影响。如不进行相应的处理，就会影响企业在该项目上的经济效益。工程变更处理就是要明确各方的责任和经济负担。

2. 项目监理机构处理工程变更的程序

（1）设计单位对原设计存在缺陷提出的工程变更，应编制设计变更文件。建设单位或承包单位提出的工程变更，应提交总监理工程师。由总监理工程师组织专业监理工程师审查。审查同意后，应由建设单位转交原设计单位编制设计变更文件。当工程变更涉及安全、环保等内容时，还应该按规定经有关部门审定。

(2) 项目监理机构应了解实际情况并收集与工程变更有关的资料。

(3) 总监理工程师必须根据实际情况、设计变更文件和其他有关资料，按照施工合同的有关条款，在指定专业监理工程师完成下列工作后，对工程变更的费用和工期作出评估。

◆ 确定工程变更项目与原工程项目之间的类似程度和难易程度；

◆ 确定工程变更项目的工程量；

◆ 确定工程变更的单价或总价。

(4) 总监理工程师应就工程变更费用、工期的评估情况与承包单位和建设单位进行协调。

(5) 总监理工程师签发工程变更单。

(6) 项目监理机构应根据工程变更单监督承包单位实施。

3. 项目监理机构处理工程变更的要求

(1) 项目监理机构在工程变更的质量、费用和工期方面取得建设单位授权后，总监理工程师应按施工合同规定与承包单位进行协商，经协商达成一致后。总监理工程师应将协商结果向建设单位通报，并由建设单位与承包单位在变更文件上签字。

(2) 在项目监理机构未能就工程变更的质量、费用和工期方面取得建设单位授权时，总监理工程师应协助建设单位和承包单位进行协商，并达成一致。

(3) 在建设单位和承包单位未能就工程变更的费用等方面达成协议时，项目监理机构应提出一个暂定的价格，作为临时支付工程进度款的依据。该项工程款最终结算时，应以建设单位和承包单位达成的协议为依据。

此外，在总监理工程师签发工程变更单前，承包单位不得实施工程变更。未经总监理工程师审查同意而实施的工程变更，项目监理机构不得予以计量。

4. 工程变更价款的确定

(1) 因工程变更引起已标价工程量清单项目或其工程数量发生变化时，应按照下列规定调整：

◆ 已标价工程量清单中有适用于变更工程项目，应采用该项目的单价；但当工程变更导致该清单项目的工程数量发生变化，且工程量偏差超过

15% 时，该项目单价应按照《建筑工程工程量清单计价规范》GB 50500－2013 第 9.6.2 条的规定调整。

◆ 已标价工程量清单中没有适用但有类似于变更工程项目的，可在合理范围内参照类似项目的单价。

◆ 已标价工程量清单中没有适用也没有类似于变更工程项目的，应由承包人根据变更工程资料、计量规则和计价办法、工程造价管理机构发布的信息价格和承包人报价浮动率提出变更工程项目的价格，并报发包人确认后调整。承包人报价浮动率可按下列各式计算：

招标工程：承包人报价浮动率 L=（1－中标价 / 招标控制价）×100%

非招标工程：承包人报价浮动率 L=（1－报价 / 施工图预算）×100%

◆ 已标价工程量清单中没有适用也没有类似于变更工程项目的，且工程造价管理机构发布的信息价格缺价的，应由承包人根据变更工程资料、计量规则和计价办法和通过市场调查等取得有合法依据的市场价格提出变更工程项目的单价，并应报发包人确认后调整。

（2）工程变更引起施工方案改变并使措施项目发生变化时，承包人提出调整措施项目费用的，应事先将拟实施的方案提交发包人确认，并应详细说明与原方案措施项目相比的变化情况。拟实施的方案经发承包双方确认后执行，并应按照下列规定调整措施项目费：

◆ 安全文明施工费应按照实际发生变化的措施项目依据《建筑工程工程量清单计价规范》GB 50500－2013 第 3.1.5 条的规定计算。

◆ 采用单价计算的措施项目费，应按照实际发生变化的措施项目，按《建筑工程工程量清单计价规范》GB 50500－2013 第 9.3.1 条的规定确定单价。

◆ 按总价（或系数）计算的措施项目费，按照实际发生变化的措施项目调整，但应考虑承包人报价浮动因素，即调整金额按照实际调整金额乘以《建筑工程工程量清单计价规范》GB 50500－2013 第 9.3.1 条规定的承包人报价浮动率计算。如果承包人未事先将拟实施的方案提交给发包人确认，则应视为工程变更不引起措施项目费的调整或承包人放弃调整措施项目费的权利。

（3）工程量偏差

◆ 合同履约期间，当应予计算的实际工程量与招标工程量清单出现偏差，且符合《建筑工程工程量清单计价规范》GB 50500－2013 第 9.6.2 条、第 9.6.3 条的规定时，发承包双方应调整合同价款。

◆ 对于任一招标工程量清单项目，当因规定的工程量偏差和《建筑工程工程量清单计价规范》GB 50500－2013 第 9.3 节规定的工程变更等原因导致工程量偏差超过 15% 时，可进行调整。当工程量增加 15% 以上时，增加部分的工程量的综合单价应予调低；当工程量减少 15% 以上时，减少后剩余部分的工程量的综合单价应予调高。

◆ 当工程量出现《建筑工程工程量清单计价规范》GB 50500－2013 第 9.6.2 条的变化，且该变化引起相关措施项目相应发生变化时，按系数或单一总价计价的，工程量增加的措施项目费调增，工程量减少的措施项目费调减。

8.6.5 索赔控制

1. 索赔概念

索赔是工程承包合同履行中，当事人一方因对方不履行或不完全履行既定的义务，或者由于对方的行为使权利人受到损失时，要求对方补偿损失的权利。索赔是工程承包中经常发生并随处可见的正常现象。由于施工现场条件、气候条件的变化，施工进度的变化，以及合同条款、规范、标准文件和施工图纸的变更、差异、延误等因素的影响，使得工程承包中不可避免地出现索赔，进而导致项目的投资发生变化。因此，索赔的控制将是建设工程施工阶段投资控制的重要手段。承包商可以向业主进行索赔，业主也可以向承包商进行索赔（一般称反索赔）。

2. 索赔的处理

（1）项目监理机构审核费用索赔的依据

◆ 国家有关的法律，法规和省、市有关地方法规。

◆ 本工程的施工合同文本。

◆ 国家、部门和地方有关的标准、规范和定额。

◆ 施工合同履行过程中与索赔事件有关的凭证。

（2）由于建设单位未能按合同约定履行自己的各项义务或发生错误以及应由建设单位承担责任的其他情况，造成工期延误及施工单位经济损失的，施工单位可向建设单位提出索赔。施工单位未能按合同约定履行自己的各项义务或发生错误，给建设单位造成经济损失的，建设单位也可向施工单位提出索赔。

（3）项目监理机构收到《费用索赔报审表》及有关索赔证明材料后，应审查其索赔理由，同时满足下列条件时才予以受理：

◆ 索赔事件给本单位造成了直接经济损失。

◆ 索赔事件是由对方的责任发生或应由对方承担的责任。

◆ 按施工合同规定的期限和程序提出费用索赔申请表，并附有索赔凭证材料（事件发生后28天内提交申请表及有关材料。若事件持续进行时，应阶段性向监理机构发出索赔意见。事件终了28天内提交索赔申请表及有关材料）。

（4）确定受理的索赔申请表，总监应指定专业监理工程师，根据申报凭证材料、监理机构掌握的事实情况对索赔事件的经济损失、工程延期进行计算，以核实申请表中的计算方法、结果是否有误。

（5）总监综合各种因素，初步确定一个额度，然后与施工单位、建设单位进行协商。

（6）从项目监理机构收到索赔申请表之日起，28天内总监要签发《费用索赔报审表》，送达施工单位和建设单位。

8.6.6 工程价款的结算

1. 工程价款的主要结算方式

按现行规定，工程价款结算可以根据不同情况采取多种方式。

（1）按月结算

即先预付工程备料款，在施工过程中按月结算工程进度款，竣工后进行竣工结算。我国现行建筑安装工程价款结算中，相当一部分是实行这种按月结算方式。

16. 建设工程承包合同价

（2）竣工后一次结算

建设项目或单项工程全部建筑安装工程建设期在12个月以内，或者工程承包合同价值在100万元以下的，可以实行工程价款每月月中预支，竣工后一次结算。

（3）分段结算

即当年开工，当年不能竣工的单项工程或单位工程按照工程形象进度，划分不同阶段进行结算。分段结算可以按月预支工程款。

实行竣工后一次结算和分段结算的工程，当年结算的工程款应与分年度的工作量一致，年终不另清算。

（4）结算双方约定的其他结算方式

2. 工程预付款

工程预付款是建设工程施工合同订立后由发包人按照合同约定，在正式开工前预先支付给承包人的工程款。它是施工准备和所需要材料、结构构件等流动资金的主要来源。国内习惯上称为预付备料款。工程款预付的具体事宜由发、承包双方根据建设行政主管部门的规定，结合工程款、建设工期和包工包料情况在合同中约定。《建设工程施工合同（示范文本）》中，有关工程预付款作如下约定："实行工程预付款的，双方应当在专用条款内约定发包人向承包人预付工程款的时间和数额，开工后按约定的时间和比例逐次扣回。预付时间应不迟于约定的开工日期前 7 天。发包人不按约定预付，承包人在约定预付时间 7 天后向发包人发出要求预付的通知，发包人收到通知后仍不能按要求预付，承包人可在发出通知后 7 天停止施工，发包人应从约定应付之日起向承包人支付应付款的贷款利息，并承担违约责任。"

工程预付款额度，各地区、各部门的规定不完全相同，主要是保证施工所需材料和构件的正常储备。一般是根据施工工期、建筑安装工程工作量、主要材料和构件费用占建筑安装工程工作量的比例以及材料储备周期等因素经测算来确定。

3. 工程预付款的扣回

发包人支付给承包人的工程预付款其性质是预支。随着工程进度的推进，拨付的工程进度款数额不断增加，工程所需主要材料、构件的用量逐渐减少，原已支付的预付款应以抵扣的方式予以陆续扣回。扣款的方法有：

（1）由发包人和承包人通过洽商用合同的形式予以确定。采用等比率或等额扣款的方式。也可针对工程实际情况具体处理，如有些工程工期较短、造价较低，就无需分期扣还；有些工期较长，如跨年度工程，其备料款的占用时间很长，根据需要可以少扣或不扣。

（2）从未施工工程尚需的主要材料及构件的价值相当于工程预付款数额时扣起，从每次中间结算工程价款中，按材料及构件比重扣抵工程价款，至竣工前全部扣清。因此，确定起扣点是工程预付款起扣的关键。

确定工程预付款起扣点的依据是：未完施工工程所需主要材料和构件的费用，等于工程预付款的数额。

工程预付款起扣点的计算方法分为**不含工程质量保证金**的计算方法和**含工程质量保证金**的计算方法

不含工程质量保证金的计算方法：

计算公式：$T=P-M/N$

式中，T——起扣点，即预付备料款开始扣回的累计完成工作量金额；

M——预付备料款数额；

N——主要材料，构件所占比重；

P——承包工程价款总额（或建安工作量价值）。

例如：某项工程合同价 100 万，预付备料款数额为 20 万，主要材料、构件所占比重 80%，问：工程预付款起扣点为多少万元？

按工程预付款起扣点计算公式：$T=P-M/N=100-20/80\%=75$（万元）

则当工程量完成 75 万元时，本项工程预付款开始起扣。

含工程质量保证金的计算方法：

计算公式：$T=P(1-K)-M/N$

式中，T——起扣点，即预付款开始扣回的累计应付工程款（累计完成工作量金额 - 相应质量保证金）；

K——工程质量保证金率；

M——预付备料款数额；

N——主要材料，构件所占比重；

P——承包工程价款总额（或建安工作量价值）。

例如：某项工程合同价 100 万，预付备料款数额为 12 万，主要材料、构件所占比重 60%，工程质量保证金为承包合同价的 3%，发包人从承包人每月的工程款中按比例扣留，问：工程预付款起扣点为多少万元？

按起扣点计算公式：$T=P(1-K)-M/N=100(1-3\%)-12/60\%=77$（万元）

则当应付工程款为 77 万元（对应完成工作量价值为 $77/(1-3\%)=79.38$ 万元）时，本项工程预付款开始起扣。

4. 工程进度款

(1) 工程进度款的计算

《建设工程施工合同（示范文本）》关于工程款的支付也作出了相应的约定："在确认计量结果后 14 天内，发包人应向承包人支付工程款（进度款）"。"发包人超过约定的支付时间不支付工程款（进度款），承包人可向发包人发出要求付款的通知，发包人接到承包人通知后仍不能按要求付款，可与承包人协商签订延期付款协议，经承包人同意后可延期支付，协议应明确延期支付的时间和从计量结果确认后第 15 天起计算应付款的贷款利息"。"发包人不按合同约定支付工程款（进度款），双方又未达成延期付款协议，导致施工无法进行，承包人可停止施工，由发包人承担违约责任"。

工程进度款的计算主要涉及两个方面：一是工程量的计量；二是单价的计算方法。

(2) 工程进度款的支付

工程进度款的支付，一般按当月实际完成工程量进行结算，工程竣工后办理竣工结算。在工程竣工前，承包人收取的工程预付款和进度款的总额一般不超过合同总额（包括工程合同签订后经发包人签证认可的增减工程款）的 95%，其余 5% 尾款，在工程竣工结算时除保修金外一并清算。

5. 竣工结算

工程竣工验收报告经发包人认可后 28 天内，承包人向发包人递交竣工结算报告及完整的结算资料。双方按照协议书约定的合同价款及专用条款约定的合同价款调整内容，进行工程竣工结算。专业监理工程师审核承包人报送的竣工结算报表；总监理工程师审定竣工结算报表；与发包人、承包人协商一致后，签发竣工结算文件和最终的工程款支付证书。

发包人收到承包人递交的竣工结算报告、结算资料后 28 天内进行核实，给予确认或者提出修改意见。发包人确认竣工结算报告后，通知经办银行向承包人支付竣工结算价款。承包人收到竣工结算价款后 14 天内，将竣工工程交付发包人。

发包人收到竣工结算报告及结算资料后 28 天内，无正当理由不支付工程竣工结算价款，从第 29 天起，按承包人同期向银行贷款利率支付拖欠工程价款的利息，并承担违约责任。

发包人收到竣工结算报告及结算资料后 28 天内，无正当理由不支付工程竣工结算价款。承包人可以催告发包人支付结算价款。发包人在收到竣工结算报告及结算资料后 56 天内仍不支付的，承包人可以与发包人协议将该工程折价，也可以由承包人申请法院将该工程依法拍卖，承包人就该工程折价或者拍卖的价款优先受偿。

工程竣工验收报告经发包人认可后 28 天内，承包人未能向发包人递交竣工结算报告及完整的结算资料，造成工程竣工结算不能正常进行或工程竣工结算价款不能及时支付，发包人要求交付工程的，承包人应当交付；发包人不要求交付工程的，承包人承担保管责任。

6. 工程保留金

发包人收到承包人递交的竣工结算报告及完整的结算资料后，应在规定的期限（合同有约定期限的，从其约定）进行核实，给予确认或者提出修改意见。发包人根据确认的竣工结算报告向承包人支付工程竣工结算价款，保留 5% 左右的工程保留金，用以保证承包人在缺陷责任期内对建设工程出现的缺陷进行维修。

缺陷责任期一般为 6 个月、12 个月或 24 个月，具体可由发包、承包双方在合同中约定。缺陷责任期内，由承包人原因造成的缺陷，承包人应负责维修，并承担鉴定维修费用。如承包人不维修也不承担费用，发包人可按合同约定扣除保证金，并由承包人承担违约责任。承包人维修并承担相应费用后，不免除对工程的一般损失赔偿责任。

缺陷责任期内，实行国库集中支付的政府投资项目，保证金的管理应按照国库集中支付的有关规定执行。其他的政府投资项目，保证金可以预留在财政部门或发包方。缺陷责任期内如发包人撤销，保证金随交付使用资产一并移交使用单位管理，由使用单位代行发包人职责。社会投资项目采用预留保证金方式的，发包、承包双方可以约定将保证金交由金融机构托管。采用工程质量保证担保、工程质量保险等其他保证方式的，发包人不得再预留保证金。

【思考与练习题】

一、填空题

1. 生产性建设工程项目总投资包括（ ）和（ ）两部分；非生产性建设工程项目总投资则只包括建设投资。

2. 建设投资由设备及工器具购置费、（ ）、（ ）、预备费（包括基本预备费和涨价预备费）和（ ）组成。

3. 建设投资可分为（ ）部分和（ ）部分。

4. 预算定额是（ ）定额（指标）编制的基础，概算定额（指标）又是（ ）指标编制的基础。

5. 投资控制的总体目标是将工程建设的（ ）控制在批准的（ ）以内，随时纠正发生的偏差，力求在本工程建设中合理使用（ ）、（ ）和（ ），取得良好的经济效益和社会效益。

6.（ ）应是建设工程设计方案选择和进行初步设计的投资控制目标；（ ）应是进行技术设计和施工图设计的投资控制目标；（ ）则应是施工阶段投资控制的目标。

7. 在施工阶段，投资控制的主要任务是通过（ ）控制、（ ）控制、（ ）索赔、挖掘节约投资潜力来努力实现实际发生的投资费用不超过计划投资费用。

8. 限额设计控制工程投资可以从两个角度入手，一种是（ ）控制；另一种是（ ）控制。

9. 施工阶段的投资控制中（ ）应及时建立月完成工程量和工作量统计表，正确处理工程变更和工程索赔。

二、单选题

1. 投资控制贯穿于项目建设的全过程，重点是在初步设计阶段，影响项目投资的可能性为（ ）。

A．75% ~ 95%　　B．35% ~ 75%

C．5% ~ 35%　　D．100%

2. 所谓限额设计，就是要按照批准的初步设计（　）控制施工图设计。

A．总估算　　B．总概算

C．总预算　　D．总决算

3. 静态投资部分由建筑安装工程费、设备及工器具购置费、工程建设其他费和（　）构成。

A．税费　　B．涨价预备费

C．建设期利息　　D．基本预备费

4. 施工阶段投资控制的措施中编制本阶段投资控制工作计划和详细的工作流程图工作是属于（　）。

A．经济措施　　B．技术措施

C．组织措施　　D．合同措施

三、判断题

1. 监理在施工阶段的投资控制工作是以合同文件为唯一依据。（　）

2. 强制性标准是监理进行投资控制的依据之一。（　）

3. 投资控制是监理的一项主要任务，体现在施工阶段的开工准备环节。（　）

4. 为了减少索赔，监理方应做好投资控制的事前控制。（　）

5. 质量保证措施是监理单位的投资控制措施之一。（　）

四、简答题

1. 简述建筑安装工程费及其组成费用。

2. 投资控制的动态控制过程中，应着重做好多少项工作？

3. 施工阶段投资控制有哪些依据？

4. 项目监理机构在建设工程投资控制中有哪些主要工作？

5. 项目监理机构在施工阶段投资控制中合同措施要做好什么工作？

模块 9
建设工程合同管理实务

【模块概述】

项目监理机构应依据建设工程监理合同约定进行施工合同管理，处理工程暂停及复工、工程变更、索赔及施工合同争议、解除等事宜。

施工合同终止时，项目监理机构应协助建设单位按施工合同约定处理施工合同终止的有关事宜。

【学习目标】

通过本模块的学习，学生能够：了解建筑工程委托监理合同的概念、特点；熟悉监理合同的组成及订立的相关要求；掌握在工程分包、工程变更、工程停工及复工、工程索赔、工程延期及工程延误、工程合同争议和解除等管理中，监理单位的管理要点。

单元 9.1 建设工程委托监理合同

【单元描述】

工程建设合同是控制工程质量、进度和造价的重要依据。在任何工程项目的建设过程中，除政府管理机关是依法律、法规对工程建设主体行为行使行政监督管理外，其他各方面社会关系中都是通过“合同”这一契约关系形成的。

【学习支持】

党的十一届三中全会以后，国家大量引进国外先进技术和成套设备，同时，国外资金和工程承包商也进入中国市场，给中国带来了国际通行的项目管理和工程承包方式。因此，合同管理成为工程管理中的重要一环。

9.1.1 工程建设合同的作用

工程建设合同是工程产品交换的法律形式，是规范建筑市场主体间设定的权利、义务等法律行为的法律依据——从法律角度对工程承包活动做出预测，提出避免法律风险的方法，增强企业应变、发展和竞争能力。

9.1.2 工程建设合同的类别

工程建设合同的类别有：工程建设施工合同、工程建设委托监理合同、工程勘察设计合同、工程建设物资采购合同（材料采购合同和设备采购合同）等。

9.1.3 建设工程委托监理合同

1. 委托监理合同概念和特点

建设工程委托监理合同简称监理合同，是指委托人与监理人就委托的工程项目管理内容签订的明确双方权利、义务的协议。它除具有委托合同的共同特点外，还具有以下特点：

（1）监理合同的当事人双方应当具有民事权力能力和民事行为能力、取得法人资格。

◆ 委托人必须是落实投资计划的企事业单位、其他社会组织及个人，且具有国家批准的建设项目。

◆ 作为受托人必须是依法成立具有法人资格的监理企业，并且所承担的工程监理业务应与企业资质等级和业务范围相符合。

（2）监理合同委托的工作内容必须符合工程项目建设程序，遵守有关法律、行政法规。

（3）委托监理合同的目的是服务。即监理工程师凭借自己的知识、经验、技能，受建设单位委托，为其所签订其他合同的履行实施监督和管理。

2. 委托监理合同的订立

（1）委托工作的范围

监理合同的范围是监理工程师为委托人提供服务的范围和工作量。当前主要是实施阶段、保修阶段的监理工作，包括投资、质量、进度的三大控制，合同、安全、信息的三项管理，以及对参加项目建设的有关方之间进行组织与协调。就具体项目，要根据工程特点、监理人的能力、建设阶段的监理任务等方面的因素，将委托的监理任务详细写入建设工程委托监理合同的专用条件。

17. 工程分包管理

（2）对监理工作的要求

在监理合同中明确约定的监理人执行监理工作的要求，应当符合《建设工程监理规范》的规定。例如，针对工程项目的实际情况派出监理工作需要的监理机构及人员，编制监理规划和监理实施细则，采取实现监理工作目标相应的监理措施，从而保证监理合同得到真正的履行。

（3）约定监理合同的履行期限、地点和方式

订立监理合同时约定的履行期限、地点和方式，是指合同中规定的当事人履行自己的义务完成工作的时间、地点以及结算酬金。在签订《建设工程委托监理合同》时，双方必须商定监理期限，标明何时开始、何时完成。合同中注明的监理工作开始实施和完成日期，是根据工程情况估算的时间，合同约定的监理酬金根据这个时间估算。如果委托人根据实际需要增加委托工作范围或内容，导致需要延长合同期限，双方可以通过协商，另行签订补充协议。

（4）明确双方的权利、义务和责任

（5）明确监理酬金的计算方法和支付方式

包括正常监理的工程监理酬金的计算方法及支付方式和附加工作、额外

工作发生后的监理酬金的计算方法及支付方式。

（6）双方确认合同生效、变更与终止，商定合同争议的解决方式。

【知识拓展】

订立监理合同需注意的问题

1. 坚持按法定程序签署合同。在合同签署过程中，应检验代表对方签字人的授权委托书，避免合同失效或不必要的合同纠纷，不可忽视来往函件。

2. 在合同洽商过程中，双方通常会用一些函件来确认双方达成的某些口头协议或书面交往文件，后者构成招标文件和投标文件的组成部分。为了确认合同责任以及明确双方对项目的有关理解和意图，以免将来产生分歧，签订合同时，双方达成一致的部分应写入合同附录或专用条款内。

3. 合同中应做到文字简洁、清晰、严密，以保证意思表达准确。

3. 建设工程委托监理合同示范文本组成

建设工程委托监理合同示范文本由“工程建设委托监理合同”、“建设工程委托监理合同标准条件”、“建设工程委托监理合同专用条件”组成。

（1）工程建设委托监理合同

“合同”是一个总的协议，是纲领性的法律文件。其中，明确了当事人双方确定的委托监理工程的概况（工程名称、地点、工程规模、总投资）；委托人向监理人支付报酬的期限和方式；合同签订、生效，完成时间；双方愿意履行约定的各项义务的表示。“合同”是一份标准的格式文件，经当事人双方在有限的空格内填写具体规定的内容并签字盖章后，即发生法律效力。

对委托人和监理人有约束力的合同，除双方签署的“合同”协议外，还包括以下文件：

- 监理委托函或中标函；
- 建设工程委托监理合同标准条件；
- 建设工程委托监理合同专用条件；
- 在实施过程中双方共同签署的补充与修正文件。

（2）建设工程委托监理合同标准条件

建设工程委托监理合同标准条件，其内容涵盖了合同中所用词语定义、适用范围和法规，签约双方的责任、权利和义务，合同生效变更与终止，监理报酬，争议的解决，以及其他一些情况。它是委托监理合同的通用文件，适用于各类建设工程项目监理，各个委托人、监理人都应遵守。

（3）建设工程委托监理合同专用条件

由于标准条件适用于各种行业和专业项目的建设工程监理，因此其中的某些条款规定得比较笼统，需要在签订具体工程项目监理合同时，结合地域、专业和委托监理项目的工程特点，对标准条件中的某些条款进行补充，修正。

所谓“补充”是指标准条件中的条款明确规定，在该条款确定的原则下，专用条件的条款中进一步明确具体内容，使两个条件中相同序号的条款共同组成一条内容完备的条款。

所谓“修改”是指标准条件中规定的程序方面的内容，如果双方认为不合适，可以协议修改。

单元 9.2　建设工程合同管理中的监理要点

【单元描述】

监理人按合同约定派出监理工作需要的监理机构及监理人员，向委托人报送委派的总监理工程师及其监理机构主要成员名单、监理规划，完成监理合同专用条件中约定的监理工程范围内的监理业务。在履行合同义务期间，应按合同约定定期向委托人报告监理工作。

【学习支持】

9.2.1　工程分包管理

1. 工程分包管理

分包单位资格报审程序

施工单位应在工程项目开工前或拟分包的分项、分部工程开工前，填写《分包单位资格报审表》，附上经其自审认可的分包单位的有关资料，报项目监理机构审核。

项目监理机构对分包单位资格应审核以下内容：

（1）分包单位的营业执照、企业资质等级证书、特殊行业施工许可证、国外（境外）企业在国内承包工程许可证；

（2）分包单位的业绩；

（3）拟分包工程的内容和范围；

（4）专职管理人员和特种作业人员的资格证、上岗证。

2. 监理工程师审查总施工单位提交的《分包单位资质报审表》

审查时，主要是审查施工承包合同是否允许分包，分包的范围和工程部位是否可进行分包，分包单位是否具有按工程承包合同规定的条件完成分包工程任务的能力（审查、控制的重点一般是分包单位施工组织者、管理者的资格与质量管理水平，特殊专业工种、专业工种和关键施工工艺或新技术、新工艺、新材料等应用方面操作者的素质与能力）。项目监理机构和建设单位认为必要时，可会同施工单位对分包单位进行实地考察以验证分包单位有关资料的真实性。

18. 委托监理合同

3. 专业监理工程师在审查施工单位报送分包单位有关资料，考察核实（必要时）的基础上，提出审查意见、考察报告（必要时）附报审表后，根据审查情况，如认定该分包单位的资格符合有关规定并满足工程需要，则批复"该分包单位具备分包条件，拟同意分包，请总监理工程师审核"。如认为不具备分包条件，应简要指出不符合条件之处，并签署"拟不同意分包，请总监理工程师审核"的意见。

4. 总监理工程师对专业监理工程师的审查意见、考察报告进行审核，签署《分包单位资格报审表》。

5. 分包合同签订后，施工单位将分包合同报项目监理机构备案。

【知识拓展】

《住房和城乡建设部关于修改〈房屋建筑和市政基础设施工程施工分包管理办法〉的决定》第五条规定："房屋建筑和市政基础设施工程施工分包分为

专业工程分包和劳务作业分包”。总包单位对专业工程进行分包的，在分包工程开工前，分包单位的资格报项目监理机构审查确认。除施工合同已明确的外，未经总监理工程师确认，分包单位不得进场施工。但经过招标确认的分包单位，施工单位可不再对分包单位资格进行报审。

9.2.2 工程变更管理

1. 工程变更的审批原则

工程变更的管理与审批一般原则应为：首先考虑工程变更对工程进展是否有利；第二要考虑工程变更可否节约工程成本；第三应考虑工程变更是兼顾业主、承包商或工程项目之外其他第三方的利益，不能因为工程变更而损害任何方的正当权益；第四必须保证变更工程符合本工程的技术标准；最后一种情况为工程受阻，如遇到特殊风险、人为阻碍、合同一方当事人违约等不得不变更工程。

总之，监理工程师应注意处理好工程变更问题，并对合理确定工程变更后的估价与费率非常熟悉，以免引起索赔或合同争端。

【知识拓展】

《建设工程监理规范》GB/T 50319－2013 规定：项目监理机构应依据建设工程监理合同约定进行施工合同管理，处理工程暂停及复工、工程变更、索赔及施工合同争议、解除等事宜。

施工合同终止时，项目监理机构应协助建设单位按施工合同约定处理施工合同终止的有关事宜。

2. 工程变更的估价

我国施工合同范本对确定工程变更价款的规定：“承包人在工程变更确定后 14 天内，提出变更工程价款的报告，经监理工程师确认后调整合同价款。变更合同价款按下列方法进行：

合同中已有适用于变更工程的价格，按合同已有的价格变更合同价款；

合同中已有类似于变更工程的价格，可以参照类似价格变更合同价款；

合同中没有适用或类似于变更工程的价格，由承包人提出适当的变更价格，经监理工程师确认后执行。”

【知识拓展】

项目监理机构可在工程变更实施前与建设单位、施工单位等协商确定工程变更的计价原则、计价方法或价款。

建设单位与施工单位未能就工程变更费用达成协议时，项目监理机构可提出一个暂定价格并经建设单位同意，作为临时支付工程款的依据。工程变更款项最终结算时，应以建设单位与施工单位达成的协议为依据。

项目监理机构可对建设单位要求的工程变更提出评估意见，并应督促施工单位按会签后的工程变更单组织施工。

3. 工程变更的处理

（1）设计单位对原设计存在的缺陷提出的工程变更，应编制设计变更文件；因施工图错、漏或与实际情况不符等原因，建设单位、施工单位提出的工程变更，应提交项目监理机构，由总监组织专业监理工程师审查。审查同意后，除能现场核定的以外，均应由建设单位转交原设计单位，编制设计变更文件。当工程变更涉及工程建设强制性标准、安全环保、建筑节能等内容时可按规定经有关部门审定。

（2）施工过程中的任何工程变更，由建设单位、设计单位签认后，总监签认。在总监签发《工程变更单》前，施工单位不得实施工程变更，否则项目监理机构不予计量。

（3）工程变更确认后，施工方可按合同规定时限内向项目监理机构提交《工程变更费用报审表》。若在合同规定时限内未向项目监理机构提出变更工程价款报告，项目监理机构可以在报经建设单位批准后，根据掌握的实际资料决定是否调整合同价款以及调整的金额。

（4）项目监理机构收到工程变更价款报告 14 天内，专业监理工程师必须完成对变更价款的审核工作并签认；若无正当理由，在 14 天内不签认，则施工单位的变更工程价款自动生效。

（5）施工中建设单位对原工程设计进行变更，应提前 14 天以书面形式向承包单位发出变更通知。施工单位若提出工程变更，应在提出时附工程变更原因、工程变更说明、工程变更费用及工期、必要的附件等内容。

（6）总监理工程师在签发工程变更单前，应就工程变更费用及工期的评估情况与施工单位和建设单位进行协调。

如果变更是由于下列原因导致或引起的，则承包单位无权要求任何额外或附加的费用，工期不予顺延：

◆ 为了便于组织施工需采取的技术措施的变更或临时工程的变更；

◆ 为了施工安全、避免干扰等原因需采取的技术措施的变更或临时工程的变更；

◆ 因承包单位的违约、过错或承包单位负责的其他情况导致的变更。

（7）总监理工程师签发工程变更单后，专业监理人员应及时将施工图的相关内容进行变更，并注明工程变更单的编号、标注日期、标注人签名，将过程变更单归档。

4. 工程变更的处理程序

项目监理机构可按下列程序处理施工单位提出的工程变更：

（1）总监理工程师组织专业监理工程师审查施工单位提出的工程变更申请，提出审查意见。对涉及工程设计文件修改的工程变更，应由建设单位转交原设计单位修改工程设计文件。必要时，项目监理机构应建议建设单位组织设计、施工等单位召开论证工程设计文件的修改方案的专题会议。

（2）总监理工程师组织专业监理工程师对工程变更费用及工期影响作出评估。

（3）总监理工程师组织建设单位、施工单位等共同协商确定工程变更费用及工期变化，会签工程变更单。

（4）项目监理机构根据批准的工程变更文件监督施工单位实施工程变更。

总之，监理工程师应注意处理好工程变更问题，并对合理确定工程变更后的估价与费率非常熟悉，以免引起索赔或合同争端。

9.2.3 工程停工及复工管理

1. 工程暂停指令的签发原则

（1）工程暂停令的签发权限，必须是总监理工程师签发。

（2）总监理工程师在签发工程暂停令时，可根据停工原因的影响范围和影响程度，确定停工范围，并应按施工合同和建设工程监理合同的约定签发工程暂停令。

2. 出现下列情况之一时，总监可签发工程暂停令

（1）建设单位要求暂停施工，经总监独立判断认为有必要暂停施工。

（2）为保证工程质量而需要进行停工处理。

（3）施工出现了安全隐患，总监认为有必要停工以消除隐患。

（4）施工单位未经许可擅自施工，或拒绝项目监理机构管理。

（5）发生了必须暂时停止施工的以下紧急事件：

◆ 未经质量检验即进行下道工序；

◆ 未经监理认可的工程材料、构配件、设备用于工程；

◆ 擅自变更设计图纸施工；

◆ 擅自改变施工方案或不按规范、图纸要求施工；

◆ 擅自分包工程进场施工；

◆ 出现危害工程质量、工程安全的事件。

3. 总监签发《工程暂停令》的程序

（1）上述第 1 条款情况签发停工令前，总监应就有关工期和费用等事宜与施工单位进行协商。

（2）上述第 2、3、4 条款总监签发停工令前，应先征得建设单位同意。

（3）上述第 5 条款总监可直接签发停工令，但签发停工令后 24 小时必须向建设单位报告。

（4）总监在签发《工程暂停令》时，应根据停工原因的影响范围和影响程度确定工程项目停工范围。

（5）施工单位收到总监签发的《工程暂停令》后，应按其要求立即实施。

（6）由于非施工单位原因导致工程暂停时，项目监理机构应如实记录所发生的实际情况备查。一旦施工暂停原因消失，具备复工条件，总监应及时通知施工单位复工。

（7）由于施工单位原因导致的工程暂停，施工单位应积极、认真地整改，排除停工原因。具备恢复施工条件时，向项目监理机构填报《复工报审表》，以及对导致停工的原因而进行的整改工作报告等有关材料。项目监理机构在收到后48小时内进行复查核实，不符合恢复施工条件的，在《复工报审表》上签发进一步处理意见，施工单位需要继续整改；具备恢复施工条件的，再重新进行复工报审；符合恢复施工条件的，由总监签署《复工报审表》，施工单位方可恢复施工。

4. 复工指令的签发

（1）当暂停施工原因消失、具备复工条件时，施工单位提出复工申请的，项目监理机构应审查施工单位报送的复工报审表及有关材料，符合要求后，总监理工程师应及时签署审查意见，并应报建设单位批准后签发工程复工令。

（2）施工单位未提出复工申请的，总监理工程师应根据工程实际情况指令施工单位恢复施工。

【知识拓展】

总监理工程师签发工程暂停令应征得建设单位同意，在紧急情况下未能事先报告的，应在事后及时向建设单位作出书面报告。

暂停施工事件发生时，项目监理机构应如实记录所发生的情况。

总监理工程师应会同有关各方按施工合同约定，处理因工程暂停引起的与工期、费用有关的问题。

因施工单位原因暂停施工时，项目监理机构应检查、验收施工单位的停工整改过程、结果。

9.2.4 工程索赔管理

1. 索赔的概念

索赔是当事人在合同实施过程中，根据法律、合同规定及惯例，对不应由自己承担责任的情况造成的损失，向合同的另一方当事人提出给予赔偿或补偿要求的行为。在工程建设的各个阶段，都有可能发生索赔，但在施工阶段索赔发生较多。

对施工合同的双方来说，都有通过索赔维护自己合法利益的权利，依据双方约定的合同责任，构成正确履行合同义务的制约关系。

2. 索赔的分类

索赔依据不同的分类标准，可分为各种索赔，见表 9–1。

索赔的分类 表 9–1

分类依据	索赔类型	索赔解释
按索赔的合同依据分类	合同中明示的索赔	承包人所提出的索赔要求，在该工程项目的合同文件中有文字依据，承包人可以据此提出索赔要求，并取得经济补偿
	合同中默示的索赔	即承包人的该项索赔要求，虽然在工程项目的合同条款中没有专门的文字叙述，但可以根据该合同的某些条款的名义，推论出承包人有索赔权
		合同中默示的索赔具有法律效力
按索赔目的分类	工期索赔	由于非承包人责任的原因而导致施工进程延误，要求批准顺延合同工期的索赔
	费用索赔	费用索赔的目的是要求经济补偿
		由施工的客观条件改变导致承包人增加开支，要求对超出计划成本的附加开支给予补偿，以挽回不应由承包人承担的经济损失
按索赔事件的性质分类	工程延误索赔	因发包人未按合同要求提供施工条件，如未及时交付设计图纸、施工现场、道路等，或因发包人指令工程暂停或不可抗力事件等原因造成工期拖延的，承包人对此提出索赔
		是工程中常见的一类索赔
	工程变更索赔	由于发包人或监理工程师指令增加或减少工程或增加附加工程、修改设计、变更工程顺序等，造成工期延长和费用增加，承包人对此提出索赔
	合同被迫终止的索赔	由于发包人或承包人违约以及不可抗力事件等原因造成合同非正常终止，无责任的受害方因其蒙受经济损失而向对方提出索赔
	工程加速索赔	由于发包人或工程师指令承包人加快施工速度、缩短工期，引起承包人的人、财、物的额外开支而提出的索赔
	意外风险和不可预见因素索赔	在工程实施过程中，因人力不可抗拒的自然灾害、特殊风险以及一个有经验的承包人通常不能合理预见的不利施工条件或外界障碍，如地下水、地质断层、溶洞、地下障碍物等引起的索赔
	其他索赔	如因货币贬值、汇率变化、物价、工资上涨、政策法令变化等原因引起的索赔

FIDIC《施工合同条件》中，按照引起承包人损失事件原因的不同，对承包人索赔可能给予合理补偿工期、费用和利润的情况，分别作出了相应的规定，如表 9–2 所示。

FIDIC中可以合理补偿承包人索赔条款　表9-2

序号	条款号	主要内容	可补偿内容		
			工期	费用	利润
1	1.9	延误发放图纸	✓	✓	✓
2	2.1	延误移交施工现场	✓	✓	✓
3	4.7	承包人依据工程师提供的错误数据导致放线错误	✓	✓	✓
4	4.12	不可预见的外界条件	✓	✓	
5	4.24	施工中遇到文物和古迹	✓	✓	
6	7.4	非承包人原因检验导致施工的延误	✓	✓	✓
7	8.4（a）	变更导致竣工时间的延长	✓		
8	（c）	异常不利的气候条件	✓		
9	（d）	由于传染病或其他政府行为导致工期的延误	✓		
10	（e）	业主或其他承包人的干扰	✓		
11	8.5	公共当局引起的延误	✓		
12	10.2	业主提前占用工程		✓	✓
13	10.3	对竣工检验的干扰	✓	✓	✓
14	13.7	后续法规的调整	✓	✓	
15	18.1	业主办理的保险未能从保险公司获得补偿部分		✓	
16	19.4	不可抗力事件造成的损害	✓	✓	

3. 项目监理机构处理索赔的依据

（1）工程施工合同文件。这是处理索赔的最关键和最主要的依据。

（2）国家的有关法律、法规和工程所在地的地方法规。

（3）国家、部门和地方有关标准、规定和定额。

（4）施工合同履约过程中有关索赔的各种凭证。这是施工中的费用是否真正变化的现实依据，它反映了工程的计划情况和实际情况。

除此之外，在国际工程的金融市场的汇率变化、国际关系变化、物价变化也影响工程费用，也是处理索赔的依据。

4. 索赔的内容

（1）合同文件内容出错引起的索赔。

（2）由于图纸延迟交出造成索赔。

（3）由于不利的实物障碍和不利的自然条件引起索赔。

（4）由于监理工程师提供的水准点、基线等测量资料不准确造成的失误与索赔。

（5）承包商根据监理工程师指示，进行额外钻孔及勘探工作引起索赔。

（6）由建设单位风险所造成的损害的补救和修复所引起的索赔。

（7）施工中承包单位开挖到化石、文物、矿产等物品，需要停工处理引起的索赔。

（8）由于需要加强道路与桥梁结构以承受“特殊超重荷载”而引起的索赔。

（9）由于建设单位雇佣其他承包单位的影响，并为其他承包商提供服务提出的索赔。

（10）由于额外样品与试验而引起的索赔。

（11）由于对隐蔽工程的揭露或开孔检查引起的索赔。

（12）由于工程中断引起的索赔。

（13）由于建设单位延迟移交土地引起的索赔。

（14）由于非承包单位原因造成了工程缺陷需要修复而引起的索赔。

（15）由于要求承包单位调查和检查缺陷而引起的索赔。

（16）由于工程变更引起的索赔。

（17）由于变更使合同总价格超过有效合同价而引起的索赔。

（18）由特殊风险引起的工程被破坏和其他款项支出提出的索赔。

（19）因特殊风险使合同终止后引起的索赔。

（20）因合同解除后引起的索赔。

（21）建设单位违约引起工程终止等引起的索赔。

（22）由于物价变动引起的工程成本的增减的索赔（合同允许）。

（23）由于后继法规的变化引起的索赔。

（24）由于货币及汇率变化引起的索赔（合同允许）。

5. 索赔管理的程序

承包人索赔及监理工作程序如图 9–1 所示。

索赔管理程序通常包括以下内容：

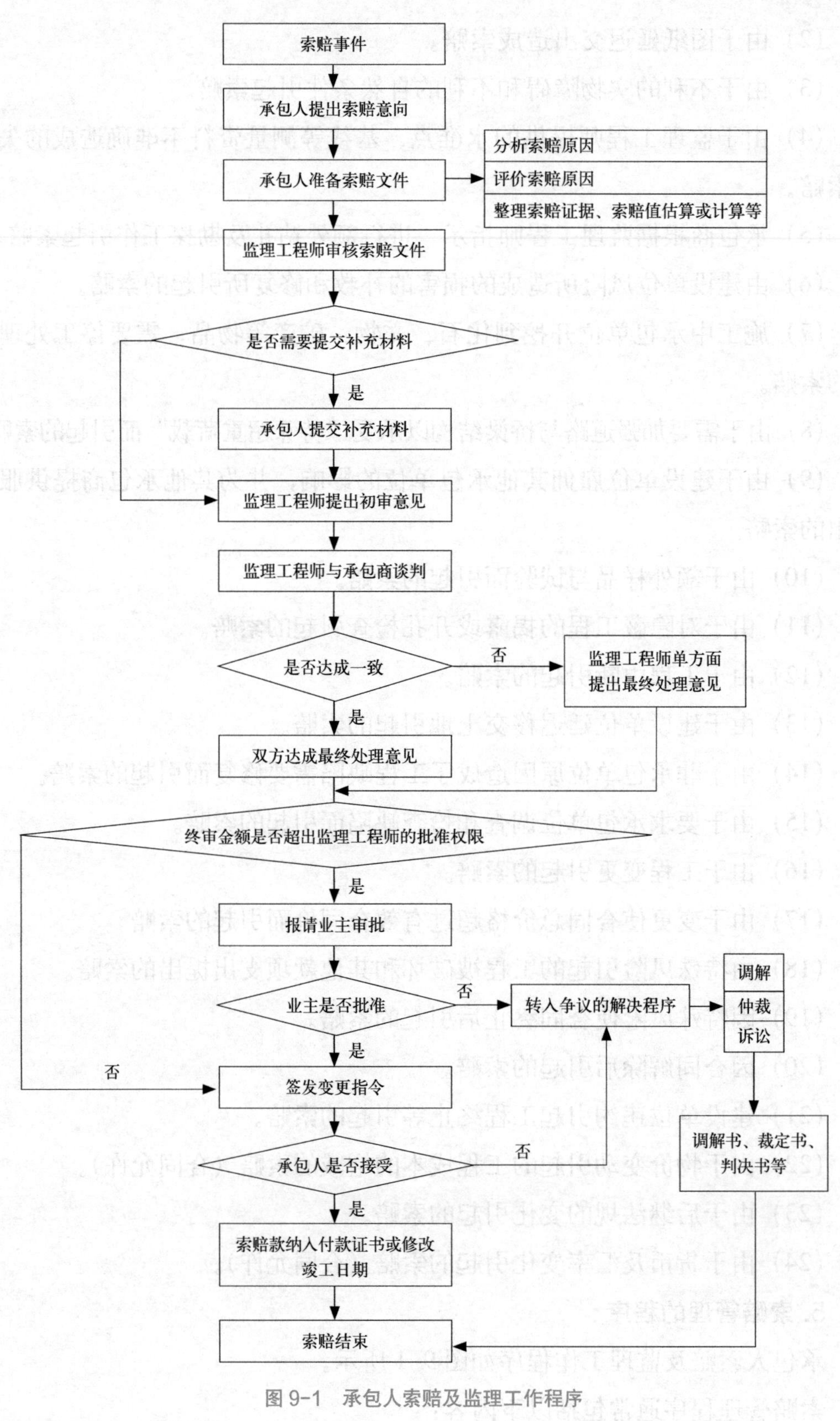

图 9-1　承包人索赔及监理工作程序

(1) 承包人提出索赔要求

◆ 发出索赔意向通知。索赔事件发生后，承包人应在索赔事件发生后的 28 天内向监理工程师递交索赔意向通知，声明将对此事件提出索赔。该意向通知是承包人就具体的索赔事件向监理工程师和发包人表示的索赔愿望和要求。如果超过这个期限，监理工程师和发包人有权拒绝承包人的索赔要求。索赔事件发生后，承包人有义务做好现场施工的同期记录，监理工程师有权随时检查和调阅，以判断索赔事件造成的实际损害。

◆ 递交索赔报告。索赔意向通知提交后的 28 天内，或监理工程师可能同意的其他合理时间，承包人应递送正式的索赔报告。索赔报告的内容应包括：事件发生的原因，对其权益影响的证据资料，索赔的依据，此项索赔要求补偿的款项和工期延期天数的详细计算等有关材料。

如果索赔事件的影响持续存在，28 天内还不能算出索赔额和工期延期天数时，承包人应按监理工程师合理要求的时间间隔（一般为 28 天），定期陆续报出每一个时间段内的索赔证据资料和索赔要求。在该项索赔事件的影响结束后的 28 天内，报出最终详细报告，提出索赔论证资料和累计索赔额。

(2) 监理工程师审核索赔报告

◆ 监理工程师审核承包人的索赔申请。在接到正式索赔报告以后，认真研究承包人报送的索赔资料。首先，在不确认责任归属的情况下，客观分析事件发生的原因，重温合同的有关条款，研究承包人的索赔证据，并检查其同期记录；其次，通过对事件的分析，监理工程师再依据合同条款划清责任界限，必要时还可以要求承包人进一步提供补充资料。尤其是对承包人与发包人或监理工程师都负有一定责任的事件，更应划出各方应该承担合同责任的比例。最后，再审查承包人提出的索赔补偿要求，剔除其中的不合理部分，拟定计算的合理索赔款额和工期顺延天数。

◆ 判定索赔成立的原则。监理工程师判定承包人索赔成立的条件为：

与合同相对照，事件已造成了承包人施工成本的额外支出或总工期延误；

造成费用增加或工期延误的原因，按合同约定不属于承包人应承担的责任，包括行为责任或风险责任；

承包人按合同规定的程序提交了索赔意向通知和索赔报告。

上述三个条件没有先后主次之分，应当同时具备。只有监理工程师认定索赔成立后，方处理给予承包人的补偿额。

◆ 对索赔报告进行审查。审查时，主要进行事态调查、损害事件原因分析、分析索赔理由、实际损失分析、证据资料分析。如果监理工程师认为承包人提出的证据不能足以说明其要求的合理性时，可以要求承包人进一步提交索赔的证据资料。

(3) 确定合理的补偿额

◆ 监理工程师与承包人协商补偿。工程师核查后，初步确定应予以补偿的额度往往与承包人的索赔报告中要求的额度不一致，甚至差额较大。主要原因为：对承担事件损害责任的界限划分不一致、索赔证据不充分、索赔计算的依据和方法分歧较大等，因此双方应就索赔的处理进行协商。

对于持续影响时间超过28天以上的工期延误事件，当工期索赔条件成立时，对承包人每隔28天报送的阶段索赔临时报告审查后，每次均应作出批准临时延长工期的决定，并于事件影响结束后28天内，承包人提出最终的索赔报告后，批准顺延工期总天数。

应当注意的是，最终批准的总顺延天数，不应少于以前各阶段已同意顺延天数之和。规定承包人在事件影响期间必须每隔28天提出一次阶段索赔报告，可以使监理工程师能及时根据同期记录批准该阶段应予顺延工期的天数，避免事件影响时间太长而不能准确确定索赔值。

◆ 监理工程师索赔处理决定。在经过认真分析研究，与承包人、发包人广泛讨论后，工程师应该向发包人和承包人提出自己的索赔处理决定。监理工程师收到承包人送交的索赔报告和有关资料后，于28天内给予答复或要求承包人进一步补充索赔理由和证据。《建设工程施工合同》(示范文本)规定，监理工程师收到承包人递交的索赔报告和有关资料后，如果在28天内既未予答复，也未对承包人作进一步要求，则视为承包人提出的该项索赔要求已经认可。

通过协商达不成共识时，承包人仅有权得到所提供的证据满足监理工程师认为索赔成立那部分的付款和工期顺延。不论监理工程师与承包人协商达成一致，还是他单方面作出的处理决定，批准给予补偿的款额和顺延工期的天数如果在授权范围内，可将此结果通知承包人，并抄送发包人。补偿款将计入下月支付工程进度款的支付证书内，顺延的工期加到原合同工期中去。如果批准的额度超过工程师权限，则应报请发包人批准。

通常，监理工程师的处理决定不是终局性的，对发包人和承包人都不具有强制性的约束力。承包人对监理工程师的决定不满意，可以按合同中的争议条款提交约定的仲裁机构仲裁或诉讼。

（4）发包人审查索赔处理

当监理工程师确定的索赔额超过其权限范围时，必须报请发包人批准。

发包人首先根据事件发生的原因、责任范围、合同条款，审核承包人的索赔申请和监理工程师的处理报告，再依据工程建设的目的、投资控制、竣工投产日期要求以及针对承包人在施工中的缺陷或违反合同规定等的有关情况，决定是否同意工程师的处理意见。

索赔报告经发包人同意后，监理工程师即可签发有关证书。

（5）承包人是否接受最终索赔处理

承包人接受最终的索赔处理决定，索赔事件的处理即告结束。如果承包人不同意，就会导致合同争议。通过协商，双方达到互谅互让的解决方案，是处理争议的最理想方式。如达不成谅解，承包人有权提交仲裁或诉讼解决。

【知识拓展】

项目监理机构批准施工单位费用索赔应同时满足下列条件：

1. 施工单位在施工合同约定的期限内提出费用索赔。

2. 索赔事件是因非施工单位原因造成，且符合施工合同约定。

3. 索赔事件造成施工单位直接经济损失。

当施工单位的费用索赔要求与工程延期要求相关联时，项目监理机构可提出费用索赔和工程延期的综合处理意见，并应与建设单位和施工单位协商。

因施工单位原因造成建设单位损失，建设单位提出索赔时，项目监理机构应与建设单位和施工单位协商处理。

9.2.5 工程延期及工程延误管理

1. 工程延期的种类与内容

（1）在工程项目建设过程中，发生了延长工期的事件并造成了工程竣工日期向后延迟的现象，我们称为工程延期。发生工期拖延的原因是多方面的，由于建设单位或发包方的原因造成的工期拖延，经过项目监理机构和建设单位的认可，同意延长施工工期时，这种工期拖延称为工程延期，否则称为工程延误。

（2）建设工程施工中所有各类合同都应该在合同中明确规定完成工程或工作的期限和天数。

在施工合同中根据情况一般具有下列有关工期的条款：

◆ 总工期的规定，从开工之日起，多少天内竣工，需在合同中订明合同总工期或竣工时间。

◆ 开工日期及未能按时开工按违约处理。

◆ 延长工期的条件以及处理方式。

◆ 拖延工期的责任和处理办法。

◆ 中间暂停工程的责任划分及处理办法。

◆ 竣工条件和交接证书的颁发。

◆ 缺陷责任期或保修期的时间及责任。

2. 工程延期审批的依据

承包单位延期申请能够成立并获得监理工程师批准的依据：

（1）工期拖延事件是否属实，强调实事求是；

（2）是否符合本工程合同规定；

（3）延期事件是否发生在工期网络计划图的关键线路上，即延期是否有效合理；

（4）延期天数的计算是否正确，证据资料是否充足。

上述四款中，只有同时满足前二款延期申请才能成立。至于时间的计算，监理工程师可根据自己的记录，作出公正合理的计算。

上述前三款中，最关键的一款就是第（3）款，即：延期事件是否发生在工期网络计划图的关键线路上。因为在承包商所报的延期申请中，有些虽然满足前两个条件，但并不一定是有效和合理的，只有有效和合理的延期申请才能被批准。也就是说，所发生的工期拖延工程部分项目必须会影响到整个工程项目工期的工程。如果发生工期拖延的工程部分项目并不影响整个工程完工期，那么，批准延期就没有必要了。

项目是否在关键线路上的确定，一般常用方法是：监理工程师根据最新批准的进度计划，可根据进度计划来确定关键线路上的分部工程项目。另外，利用网络图来确定关键线路，是最直观的方法。

3. 工程延期批准的时间和程序

（1）项目监理机构收到施工单位《工程临时延期报审表》及相关证明材料后，可按下列情况进行审理，确定批准工程延期的时间：

◆ 申报的延期事件是否符合施工合同的约定；

◆ 是否在事件发生后合同规定时限内，递交了延期申请报告；

◆ 工期拖延和影响工期事件的事实和程度；

◆ 影响工期事件对工期影响的量化程度。

【知识拓展】

当影响工期事件具有持续性时，项目监理机构应对施工单位提交的阶段性工程临时延期报审表进行审查，并应签署工程临时延期审核意见后报建设单位。

当影响工期事件结束后，项目监理机构应对施工单位提交的工程最终延期报审表进行审查，并应签署工程最终延期审核意见后报建设单位。

（2）工程延期及工程延误处理程序

从接到延期申请表之日起，总监必须在 14 天内签署《工程临时延期报审表》。工程最终延期审批是在影响工期事件结束，施工单位提出最后一个《工程临时延期报审表》批准后，经项目监理机构详细研究评审影响工期事件全过程对工程总工期的影响后，由总监签发《工程最终延期审批表》，批准施工单位有效延期时间。

总监在签署《工程最终延期审批表》前，需与建设单位、施工单位协商，处理时还应综合考虑费用的索赔。

工程延期及工期延误处理程序如图 9-2 所示。

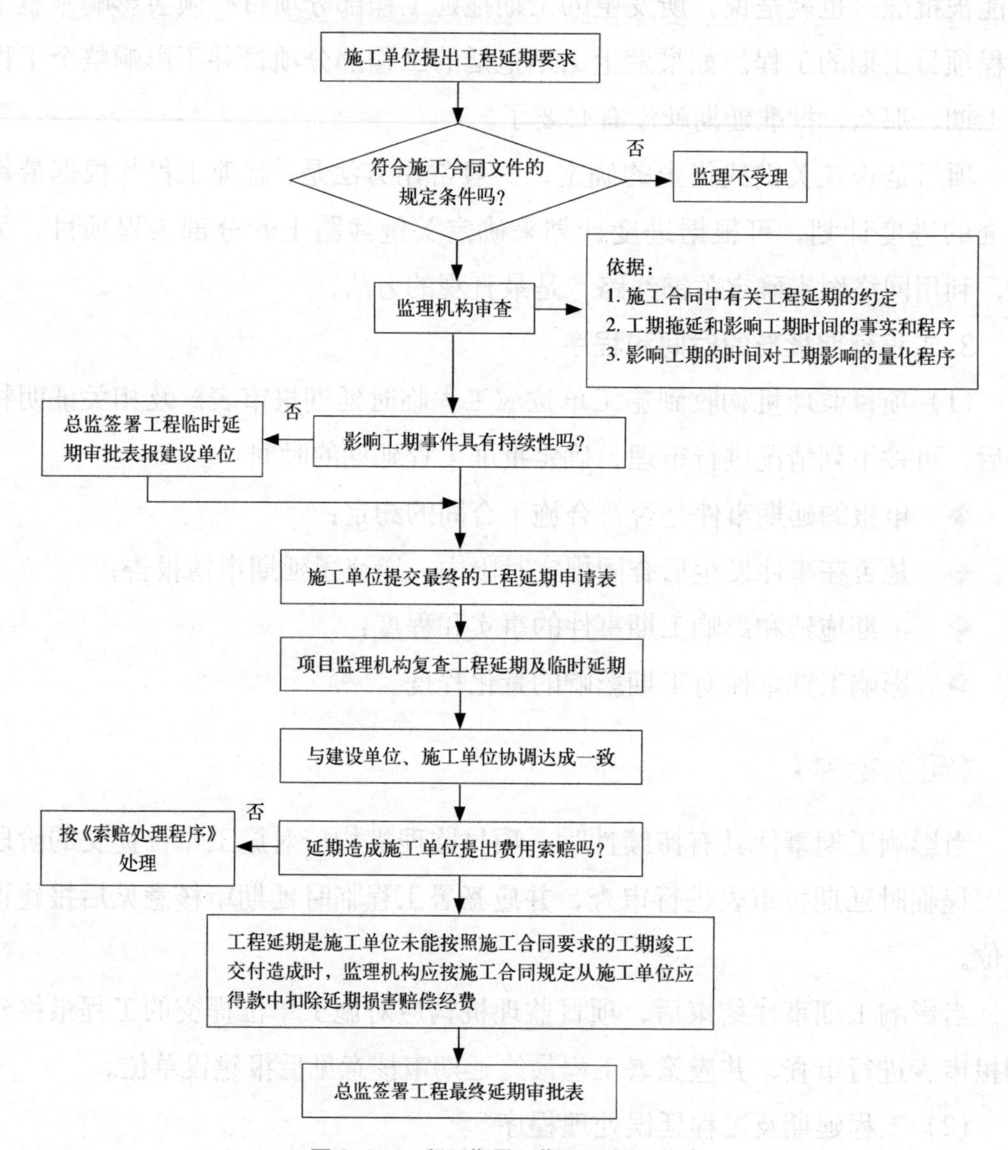

图 9-2　工程延期及工期延误处理程序

【知识拓展】

项目监理机构批准工程延期应同时满足下列条件：

1. 施工单位在施工合同约定的期限内提出工程延期。

2. 因非施工单位原因造成施工进度滞后。

3. 施工进度滞后影响到施工合同约定的工期。

施工单位因工程延期提出费用索赔时，项目监理机构可按施工合同约定进行处理。

发生工期延误时，项目监理机构应按施工合同约定进行处理。

9.2.6 工程合同争议和解除管理

1. 工程合同争议管理

（1）项目监理机构接到合同争议的调解要求后应进行以下工作：

◆ 及时了解合同争议的全部情况，包括进行调查和取证；

◆ 及时与合同争议的双方进行磋商；

◆ 在项目监理机构提出调解方案后，由总监理工程师进行争议调解；

◆ 当调解未能达成一致时，总监理工程师应在施工合同规定的期限内提出处理该合同争议的意见；

◆ 在争议调解过程中，除已达到施工合同规定的暂停履行合同的条件之外，项目监理机构应要求施工合同双方继续履行施工合同。

（2）合同争议调解最后决定的条件

◆ 总监理工程师签发合同争议处理意见后，建设单位或承包单位在施工合同规定的期限内未对合同争议处理决定提出异议，即为合同争议调解的最后决定。

◆ 施工合同中没有规定合同争议的期限时，总监理工程师应在工程开工前与建设单位和承包单位协商确定合同争议的调解期限规定。

◆ 总监理工程师的合同争议调解意见必须符合施工合同的规定。

◆ 合同争议调解任何一方在合同规定的期限内提出了异议，总监理工程师应根据提出意见的正确程度，进一步与双方协商，力争圆满解决。

（3）合同争议仲裁或诉讼的证据提供

◆ 当合同争议调解无效时才进行仲裁或诉讼；

◆ 当仲裁机构或法院要求监理机构提供证据时，监理机构有义务向仲裁机构或法院提供有关证据；

◆ 监理机构向仲裁机构或法院提供证据时，必须实事求是地按时提供。

2. 合同解除管理

（1）施工合同解除的法律程序

◆ 变更或解除施工合同的通知或协议，应采取书面形式（包括文书、电报）。协议未达成前，原施工合同仍然有效。

◆ 施工合同的变更或解除如涉及国家指令性产品或项目，在签订变更或解除协议前应报下达计划的国家业务主管部门批准。

◆ 变更或解除施工合同的建议和答复均应在事件发生后一定时期内提出。

◆ 如果发生必须的合同变更或解除，应尽量提前，以减少损失。

（2）建设单位违约造成合同解除的处理

因建设单位原因导致施工合同解除时，项目监理机构应按施工合同约定与建设单位和施工单位从下列款项中协商确定施工单位应得款项，并签认工程款支付证书：

◆ 施工单位按施工合同约定已完成的工作应得款项。

◆ 施工单位按批准的采购计划订购工程材料、构配件、设备的款项。

◆ 施工单位撤离施工设备至原基地或其他目的地的合理费用。

◆ 施工单位人员的合理遣返费用。

◆ 施工单位合理的利润补偿。

◆ 施工合同约定的建设单位应支付的违约金。

（3）承包单位违约造成合同解除的处理

因施工单位原因导致施工合同解除时，项目监理机构应按施工合同约定，从下列款项中确定施工单位应得款项或偿还建设单位的款项，并应与建设单位和施工单位协商后，书面提交施工单位应得款项或偿还建设单位款项的证明：

◆ 施工单位已按施工合同约定实际完成的工作应得款项和已给付的款项。

◆ 施工单位已提供的材料、构配件、设备和临时工程等的价值。

◆ 对已完工程进行检查和验收、移交工程资料、修复已完工程质量缺陷等所需的费用。

◆ 施工合同约定的施工单位应支付的违约金。

(4) 不可抗力或非建设单位、承包单位原因造成合同解除的处理

因非建设单位、施工单位原因导致施工合同解除时，项目监理机构应按施工合同约定处理合同解除后的有关事宜。

单元 9.3 案例分析

9.3.1 案例 1

【背景】某工程，建设单位委托监理单位承担施工阶段的监理任务。总承包单位按照施工合同约定选择了设备安装分包单位。在合同履行过程中发生如下事件：

事件 1：工程开工前，总承包单位在编制施工组织设计时，认为修改部分施工图设计可以使施工更方便，质量和安全更易保证，遂向项目监理机构提出了设计变更的要求。

事件 2：专业监理工程师检查主体结构施工时，发现总承包单位在未向项目监理机构审报危险性较大的预制构件起重吊装专项方案的情况下已自行施工，且现场没有管理人员。于是，总监理工程师下达了《监理工程师通知单》。

事件 3：专业监理工程师在现场巡视时，发现设备安装分包单位违章作业，有可能导致发生重大质量事故。总监理工程师口头要求总承包单位暂停分包单位施工，但总承包单位未予执行。总监理工程师随即向总承包单位下达了《工程暂停令》，总承包单位在向设备安装分包单位转发《工程暂停令》前，发生了设备安装质量事故。

问题：

1. 针对事件 1 中总承包单位提出的设计变更要求，写出项目监理机构的处理程序。

2. 根据《建设工程安全生产管理条例》规定，事件 2 中起重吊装专项方案需经哪些人签字后方可实施？

3. 指出事件 2 中总监理工程师的做法是否妥当？说明理由。

4. 事件 3 中总监理工程师是否可以口头要求暂停施工？为什么？

5. 就事件3中所发生的质量事故，指出建设单位、监理单位、总承包单位和设备安装分包单位各自应承担的责任，说明理由。

参考答案：

1. 对总承包单位提出的设计变更要求，项目监理机构的处理程序如下：

（1）承包单位应就要求变更的问题填写《工程变更单》送交项目监理机构。

（2）总监理工程师组织专业监理工程师审查施工单位提出的变更要求，若同意则按下列程序进行：

◆ 项目管理机构将审查意见及施工单位要求变更的内容提交建设单位；

◆ 建设单位再将变更意见通知设计单位，设计单位经过研究、计算后，作出变更设计文件；

◆ 监理机构取得变更文件后，对变更的费用和工期进行评估；

◆ 总监理工程师应就变更引起的工期改变及费用的增减评估情况，分别与建设单位和承包单位进行协商；

◆ 总监理工程师签发《工程变更单》。

（3）监理机构审查施工单位提出的变更要求；若不同意，应要求施工单位按原设计施工。

2. 专项方案需经总承包单位负责人、总监理工程师签字后方可实施。

3. 不妥。

理由：承包单位起草吊装专项方案没有报审，现场设有专职安全生产管理人员，依据《建设工程安全生产管理条例》，总监理工程师应下达《工程暂停令》并及时报告建设单位。

4. 可以。

理由：紧急情况下，总监理工程师可以口头下达暂停施工指令，但在规定的时间内应书面确认。

5. 主要依据合同区分各方责任，有合同关系才有责任可言。

就事件3中发生的质量事故，四方责任区分及理由如下：

（1）建设单位。建设单位没有责任。

理由：本次质量事故是由于分包单位违章作业造成的，与建设单位无关。

（2）监理单位。监理单位没有责任。

理由：质量事故是由于分包单位违章作业造成的，且监理单位已经口头要求暂停施工，可以说监理单位已按规定履行了职责。

(3) 总承包单位。总承包单位应承担连带责任。

理由：工程分包不能解除承包人对发包人应承担在该工程施工的合同质量责任和义务。此外，总承包单位有义务对分包单位的施工进行监督管理。本次质量事故也是由于总承包单位没有对分包单位实施有效的监督管理而造成的，因此总承包单位应承担连带责任。

(4) 分包单位。分包单位应承担主要责任。

理由：本次质量事故由于分包单位违章作业而直接造成的，因此其应承担主要责任。

9.3.2 案例 2

【背景】某实行监理的工程，实施过程中发生下列事件：

事件 1：建设单位于 2010 年 11 月底向中标的监理单位发出监理中标通知书，监理中标价为 280 万元。建设单位与监理单位协商后，于 2011 年 1 月 10 日签订了委托监理合同。监理合同约定：合同价为 260 万元；因非监理单位原因导致监理服务期延长，每延长一个月增加监理费 8 万元；监理服务自合同签订之日起开始，服务期 26 个月。

建设单位通过招标确定了施工单位，并与施工单位签订了施工承包合同，合同约定：开工日期为 2011 年 2 月 10 日，施工总工期为 24 个月。

事件 2：由于吊装作业危险性较大，施工项目部编制了专项施工方案，并送现场监理员签收。吊装作业前，吊车司机使用风速仪检测到风力过大，拒绝进行吊装作业。施工项目经理便安排另一名吊车司机进行吊装作业，监理员发现后立即向专业监理工程师汇报，该专业监理工程师回答说：这是施工单位内部的事情。

事件 3：监理员将施工项目部编制的专项施工方案交给总监理工程师后，发现现场吊装作业吊车发生故障。为了不影响进度，施工项目经理调来另一台吊车，该吊车比施工方案确定的吊车吨位稍小，但经安全检测可以使用。监理员立即将此事向总监理工程师汇报，总监理工程师以专项施工方案未经审查批准就实施为由，签发了停止吊装作业的指令。施工项目经理签收暂停令后，仍要求施工人员继续进行吊装。总监理工程师报告了建设单位，建设单位负责人称工期紧迫，要求总监理工程师收回吊装作业暂停令。

事件4：由于施工单位的原因，施工总工期延误5个月，监理服务期达30个月。监理单位要求建设单位增加监理费32万元，而建设单位认为监理服务期延长是施工单位造成的，监理单位对此也负有责任，不同意增加监理费。

问题：

1. 指出事件1中建设单位做法的不妥之处，写出正确做法。

2. 指出事件2中专业监理工程师的不妥之处，写出正确做法。

3. 指出事件2和事件3中施工项目经理在吊装作业中的不妥之处，写出正确做法。

4. 分别指出事件3中建设单位、总监理工程师工作中的不妥之处，写出正确做法。

5. 事件4中，监理单位要求建设单位增加监理费是否合理？说明理由。

参考答案：

1. 事件1中不妥之处如下：

（1）因非监理原因导致延长监理服务期，每延长1个月增加监理费8万元不妥。按监理合同范本，增加监理工作时间的补偿酬金按下式计算：

补偿酬金 = 附加工作天数 × 合同约定的报酬 / 合同约定的监理服务天数

= 1个月 ×260万元 /26个月 =10万元

（2）合同有效期的规定应当是双方合同签订后，工程准备工作开始（1个月，2011年1月10日至2月10日工程开工）到监理人向委托人办理完竣工验收或移交手续，承包人与委托人已签订保修责任书（施工合同工期24个月），监理合同终止。

因此，应为24+1=25个月，而不是26个月。如果保修期间仍需监理人执行监理，应在专用条款中另行规定。

2. 在事件2中，专业监理工程师对施工单位违规做法不予控制是不妥的。

正确做法是立即口头指令暂停吊装施工并报总监理工程师下达书面指令要求施工单位按批准的专项施工方案执行，在风速达到规定的安全风速限度以内时，方可恢复施工。

3.（1）在事件 2 中，施工项目部将吊装作业的专项施工方案送现场监理员不妥。应报送专业监理工程师审查。

（2）在事件 2 中，在风速过大超过规定作业限制风速，吊车司机拒绝作业的情况下，施工项目经理另安排其他司机进行作业不妥。正确做法应当是暂停作业，待风速降至法规容许作业的风速下方准作业。

（3）在事件 3 中，吊车发生故障后，施工项目经理调用比原施工方案确定的吨位小的吊车作业不妥，在总监理工程师下达暂停令后仍继续施工也不妥。正确做法应当是向监理方提出施工方案，请求审查认可后施工。

4. 在事件 3 中，建设单位不考虑作业安全与质量的要求，要求总监理工程师收回暂停令不妥。正确做法应当是建议监理方尽快审查施工单位替代方案的可行性，如可行尽快恢复施工。

在事件 3 中，总监理工程师直接发布指令处理此事不妥，他应指令专业监理工程师立刻审查吊装方案可行性，根据实际情况决定处理方式。

5. 监理单位要求建设单位增加监理费合理，因为根据有关法规，监理服务期延长应增加监理服务费。由于工期延长是施工单位造成的，该监理增加费可通过建设单位因延误工期而向施工单位提出的索赔中计入。

【思考与练习题】

一、填空题

1. 工程建设合同的类别有：（ ）合同、（ ）合同、（ ）合同、（ ）合同（材料采购合同和设备采购合同）等。

2. 建设工程委托监理合同示范文本组成：工程建设委托监理（ ）；建设工程委托监理（ ）；建设工程委托监理（ ）。

3. 工程暂停令的签发权限，必须是（ ）签发。

4. 建设单位要求暂停施工，经（ ）独立判断认为有必要暂停施工。

5. 在总监理工程师签发《工程变更单》前，（ ）不得实施工程变更，否则（ ）机构不予计量。

二、单选题

1. 索赔事件发生后，承包人应在索赔事件发生后的（ ）天内向监理工程师递交索赔意向通知，声明将对此事件提出索赔。

A. 7 天　　B. 14 天

C. 28 天　　D. 30 天

2. 处理施工单位提出的工程变更时，（ ）组织专业监理工程师对工程变更费用及工期影响作出评估。

A. 建设单位　　B. 施工单位

C. 监理单位　　D. 总监理工程师

3. 项目监理机构处理索赔的依据是（ ）。

A. 国家的有关法律、法规和工程所在地的地方法规　　B. 国际关系变化

C. 工程施工合同文件　　D. 以上都是

三、判断题

1. 监理方和施工方都需要委托合同才能开展业务。（ ）

2. 工程变更可以由监理单位提出，也可以由施工单位提出。（ ）

3. 监理单位有权审核施工单位分包方的资质。（ ）

4. 当发现施工单位擅自修改设计时，专业监理工程师负责签发工程暂停令。（ ）

5. 总监理工程师负责签发复工令。（ ）

四、简答题

1. 简述委托监理合同概念和特点。

2. 项目监理机构对分包单位资格应审核什么内容？

3. 工程变更的管理与审批一般原则是什么？

4. 项目监理机构按什么程序处理施工单位提出的工程变更？

五、案例题

背景：

某监理单位承担了一个大型工业项目的施工监理工作，经过招标，建设单位选择了甲、乙两家施工单位分别承担 A、B 标段工程的施工，分别和甲、乙施工单位签订了施工合同。建设单位与乙施工单位在合同中约定，B 标段所需的部分设备由建设单位负责采购，乙施工单位按照正常的程序将 B 标段的安装工程分包给丙施工单位。在施工过程中，发生了如下事件：

事件一：建设单位在采购 B 标段的锅炉设备时，设备生产厂商提出由自己的施工队伍进行安装更能保证质量，建设单位便与设备生产厂商签订了供货和安装合同并通知了监理单位。

事件二：专业监理工程师对 B 标段进场的配电设备进行检验时，发现由建设单位采购的某个设备质量不合格。建设单位对该设备进行了更换，从而导致丙施工单位停工。因此，丙施工单位致函监理单位，要求补偿其被迫停工所遭受的损失并延长工期。

问题：

1. 在事件一中，建设单位将设备交由生产厂商安装的做法是否正确？为什么？

2. 在事件一中，若乙施工单位同意由该设备生产厂商的施工队伍安装该设备，监理单位应该如何处理？

3. 在事件二中，丙施工单位的索赔要求是否应该向监理单位提出？为什么？对该索赔事件应如何应处理？

模块 10
建设工程信息管理与监理资料归档实务

【模块概述】

信息技术在建筑业中得以广泛应用，并对建设工程的实践起到了十分深远的影响。建设工程项目监理过程中，涉及大量的信息。监理工程师作为项目管理者，承担着项目信息管理的任务。建设工程的信息流由建设方各自的信息流组成，监理单位的信息系统作为建设工程系统的一个子系统。建设工程文件是在工程建设过程中形成的各种形式的信息记录。监理文件是监理单位在工程设计、施工等阶段监理过程中形成的文件。

【学习目标】

通过本模块的学习，学生能够：了解建设工程信息管理的内容、分类、基本任务，信息管理工作的基本原则和流程，建设工程监理资料管理的内容和基本要求。

单元 10.1　建设工程信息管理概述

【单元描述】

信息技术在建筑业中得以广泛应用，并对建设工程的实践起到了十分深远的影响。建设工程信息管理工作涉及多部门、多环节、多专业、多渠道，工程信息量大，来源广泛，形式多样。

【学习支持】

当今社会，由于科学技术的发展，使人类进入了一个崭新的时代，这个时代即信息时代。信息时代体现在：科学技术高度发展，社会信息总量急剧增长，人们工作、生活越来越依赖信息。信息是现代社会中组织对复杂系统研究、规划设计、施工及运营决策不可缺少的重要资源。在现代工程建设项目管理中，信息对工程项目建设投资决策、项目规划设计、项目施工管理和项目建成后的运营等方面都起着决定性的影响和关键性的作用。

据国际有关文献资料介绍，建设工程项目实施过程中存在的诸多问题，其中 2/3 与信息交流（信息沟通）的问题有关；建设工程项目 10% ~ 33% 的费用增加与信息交流存在的问题有关；在大型建设工程项目中，信息交流的问题导致工程变更和工程实施的错误约占工程总成本的 3% ~ 5%。由此可见，信息管理的重要性。因此，研究工程建设项目的信息资源及其信息管理，已是现代工程建设项目管理的重要组成部分，也是从事工程项目建设监理的重要工作内容。

建设工程监理的主要方法是控制，控制的基础是信息。信息管理是工程监理任务的主要内容之一。及时掌握准确、完整的信息，可以使监理工程师耳聪目明，可以更加有效地完成监理任务。信息管理工作的好坏，将会直接影响监理工作的成败。监理工程师应重视建设工程项目的信息管理工作，掌握信息管理方法。

10.1.1 信息技术对建设工程的影响

随着信息技术的高速发展和不断应用，其影响已波及传统建筑业的方方面面。随着信息技术（尤其是计算机软硬件技术、数据存储与处理技术及计算机网络技术）在建筑业中的应用，建设工程的手段不断更新和发展。建设工程的手段与建设工程思想、方法和组织不断互动，产生了许多新的管理理论，并对建设工程的实践起到了十分深远的影响。

项目控制、集成化管理、虚拟建筑都是在此背景下产生和发展的。具体而言，信息技术对工程项目管理的影响在于：

1. 建设工程系统的集成化，包括各方建设工程系统的集成以及建设工程系统与其他管理系统（项目开发管理、物业管理）在时间上的集成。

2. 建设工程组织的虚拟化。在大型项目中，建设工程组织在地理上分散，但在工作上协同。

3. 在建设工程的方法上，由于信息沟通技术的应用，项目实施中有效的信息沟通与组织协调使工程建设各方可以更多地采用主动控制，避免了许多不必要的工期延迟和费用损失，目标控制更为有效。

建设工程任务的变化，信息管理更为重要，甚至产生了以信息处理和项目战略规划为主要任务的新型管理模式——项目控制。

10.1.2　建设工程项目管理中的信息

1. 建设工程项目信息的构成

由于建设工程信息管理工作涉及多部门、多环节、多专业、多渠道，工程信息量大，来源广泛，形式多样，主要信息形态有下列形式：

（1）文字图形信息

包括勘察、测绘、设计图纸及说明书、计算书、合同，工作条例及规定，施工组织设计，情况报告，原始记录，统计图表、报表，信函等信息。

（2）语言信息

包括口头分配任务、作指示、汇报、工作检查、介绍情况、谈判交涉、建议、批评、工作讨论和研究、会议等信息。

（3）新技术信息

包括通过网络、电话、电报、电传、计算机、电视、录像、录音、广播等现代化手段收集及处理的一部分信息。

监理工作者应当捕捉各种信息并加工处理和运用各种信息。

2. 建设工程项目信息的分类原则和方法

在大型工程项目的实施过程中，处理信息的工作量非常巨大，必须借助于计算机系统才能实现。统一的信息分类和编码体系的意义在于使计算机系统和所有的项目参与方之间具有共同的语言，一方面使得计算机系统更有效地处理、存储项目信息，另一方面也有利于项目参与各方更方便地对各种信息进行交换与查询。项目信息的分类和编码是建设监理信息管理实施时所必须完成的一项基础工作，信息分类编码工作的核心是在对项目信息内容分析的基础上建立项目的信息分类体系。

信息分类是指：在一个信息管理系统中，将各种信息按一定的原则和方法进行区分和归类，并建立起一定的分类系统和排列顺序，以便管理和使用信息。对信息分类体系的研究一直是信息管理科学的一项重要课题，信息分类的理论与方法广泛地应用于信息管理的各个分支，如图书管理、情报档案管理等。这些理论与方法是我们进行信息分类体系研究的主要依据。在工程管理领域，针对不同的应用需求，各国的研究者也开发、设计了各种信息分类标准。

（1）信息分类的原则

对建设项目的信息进行分类必须遵循以下基本原则：

◆ 稳定性

信息分类应选择分类对象最稳定的本质属性或特征作为信息分类的基础和标准。信息分类体系应建立在对基本概念和划分对象的透彻理解基础上。

◆ 兼容性

项目信息分类体系必须考虑到项目各参与方所应用的编码体系的情况，项目信息分类体系应能满足不同项目参与方高效信息交换的需要。同时，与有关国际、国内标准的一致性也是兼容性应考虑的内容。

◆ 可扩展性

项目信息分类体系应具备较强的灵活性，可以在使用过程中进行方便的扩展。在分类中通常应设置收容类目，以保证增加新的信息类型时，不至于打乱已建立的分类体系，同时一个通用的信息分类体系还应为具体环境中信息分类体系的拓展和细化创造条件。

◆ 逻辑性原则

项目信息分类体系中信息类目的设置有着极强的逻辑性，如要求同一层面上各个子类互相排斥。

◆ 综合实用性

信息分类应从系统工程的角度出发，放在具体的应用环境中进行整体考虑。这体现在信息分类的标准与方法的选择上，应综合考虑项目的实施环境和信息技术工具。确定具体应用环境中的项目信息分类体系，应避免对通用信息分类体系的生搬硬套。

(2) 项目信息分类基本方法

根据国际上的发展和研究，建设工程项目信息分类有两种基本方法：

◆ 线分类法

线分类法又名层级分类法或树状结构分类法。它是将分类对象按所选定的若干属性或特征（作为分类的划分基础）逐次地分成相应的若干个层级目录，并排列成一个有层次的、逐级展开的树状信息分类体系。在这一分类体系中，同一层面的同位类目间存在并列关系，同位类目间不重复、不交叉。线分类法具有良好的逻辑性，是最为常见的信息分类方法。

◆ 面分类法

面分类法是将所选定的分类对象的若干个属性或特征视为若干个“面”，每个“面”中又可以分成许多彼此独立的若干个类目。在使用时，可根据需要将这些“面”中的类目组合在一起，形成一个复合的类目。面分类法具有良好的适应性，而且十分利于计算机处理信息。

在工程实践中，由于工程项目信息的复杂性，单独使用一种信息分类方法往往不能满足使用者的需要。在实际应用中往往是根据应用环境组合使用，以某一种分类方法为主，辅以另一种方法，同时进行一些人为的特殊规定以满足信息使用者的要求。

【知识拓展】

所谓信息管理是指对信息的收集、加工整理、储存、传递与应用等一系列工作的总称。

信息管理的目的就是通过有组织的信息流通，使决策者能及时、准确地获得相应的信息。为了达到信息管理的目的，就要把握好信息管理的各个环节，并要做到：

（1）了解和掌握信息来源，对信息进行分类；

（2）掌握和正确运用信息管理的手段（如计算机）；

（3）掌握信息流程的不同环节，建立信息管理系统。

单元 10.2　建设工程信息管理的主要内容

【单元描述】

建设工程项目监理过程中涉及大量的信息。这些信息依据不同标准进行划分，就可以进行有效的管理。监理工程师作为项目管理者，承担着项目信息管理的任务。建设工程的信息流由建设各方各自的信息流组成，监理单位的信息系统作为建设工程系统的一个子系统。

【学习支持】

10.2.1　建设工程项目信息的分类

1. 按照建设工程的目标划分

（1）投资控制信息

投资控制信息是指与投资控制直接有关的信息。如各种估算指标、类似工程造价、物价指数；设计概算、概算定额；施工图预算、预算定额；工程项目投资估算；合同价组成；投资目标体系；计划工程量、已完工程量、单位时间付款报表、工程量变化表、人工、材料调差表；索赔费用表；投资偏差、已完工程结算；竣工决算、施工阶段的支付账单；原材料价格、机械设备台班费、人工费、运杂费等。

（2）质量控制信息

指建设工程项目质量有关的信息，如国家有关的质量法规、政策及质量标准、项目建设标准；质量目标体系和质量目标的分解；质量控制工作流程、工作制度、方法；质量控制的风险分析；质量抽样检查的数据；各个环节工作的质量（工程项目决策的质量、设计的质量、施工的质量）；质量事故记录和处理报告等。

（3）进度控制信息

指与进度相关的信息，如施工定额；项目总进度计划、进度目标分解、项目年度计划、工程总网络计划和子网络计划、计划进度与实际进度偏差；网络计划的优化、网络计划的调整情况；进度控制的工作流程、工作制度、风险分析等。

（4）合同管理信息

指建设工程相关的各种合同信息，如工程招投标文件；工程建设施工承包合同，物资设备供应合同，咨询、监理合同；合同的指标分解体系；合同签订、变更、执行情况；合同的索赔等。

2. 按照建设工程项目信息的来源划分

（1）项目内部信息

指建设工程项目各个阶段、各个环节、各有关单位发生的信息总体。内部信息取自建设项目本身，如工程概况、设计文件、施工方案、合同结构、合同管理制度、信息资料的编码系统、信息目录表、会议制度、监理班子的组织、项目的投资目标、项目的质量目标、项目的进度目标等。

（2）项目外部信息

来自项目外部环境的信息称为外部信息。如国家有关的政策及法规；国内及国际市场的原材料及设备价格、市场变化；物价指数；类似工程造价、进度；投标单位的实力、投标单位的信誉；新技术、新材料、新方法；国际环境的变化；资金市场变化等。

3. 按照信息的稳定程度划分

（1）固定信息

指在一定时间内相对稳定不变的信息，包括标准信息、计划信息和查询信息。标准信息主要指各种定额和标准，如施工定额、原材料消耗定额、生产作业计划标准、设备和工具的耗损程度等。计划信息反映在计划期内已定任务的各项指标情况。查询信息主要指国家和行业颁发的技术标准、不变价格、监理工作制度、监理工程师的人事卡片等。

（2）流动信息

是指在不断变化的动态信息。如项目实施阶段的质量、投资及进度的统计信息；反映在某一时刻，项目建设的实际进程及计划完成情况；项目实施阶段的原材料实际消耗量、机械台班数、人工工日数等。

4. 按照信息的层次划分

（1）战略性信息

指该项目建设过程中的战略决策所需的信息、投资总额、建设总工期、承包商的选定、合同价的确定等信息。

（2）管理型信息

指项目年度进度计划、财务计划等。

（3）业务性信息

指各业务部门的日常信息，内容较具体，精度较高。

5. 按照信息的性质划分

将建设项目信息按项目管理功能划分为：组织类信息、管理类信息、经济类信息和技术类信息四大类，每类信息根据工程建设各阶段项目管理的工作内容又可进一步细分。

6. 按其他标准划分

（1）按照信息范围的不同，可以把建设工程项目信息分为精细的信息和摘要的信息两类。

（2）按照信息时间的不同，可以把建设工程项目信息分为历史性信息、即时信息和预测性信息三大类。

（3）按照监理阶段的不同，可以把建设工程项目信息分为计划的、作业的、核算的、报告的信息。在监理开始时，要有计划的信息；在监理过程中，要有作业的和核算的信息；在某一项目的监理工作结束时，要有报告的信息。

（4）按照对信息的期待性不同，可以把建设工程项目信息分为预知的和突发的信息两类。预知的信息是监理工程师可以估计到的，它产生在正常情况下；突发的信息是监理工程师难以预计的，它发生在特殊情况下。

以上是常用的几种分类形式。按照一定的标准，将建设工程项目信息予以分类，对监理工作有着重要意义。因为不同的监理范畴，需要不同的信息，而把信息予以分类，有助于根据监理工作的不同要求，提供适当的信息。例如日常的监理业务是属于高效率地执行特定业务的过程，由于业务内容、目标、资源等都是已经明确规定的，因此判断的情况并不多。它所需要的信息常常是历史性的，结果是可以预测的，绝大多数是项目内部的信息。

10.2.2 建设工程项目信息管理的基本任务

监理工程师作为项目管理者，承担着项目信息管理的任务，负责收集项目实施情况的信息，做各种信息处理工作，并向上级、向外界提供各种信息，其信息管理的任务主要包括：

（1）组织项目基本情况信息的收集并系统化，编制项目手册。项目管理的任务之一是，按照项目的任务，按照项目的实施要求，设计项目实施和项目管理中的信息和信息流，确定它们的基本要求和特征，并保证在实施过程中信息顺利流通。

（2）项目报告及各种资料的规定，例如资料的格式、内容、数据结构要求。

（3）按照项目实施、项目组织、项目管理工作过程建立项目管理信息系统流程，在实际工作中保证这个系统正常运行，并控制信息流。

（4）文件档案管理工作。

有效的项目管理需要更多地依靠信息系统的结构和维护。信息管理影响组织和整个项目管理系统的运行效率，是人们沟通的桥梁，监理工程师应对它有足够的重视。

10.2.3 建设工程信息管理工作的原则

对于大型项目，建设工程产生的信息数量巨大，种类繁多。为便于信息的搜集、处理、储存、传递和利用，监理工程师在进行建设工程信息管理实践中逐步形成了以下基本原则。

1. 标准化原则

要求在项目的实施过程中对有关信息的分类进行统一，对信息流程进行规范，产生控制报表则力求做到格式化和标准化，通过建立健全的信息管理制度，从组织上保证信息生产过程的效率。

2. 有效性原则

监理工程师所提供的信息应针对不同层次管理者的要求进行适当加工，

针对不同管理层提供不同要求和浓缩程度的信息。例如对于项目的高层管理者而言，提供的决策信息应力求精练、直观，尽量采用形象的图表来表达，以满足其战略决策的信息需要。这一原则是为了保证信息产品对于决策支持的有效性。

3. 定量化原则

建设工程产生的信息不应是项目实施过程中产生数据的简单记录，应该是经过信息处理人员的比较与分析。采用定量工具对有关数据进行分析和比较是十分必要的。

4. 时效性原则

考虑工程项目决策过程的时效性，建设工程的成果也应具有相应的时效性。建设工程的信息都有一定的生产周期，如月报表、季度报表、年度报表等，这都是为了保证信息产品能够及时服务于决策。

19. 信息管理工作的原则

5. 高效处理原则

通过采用高性能的信息处理工具（建设工程信息管理系统），尽量缩短信息在处理过程中的延迟，监理工程师的主要精力应放在对处理结果的分析和控制措施的制定上。

6. 可预见原则

建设工程产生的信息作为项目实施的历史数据，可以用于预测未来的情况，监理工程师应通过采用先进的方法和工具为决策者制定未来目标和行动规划提供必要的信息。如通过对以往投资执行情况的分析，对未来可能发生的投资进行预测，作为采取事先控制措施的依据，这在工程项目管理中也是十分重要的。

10.2.4 信息分类的编码原则

在信息分类的基础上，可以对项目信息进行编码。信息编码是：将事物或概念（编码对象）赋予一定规律性的、易于计算机和人识别与处理的符号。它具有标识、分类、排序等基本功能。项目信息编码是项目信息分类体系的体现，对项目信息进行编码的基本原则包括：

1. 唯一性

虽然一个编码对象可有多个名称，也可按不同方式进行描述，但是在一个分类编码标准中，每个编码对象仅有一个代码，每一个代码唯一表示一个编码对象。

2. 合理性

项目信息编码结构应与项目信息分类体系相适应。

3. 可扩充性

项目信息编码必须留有适当的后备容量，以便适应不断扩充的需要。

4. 简单性

项目信息编码结构应尽量简单，长度尽量短，以提高信息处理的效率。

5. 适用性

项目信息编码应能反映项目信息对象的特点，便于记忆和使用。

6. 规范性

在同一个项目的信息编码标准中，代码的类型、结构及编写格式都必须统一。

10.2.5 建设工程信息管理流程

建设工程是一个由多个单位、多个部门组成的复杂系统，这是建设工程的复杂性决定的。参加建设的各方要能够实现随时沟通，必须规范相互之间的信息流程，组织合理的信息流。各方需要数据和信息时，能够从相关的部门、相关的人员处及时得到，而且数据和信息是按照规范的形式提供的。相应地，有关各方也必须在规定的时间、提供规定形式的数据和信息给其他需要的部门和使用的人，达到信息管理的规范化。我们希望监理工程师时时刻刻想到：何时，提供什么形式的数据和信息给谁；何时，从什么部门、什么人处得到什么形式的数据和信息。

1. 建设工程信息流程的组成

建设工程的信息流由建设各方各自的信息流组成，监理单位的信息系统作为建设工程系统的一个子系统，监理的信息流仅仅是其中的一部分信息流。

2. 监理单位及项目监理部信息流程的组成

作为监理单位内部，也有一个信息流程，监理单位的信息系统更偏重于公司内部管理和对所监理的建设工程项目监理部的宏观管理，对具体的某个工程项目监理部，也要组织必要的信息流程，加强项目数据和信息的微观管理。

了解建设工程项目各参建方之间正确的信息流程，目的是组建建设工程项目的合理信息流，保证工程数据的真实性和信息的及时产生。

3. 建设工程信息管理的基本环节

建设工程信息管理贯穿建设工程全过程，衔接建设工程各个阶段、各个参建单位和各个方面，其基本环节有：信息的收集、传递、加工、整理、检索、分发、存储。

（1）建设工程信息的收集

建设工程参建各方对数据和信息的收集是不同的，有不同的来源，不同的角度，不同的处理方法，但要求各方相同的数据和信息应该规范。

建设工程参建各方在不同的时期对数据和信息收集也是不同的，侧重点有不同，但也要规范信息行为。

从监理的角度，建设工程的信息收集由介入阶段不同，决定收集不同的内容。监理单位介入的阶段有：项目决策阶段、项目设计阶段、项目施工招投标阶段、项目施工阶段等多个阶段。各不同阶段，与建设单位签订的监理合同内容也不尽相同，因此收集信息要根据具体情况决定。

1）项目决策阶段的信息收集

在项目决策阶段，其他国家监理单位就已介入，因为该阶段对建设工程的效益影响最大。我国则因为过去管理体制和人才能力的局限，人为地分为前期咨询和施工阶段监理。今后监理单位将同时进行建设工程各阶段的技术服务，进入工程咨询领域，进行项目决策阶段相关信息的收集。该阶段主要收集外部宏观信息，要收集历史、现代和未来三个时态的信息，具有较多的不确定性。

在项目决策阶段，信息收集从以下几方面进行：

◆ 项目相关市场方面的信息。如产品预计进入市场后的市场占有率、社会需求量、预计产品价格变化趋势、影响市场渗透的因素、产品的生命周期等。

◆ 项目资源相关方面的信息。如资金筹措渠道、方式，原辅料、矿藏来源，劳动力，水、电、气供应等。

◆ 自然环境相关方面的信息。如城市交通、运输、气象、地质、水文、地形地貌、废料处理可能性等。

◆ 新技术、新设备、新工艺、新材料，专业配套能力方面的信息。

◆ 政治环境，社会治安状况，当地法律、政策、教育的信息。

这些信息的收集是为了帮助建设单位避免决策失误，进一步开展调查和投资机会研究，编写可行性研究报告，进行投资估算和工程建设经济评价。

2）设计阶段的信息收集

设计阶段是工程建设的重要阶段，在设计阶段决定了工程规模、建筑形式、工程的概算、技术先进性、适用性、标准化程度等一系列具体的要素。目前，监理已经由施工监理向设计监理前移。因此，了解该阶段应该收集什么信息，有利于监理工程师开展好设计监理。

监理单位在设计阶段的信息收集要从以下几处进行：

◆ 可行性研究报告，前期相关文件资料，存在的疑点和建设单位的意图，建设单位前期准备和项目审批完成的情况。

◆ 同类工程相关信息：建筑规模，结构形式，造价构成，工艺、设备的选型，地质处理方式及实际效果，建设工期，采用新材料、新工艺、新设备、新技术的实际效果及存在问题，技术经济指标。

◆ 拟建工程所在地相关信息：地质、水文情况，地形地貌、地下埋设和人防设施情况，城市拆迁政策和拆迁户数，青苗补偿，周围环境（水电气、道路等的接入点，周围建筑、交通、学校、医院、商业、绿化、消防、排污）。

◆ 勘察、测量、设计单位相关信息：同类工程完成情况，实际效果，完成该工程的能力，人员构成，设备投入，质量管理体系完善情况，创新能力，收费情况，施工期技术服务主动性和处理发生问题的能力，设计深度和技术文件质量，专业配套能力，设计概算和施工图预算编制能力，合同履约情况，采用设计新技术、新设备能力等。

◆ 工程所在地政府相关信息：国家和地方政策、法律、法规、规范规程、环保政策、政府服务情况和限制等。

◆ 设计中的设计进度计划，设计质量保证体系，设计合同执行情况，偏差产生的原因，纠偏措施，专业间设计交接情况，执行规范、规程、技术标准，特别是强制性规范执行的情况，设计概算和施工图预算结果，了解超限额的原因，了解各设计工序对投资的控制等。

设计阶段信息的收集范围广泛，来源较多，不确定因素较多，外部信息较多，难度较大，要求信息收集者要有较高的技术水平和较广的知识面，又要有一定的设计相关经验、投资管理能力和信息综合处理能力，才能完成该阶段的信息收集。

3）施工招投标阶段的信息收集

在施工招投标阶段的信息收集，有助于协助建设单位编写好招标书，有助于帮助建设单位选择好施工单位和项目经理、项目班子，有利于签订好施工合同，为保证施工阶段监理目标的实现打下良好基础。

施工招投标阶段信息收集从以下几方面进行：

◆ 工程地质、水文地质勘察报告，施工图设计及施工图预算、设计概算，设计、地质勘察、测绘的审批报告等方面的信息，特别是该建设工程有别于其他同类工程的技术要求、材料、设备、工艺、质量要求有关信息。

◆ 建设单位建设前期报审文件：立项文件，建设用地、征地、拆迁文件。

◆ 工程造价的市场变化规律及所在地区的材料、构件、设备、劳动力差异。

◆ 当地施工单位管理水平，质量保证体系、施工质量、设备、机具能力。

◆ 本工程适用的规范、规程、标准，特别是强制性规范。

◆ 所在地关于招投标有关法规、规定，国际招标、国际贷款指定适用的范本，本工程适用的建筑施工合同范本及特殊条款精髓所在。

◆ 所在地招投标代理机构能力、特点，所在地招投标管理机构及管理程序。

◆ 该建设工程采用的新技术、新设备、新材料、新工艺，投标单位对“四新”的处理能力和了解程度、经验、措施。

在施工招投标阶段，要求信息收集人员充分了解施工设计和施工图预算，熟悉法律法规，熟悉招、投标程序，熟悉合同示范文本，特别要求在了解工程特点和工程量分解上有一定能力，才能为建设方决策提供必要的信息。

4）施工阶段的信息收集

目前，我国的监理大部分在施工阶段进行，有比较成熟的经验和制度，各地对施工阶段信息规范化也提出了不同深度的要求，建设工程竣工验收规范也已经配套，建设工程档案制度也比较成熟。但是，由于我国施工管理水平所限，目前在施工阶段信息收集上，建设工程参与各方信息传递上，施工信息标准化、规范化上都需要加强。

施工阶段的信息收集，可从施工准备期、施工期、竣工保修期三个子阶段分别进行。

施工准备期指从建设工程合同签订到项目开工这个阶段，在施工招投标阶段监理未介入时，本阶段是施工阶段监理信息收集的关键阶段，监理工程师应该从如下几点入手收集信息：

◆ 监理大纲；施工图设计及施工图预算，特别要掌握结构特点，掌握工程难点、要点、特点，掌握工业工程的工艺流程特点、设备特点，了解工程预算体系（按单位工程、分部工程、分项工程分解）；了解施工合同。

◆ 施工单位项目经理部组成，进场人员资质；进场设备的规格型号、保修记录；施工场地的准备情况；施工单位质量保证体系及施工单位的施工组织设计，特殊工程的技术方案，施工进度网络计划图表；进场材料、构件管理制度；安全保安措施；数据和信息管理制度；检测和检验、试验程序和设备；承包单位和分包单位的资质等施工单位信息。

◆ 建设工程场地的地质、水文、测量、气象数据；地上、地下管线，地下洞室，地上原有建筑物及周围建筑物、树木、道路；建筑红线，标高、坐标；水、电、气管道的引入标志；地质勘察报告、地形测量图及标桩等环境信息。

◆ 施工图的会审和交底记录；开工前的监理交底记录；对施工单位提交的施工组织设计按照项目监理部要求进行修改的情况；施工单位提交的开工报告及实际准备情况。

◆ 本工程需遵循的相关建筑法律、法规和规范、规程，有关质量检验、控制的技术法规和质量验收标准。

在施工准备期，信息的来源较多、较杂，由于参建各方相互了解还不够，信息渠道没有建立，收集有一定困难。因此，更应该组建工程信息合理的流程，确定合理的信息源，规范各方的信息行为，建立必要的信息秩序。

施工实施期，信息来源相对比较稳定，主要是施工过程中随时产生的数据，由施工单位层层收集上来，比较单纯，容易实现规范化。目前，建设主管部门对施工阶段信息收集和整理有明确的规定，施工单位也有一定的管理经验和处理程序。随着建设管理部门加强行业管理，相对容易实现信息管理的规范化，关键是施工单位和监理单位、建设单位在信息形式上和汇总上不统一。因此，统一建设各方的信息格式，实现标准化、代码化、规范化是我国目前建设工程必须解决的问题。目前，各地虽都有地方规程，但大多数没有实现施工、建设、监理的统一格式，给工程建设档案和各方数据交换带来一定的麻烦，仅少数地方规程对施工、建设、监理各方信息加以统一，较好地解决了信息的规范化、标准化。

施工实施期收集的信息应该分类并由专门的部门或专人分级管理，项目监理部可从下列方面收集信息：

◆ 施工单位人员、设备、水、电、气等能源的动态信息。

◆ 施工期气象的中长期趋势及同期历史数据，每天不同时段动态信息，特别在气候对施工质量影响较大的情况下，更要加强收集气象数据。

◆ 建筑原材料、半成品、成品、构配件等工程物资的进场、加工、保管、使用等信息。

◆ 项目经理部管理程序；质量、进度、投资的事前、事中、事后控制措施；数据采集来源及采集、处理、存储、传递方式；工序间交接制度；事故处理制度；施工组织设计及技术方案执行的情况；工地文明施工及安全措施等。

◆ 施工中需要执行的国家和地方规范、规程、标准；施工合同执行情况。

◆ 施工中发生的工程数据，如地基验槽及处理记录，工序间交接记录，隐蔽工程检查记录等。

◆ 建筑材料必试项目有关信息：如水泥、砖、砂石、钢筋、外加剂、混凝土、防水材料、回填土、饰面板、玻璃幕墙等。

◆ 设备安装的试运行和测试项目有关信息：如电气接地电阻、绝缘电阻测试，管道通水、通气、通风试验，电梯施工试验，消防报警、自动喷淋系统联动试验等。

◆ 施工索赔相关信息：索赔程序，索赔依据，索赔证据，索赔处理意见等。

竣工保修期的信息是建立在施工期日常信息积累基础上。传统工程管理和现代工程管理最大的区别在于传统工程管理不重视信息的收集和规范化，数据不能及时收集整理，往往采取事后补填或做“假数据”应付了事。现代工程管理则要求数据实时记录，真实反映施工过程，真正做到积累在平时，竣工保修期只是建设各方最后的汇总和总结。该阶段要收集的信息有：

◆ 工程准备阶段文件，如：立项文件，建设用地、征地、拆迁文件，开工审批文件等。

◆ 监理文件，如：监理规划、监理实施细则、有关质量问题和质量事故的相关记录、监理工作总结以及监理过程中各种控制和审批文件等。

◆ 施工资料：分为建筑安装工程和市政基础设施工程两大类分别收集。

◆ 竣工图：分建筑安装工程和市政基础设施工程两大类分别收集。

◆ 竣工验收资料：如工程竣工总结、竣工验收备案表、电子档案等。

在竣工保修期，监理单位按照现行《建设工程文件归档规范》GB/T 50328-2014（2019年版）收集监理文件并协助建设单位督促施工单位完善全部资料的收集、汇总和归类整理。

（2）建设工程信息的加工、整理、分发、检索和存储

建设工程信息的加工、整理和存储是数据收集后的必要过程。收集的数据经过加工、整理后产生信息。信息是指导施工和工程管理的基础，要把管理由定性分析转到定量管理上来，信息是不可或缺的要素。

1）信息的加工、整理

信息的加工主要是把建设各方得到的数据和信息进行鉴别、选择、核对、合并、排序、更新、计算、汇总、转储，生成不同形式的数据和信息，提供给不同需求的各类管理人员使用。

在信息加工时，往往要求按照不同的需求，分层进行加工。不同的使用角度，加工方法是不同的。监理人员对数据的加工要从鉴别开始，一种数据是自己收集的，可靠度较高；而对由施工单位提供的数据就要从数据采样系

统是否规范，采样手段是否可靠，提供数据的人员素质如何，数据的精度是否达到所要求的精度入手，对施工单位提供的数据要加以选择、核对，加以必要的汇总，对动态的数据要及时更新，对于施工中产生的数据要按照单位工程、分部工程、分项工程组织在一起，每一个单位、分部、分项工程又把数据分为进度、质量、造价这三个方面分别组织。

2）信息的加工、整理和存储流程

信息处理包括信息的加工、整理和存储。信息的加工、整理和存储流程是信息系统流程的主要组成部分。信息系统的流程图有业务流程图、数据流程图。一般先找到业务流程图，通过绘制的业务流程图再进一步绘制数据流程图。通过绘制业务流程图可以了解到具体处理事务的过程，发现业务流程的问题和不完善处，进而优化业务处理过程。数据流程图则把数据在内部流动的情况抽象化，独立考虑数据的传递、处理、存储是否合理，发现和解决数据流程中的问题。数据流程图的绘制从上而下地层层细化，经过整理、汇总后得到总的数据流程图，根据总的数据流程图可以得到系统的信息处理流程图。信息处理流程根据具体工程情况决定，大型工程复杂些，小型工程简单些。

类似的其他数据处理流程图也可用同样方法产生。数据加工主要由相应的软件来完成，对于使用者主要是找到数据间的关系和数据流程图，决定处理的时间要求和选择必要的、适合的软件和数学模型来实现加工、整理和存储过程。

3）信息的分发和检索

信息在通过对收集的数据进行分类加工处理产生信息后，要及时提供给需要使用数据和信息的部门。信息和数据要根据需要来分发。信息和数据的检索则要建立必要的分级管理制度，一般由使用软件来保证实现数据和信息的分发、检索，关键是要决定分发和检索的原则。分发和检索的原则是：需要的部门和使用人，有权在需要的第一时间，方便地得到所需要的、以规定形式提供的一切信息和数据，而保证不向不该知道的部门（人）提供任何信息和数据。建立分发制度要根据监理工作特点来进行。考虑分发的设计时，主要内容有：

◆ 了解使用部门（人）的使用目的、使用周期、使用频率、得到时间、数据的安全要求；

◆ 决定分发的项目、内容、分发量、范围、数据来源；

◆ 决定分发信息和数据的数据结构、类型、精度和如何组合成规定的格式；

◆ 决定提供的信息和数据介质（纸张、显示器显示、磁盘或其他形式）。

检索设计时则要考虑：

◆ 允许检索的范围、检索的密级划分、密码的管理。

◆ 检索的信息和数据能否及时、快速地提供，采用什么手段实现（网络、通信、计算机系统）。

◆ 提供检索需要的数据和信息输出形式、能否根据关键字实现智能检索。

4）信息的存储

信息的存储一般需要建立统一的数据库，各类数据以文件的形式组织在一起，组织的方法一般由单位自定，但要考虑规范化。根据建设工程实际，可以按照下列方式组织：

◆ 按照工程进行组织，同一工程按照投资、进度、质量、合同的角度组织，各类进一步按照具体情况细化。

◆ 文件名规范化，以定长的字符串作为文件名。

组成文件名，例如合同以HT开头，该合同为监理合同J，工程为2003年8月开工，工程代号为05，则该监理合同文件名可以用HTJ050308表示。

◆ 各建设方协调统一存储方式，在国家技术标准有统一的代码时尽量采用统一代码。

◆ 有条件时可以通过网络数据库形式存储数据，达到建设各方数据共享，减少数据冗余，保证数据的唯一性。

单元10.3　建设工程监理资料的管理

【单元描述】

建设工程文件是在工程建设过程中形成的各种形式的信息记录，包括工程准备阶段文件、监理文件、施工文件、竣工图和竣工验收文件。监理文件是监理单位在工程设计、施工等阶段监理过程中形成的文件。

【学习支持】

10.3.1 建设工程文件档案资料管理概述

1. 建设工程文件档案资料概念与特征

(1) 建设工程文件概念

建设工程文件：在工程建设过程中形成的各种形式的信息记录，包括工程准备阶段文件、监理文件、施工文件、竣工图和竣工验收文件，也可简称为工程文件。

◆ 工程准备阶段文件，工程开工以前，在立项、审批、征地、勘察、设计、招投标等工程准备阶段形成的文件。

◆ 监理文件，监理单位在工程设计、施工等阶段监理过程中形成的文件。

◆ 施工文件，施工单位在工程施工过程中形成的文件。

◆ 竣工图，工程竣工验收后，真实反映建设工程项目施工结果的图样。

◆ 竣工验收文件，建设工程项目竣工验收活动中形成的文件。

(2) 建设工程档案概念

建设工程档案：指在工程建设活动中直接形成的具有归档保存价值的文字、图表、声像等各种形式的历史记录，也可简称工程档案。

(3) 建设工程文件档案资料

建设工程文件和档案组成建设工程文件档案资料。

(4) 建设工程文件档案资料载体

◆ 纸质载体：以纸张为基础的载体形式。

◆ 缩微品载体：以胶片为基础，利用缩微技术对工程资料进行保存的载体形式。

◆ 光盘载体：以光盘为基础，利用计算机技术对工程资料进行存储的形式。

◆ 磁性载体：以磁性记录材料（磁带、磁盘等）为基础，对工程资料的电子文件、声音、图像进行存储的方式。

（5）建设工程文件档案资料特征

建设工程文件档案资料有以下方面的特征：

1）分散性和复杂性

建设工程周期长，生产工艺复杂，建筑材料种类多，建筑技术发展迅速，影响建设工程因素多种多样，工程建设阶段性强并且相互穿插。由此导致了建设工程文件档案资料的分散性和复杂性。这个特征决定了建设工程文件档案资料是多层次、多环节、相互关联的复杂系统。

2）继承性和时效性

随着建筑技术、施工工艺、新材料以及建筑企业管理水平的不断提高和发展，文件档案资料可以被继承和积累。新的工程在施工过程中可以吸取以前的经验，避免出现以往的错误。同时，建设工程文件档案资料有很强的时效性，文件档案资料的价值会随着时间的推移而衰减，有时文件档案资料一经生成，就必须传达到有关部门，否则会造成严重后果。

3）全面性和真实性

建设工程文件档案资料只有全面反映项目的各类信息，才更有实用价值，必须形成一个完整的系统。有时只言片语地引用往往会起到误导作用。另外，建设工程文件档案资料必须真实反映工程情况，包括发生的事故和存在的隐患。真实性是对所有文件档案资料的共同要求，但在建设领域对这方面要求更为迫切。

4）随机性

建设工程文件档案资料产生于工程建设的整个过程中，工程开工、施工、竣工等各个阶段、各个环节都会产生各种文件档案资料。部分建设工程文件档案资料的产生有规律性（如各类报批文件），但还有相当一部分文件档案资料产生是由具体工程事件引发的，因此建设工程文件档案资料是有随机性的。

5）多专业性和综合性

建设工程文件档案资料依附于不同的专业对象而存在，又依赖不同的载体而流动。涉及多种专业：建筑、市政、公用、消防、保安等多种专业，也涉及电子、力学、声学、美学等多种学科，并同时综合了质量、进度、造价、合同、组织协调等多方面内容。

6）工程文件归档范围

①对与工程建设有关的重要活动、记载工程建设主要过程和现状、具有保存价值的各种载体的文件，均应收集齐全，整理立卷后归档。

②工程文件的具体归档范围按照现行《建设工程文件归档规范》GB/T 50328–2014（2019 年版）中“建设工程文件归档范围和保管期限表”共 5 大类执行。

2. 建设工程文件档案资料管理职责

建设工程档案资料的管理涉及建设单位、监理单位、施工单位等以及地方城建档案管理部门。对于一个建设工程而言，归档有三方面含义：建设、勘察、设计、施工、监理等单位将本单位在工程建设过程中形成的文件向本单位档案管理机构移交；勘察、设计、施工、监理等单位将本单位在工程建设过程中形成的文件向建设单位档案管理机构移交；建设单位按照现行《建设工程文件归档规范》GB/T 50328–2014（2019 年版）要求，将汇总的该建设工程文件档案向地方城建档案管理部门移交。

（1）通用职责

◆ 工程各参建单位填写的建设工程档案应以施工及验收规范、工程合同、设计文件、工程施工质量验收统一标准等为依据。

◆ 工程档案资料应随工程进度及时收集、整理，并应按专业归类，认真书写，字迹清楚，项目齐全、准确、真实，无未了事项。表格应采用统一表格，特殊要求需增加的表格应统一归类。

◆ 工程档案资料进行分级管理，建设工程项目各单位技术负责人负责本单位工程档案资料的全过程组织工作并负责审核，各相关单位档案管理员负责工程档案资料的收集、整理工作。

◆ 对工程档案资料进行涂改、伪造、随意抽撤或损毁、丢失等，应按有关规定予以处罚，情节严重的，应依法追究法律责任。

（2）建设单位职责

◆ 在工程招标及与勘察、设计、监理、施工等单位签订协议、合同时，应对工程文件的套数、费用、质量、移交时间等提出明确要求。

◆ 收集和整理工程准备阶段、竣工验收阶段形成的文件，并应进行立卷归档。

◆ 负责组织、监督和检查勘察、设计、施工、监理等单位的工程文件的形成、积累和立卷归档工作；也可委托监理单位监督、检查工程文件的形成、积累和立卷归档工作。

◆ 收集和汇总勘察、设计、施工、监理等单位立卷归档的工程档案。

◆ 在组织工程竣工验收前，应提请当地城建档案管理部门对工程档案进行预验收；未取得工程档案验收认可文件，不得组织工程竣工验收。

◆ 对列入当地城建档案管理部门接收范围的工程，工程竣工验收 3 个月内，向当地城建档案管理部门移交一套符合规定的工程文件。

◆ 必须向参与工程建设的勘察设计、施工、监理等单位提供与建设工程有关的原始资料，原始资料必须真实、准确、齐全。

◆ 可委托承包单位、监理单位组织工程档案的编制工作；负责组织竣工图的绘制工作，也可委托承包单位、监理单位、设计单位完成，收费标准按照所在地相关文件执行。

（3）监理单位职责

按照《建设工程监理规范》GB/T 50319-2013 中第 7 章“施工阶段监理资料的管理”和第 8 章“8.3 设备采购监理与设备监造的监理资料”的要求进行工程文件的管理，但由于对设计监理没有相关的文件规范工程资料管理工作，可参照各地相关规定、规范执行。

◆ 应设专人负责监理资料的收集、整理和归档工作，在项目监理部，监理资料的管理应由总监理工程师负责，并指定专人具体实施，监理资料应在各阶段监理工作结束后及时整理归档。

◆ 监理资料必须及时整理、真实完整、分类有序。在设计阶段，对勘察、测绘、设计单位的工程文件的形成、积累和立卷归档进行监督、检查；在施工阶段，对施工单位的工程文件的形成、积累、立卷归档进行监督、检查。

◆ 可以按照委托监理合同的约定，接受建设单位的委托，监督、检查工程文件的形成积累和立卷归档工作。

◆ 编制的监理文件的套数、提交内容、提交时间，应按照现行《建设工程文件归档规范》GB/T 50328-2014（2019 年版）和各地城建档案管理部门的要求，编制移交清单，双方签字、盖章后，及时移交建设单位，由建设单位收集和汇总。监理公司档案部门需要的监理档案，按照《建设工程监理规范》GB/T 50319-2013 的要求，及时由项目监理部提供。

（4）施工单位职责

◆ 实行技术负责人负责制，逐级建立、健全施工文件管理岗位责任制，配备专职档案管理员，负责施工资料的管理工作。工程项目的施工文件应设专门的部门（专人）负责收集和整理。

◆ 建设工程实行总承包的，总承包单位负责收集、汇总各分包单位形成的工程档案，各分包单位应将本单位形成的工程文件整理、立卷后及时移交总承包单位。建设工程项目由几个单位承包的，各承包单位负责收集、整理、立卷其承包项目的工程文件，并应及时向建设单位移交，各承包单位应保证归档文件的完整、准确、系统，能够全面反映工程建设活动的全过程。

◆ 可以按照施工合同的约定，接受建设单位的委托进行工程档案的组织、编制工作。

◆ 按要求在竣工前将施工文件整理汇总完毕，再移交建设单位进行工程竣工验收。

◆ 负责编制的施工文件的套数不得少于地方城建档案管理部门要求，但应有完整施工文件移交建设单位及自行保存，保存期可根据工程性质以及地方城建档案管理部门有关要求确定。如建设单位对施工文件的编制套数有特殊要求的，可另行约定。

（5）地方城建档案管理部门职责

◆ 负责接收和保管所辖范围应当永久和长期保存的工程档案和有关资料。

◆ 负责对城建档案工作进行业务指导，监督和检查有关城建档案法规的实施。

◆ 列入向本部门报送工程档案范围的工程项目，其竣工验收应有本部门参加并负责对移交的工程档案进行验收。

3. 建设工程档案编制质量要求与组卷方法

对建设工程档案编制质量要求与组卷方法，应该按照建设部和国家质量检验检疫总局于 2002 年 1 月 10 日联合发布，2002 年 5 月 1 日实施的《建设工程文件归档整理规范》GB/T 50328-2001 执行，此外，尚应执行《科学技术档案案卷构成的一般要求》GB/T 11822-2000、《技术制图复制图的折叠方法》GB 10609.3-89、《城市建设档案案卷质量规定》（建办【1995】697 号）等规范或文件的规定及各省、市地方相应的地方规范。

（1）归档文件的质量要求

◆ 归档的工程文件一般应为原件。

◆ 工程文件的内容及其深度必须符合国家有关工程勘察、设计、施工、监理等方面的技术规范、标准和规程。

◆ 工程文件的内容必须真实、准确，与工程实际相符合。

◆ 工程文件应采用耐久性强的书写材料，如碳素墨水、蓝黑墨水，不得使用易褪色的书写材料，如红色墨水、纯蓝墨水、圆珠笔、复写纸、铅笔等。

◆ 工程文件应字迹清楚，图样清晰，图表整洁，签字盖章手续完备。

◆ 工程文件中文字材料幅面尺寸规格宜为 A4 幅面（297mm × 210mm）。图纸宜采用国家标准图幅。

◆ 工程文件的纸张应采用能够长期保存的韧力大、耐久性强的纸张。图纸一般采用蓝晒图，竣工图应是新蓝图。计算机出图必须清晰，不得使用计算机所出图纸的复印件。

◆ 所有竣工图均应加盖竣工图章。

◆ 利用施工图改绘竣工图，必须标明变更修改依据；凡施工图结构、工艺、平面布置等有重大改变，或变更部分超过图面 1/3 的，应当重新绘制竣工图。

◆ 不同幅面的工程图纸应按《技术制图复制图的折叠方法》GB/10609.3-89 统一折叠成 A4 幅面，图标栏露在外面。

◆ 工程档案资料的缩微制品，必须按国家缩微标准进行制作，主要技术指标（解像力、密度、海波残留量等）要符合国家标准，保证质量，以适应长期安全保管。

◆ 工程档案资料的照片（含底片）及声像档案，要求图像清晰，声音清楚，文字说明或内容准确。

◆ 工程文件应采用打印的形式并使用档案规定用笔，手工签字，在不能够使用原件时，应在复印件或抄件上加盖公章并注明原件保存处。

（2）归档工程文件的组卷要求

1）立卷的原则和方法

①立卷应遵循工程文件的自然形成规律，保持卷内文件的有机联系，便于档案的保管和利用。

②一个建设工程由多个单位工程组成时，工程文件应按单位工程组卷。

③立卷采用如下方法：

工程文件可按建设程序划分为工程准备阶段的文件、监理文件、施工文件、竣工图、竣工验收文件 5 部分；

工程准备阶段文件可按单位工程、分部工程、专业、形成单位等组卷；

监理文件可按单位工程、分部工程、专业、阶段等组卷；

施工文件可按单位工程、分部工程、专业、阶段等组卷；

竣工图可按单位工程、专业等组卷；

竣工验收文件可按单位工程、专业等组卷。

④立卷过程中宜遵循下列要求：

案卷不宜过厚，一般不超过 40mm；

案卷内不应有重份文件，不同载体的文件一般应分别组卷。

2）卷内文件的排列

①文字材料按事项、专业顺序排列。同一事项的请示与批复、同一文件的印本与定稿、主件与附件不能分开，并按批复在前、请示在后，印本在前、定稿在后，主件在前、附件在后的顺序排列。

②图纸按专业排列，同专业图纸按图号顺序排列。

③既有文字材料又有图纸的案卷，文字材料排前，图纸排后。

3）案卷的编目

①编制卷内文件页号应符合下列规定：

卷内文件均按有书写内容的页面编号。每卷单独编号，页号从“1”开始。

页号编写位置：单页书写的文字在右下角；双面书写的文件，正面在右下角，背面在左下角。折叠后的图纸一律在右下角。

成套图纸或印刷成册的科技文件材料，自成一卷的，原目录可代替卷内目录，不必重新编写页码。

案卷封面、卷内目录、卷内备考表不编写页号。

②卷内目录的编制应符合下列规定：

卷内目录式样宜符合现行《建设工程文件归档规范》中附录B的要求。

序号：以一份文件为单位，用阿拉伯数字从1依次标注。

责任者：填写文件的直接形成单位和个人。有多个责任者时，选择两个主要责任者，其余用“等”代替。

文件编号：填写工程文件原有的文号或图号。

文件题名：填写文件标题的全称。

日期：填写文件形成的日期。

页次：填写文件在卷内所排列的起始页号。最后一份文件填写起止页号。

卷内目录排列在卷内文件之前。

③卷内备考表的编制应符合下列规定：

卷内备考表的式样宜符合现行《建设工程文件归档规范》中附录C的要求。

卷内备考表主要标明卷内文件的总页数、各类文件数（照片张数），以及立卷单位对案卷情况的说明。

卷内备考表排列在卷内文件的尾页之后。

④案卷封面的编制应符合下列规定：

案卷封面印刷在卷盒、卷夹的正表面，也可采用内封面形式。案卷封面的式样宜符合现行《建设工程文件归档整理规范》中附录D的要求。

案卷封面的内容应包括：档号、档案馆代号、案卷题名、编制单位、起止日期、密级、保管期限、共几卷、第几卷。

档号应由分类号、项目号和案卷号组成。档号由档案保管单位填写。

档案馆代号应填写国家给定的本档案馆的编号。档案馆代号由档案馆填写。

案卷题名应简明、准确地揭示卷内文件的内容。案卷题名应包括工程名称、专业名称、卷内文件的内容。

编制单位应填写案卷内文件的形成单位或主要责任者。

起止日期应填写案卷内全部文件形成的起止日期。

保管期限分为永久、长期、短期三种期限。各类文件的保管期限见现行《建设工程文件归档规范》中附录 A 的要求。永久是指工程档案需永久保存。长期是指工程档案的保存期等于该工程的使用寿命。短期是指工程档案保存 20 年以下。同一案卷内有不同保管期限的文件，该案卷保管期限应从长。

工程档案套数一般不少于两套，一套由建设单位保管，另一套原件要求移交当地城建档案管理部门保存。

密级分为绝密、机密、秘密三种。同一案卷内有不同密级的文件，应以高密级为本卷密级。

⑤卷内目录、卷内备考表、卷内封面应采用 70g 以上白色书写纸制作，幅面统一采用 A4 幅面。

4. 建设工程档案验收与移交

（1）验收

◆ 列入城建档案管理部门档案接收范围的工程，建设单位在组织工程竣工验收前，应提请城建档案管理部门对工程档案进行预验收。建设单位未取得城建档案管理部门出具的认可文件，不得组织工程竣工验收。

◆ 城建档案管理部门在进行工程档案预验收时，应重点验收以下内容：

工程档案分类齐全、系统完整；

工程档案的内容真实、准确地反映工程建设活动和工程实际状况；

工程档案已整理立卷，立卷符合现行《建设工程文件归档规范》的规定；

竣工图绘制方法、图式及规格等符合专业技术要求，图面整洁，盖有竣工图章；

文件的形成、来源符合实际，要求单位或个人签章的文件，其签章手续完备；

文件材质、幅面、书写、绘图、用墨、托裱等符合要求。

工程档案由建设单位进行验收，属于向地方城建档案管理部门报送工程档案的工程项目还应会同地方城建档案管理部门共同验收。

◆ 国家、省市重点工程项目或一些特大型、大型的工程项目的预验收和验收，必须有地方城建档案管理部门参加。

◆ 为确保工程档案的质量，各编制单位、地方城建档案管理部门、建设行政管理部门等要对工程档案进行严格检查、验收。编制单位、制图人、审核人、技术负责人必须进行签字或盖章。对不符合技术要求的，一律退回编制单位进行改正、补齐，问题严重者可令其重做。不符合要求者，不能交工验收。

◆ 凡报送的工程档案，如验收不合格将其退回建设单位，由建设单位责成责任者重新进行编制，待达到要求后重新报送。检查验收人员应对接收的档案负责。

◆ 地方城建档案管理部门负责工程档案的最后验收。并对编制报送工程档案进行业务指导、督促和检查。

（2）移交

◆ 列入城建档案管理部门接收范围的工程，建设单位在工程竣工验收后 3 个月内向城建档案管理部门移交一套符合规定的工程档案。

◆ 停建、缓建工程的工程档案，暂由建设单位保管。

◆ 对改建、扩建和维修工程，建设单位应当组织设计单位、监理单位、施工单位据实修改、补充和完善工程档案。对改变的部位，应当重新编写工程档案，并在工程竣工验收后 3 个月内向城建档案管理部门移交。

◆ 建设单位向城建档案管理部门移交工程档案时，应办理移交手续，填写移交目录，双方签字、盖章后交接。

◆ 施工单位、监理单位等有关单位应在工程竣工验收前将工程档案按合同或协议规定的时间、套数移交给建设单位，办理移交手续。

5. 建设工程档案的分类

本部分所提供的分类方法是根据编写组收集到的一些政府文件进行归纳所得，建设工程档案归档过程的组卷工作上应按照当地城建档案管理部门的有关要求进行。监理工程师可通过本部分内容对建设过程档案的总体情况有概念性的认识。

(1) 工程准备阶段文件

◆ 立项文件

由建设单位在工程建设前期形成并收集汇编，包括：项目建议书，项目建议书审批意见及前期工作通知书，可行性研究报告及附件，可行性研究报告审批意见，关于立项有关的会议纪要、领导讲话，专家建议文件，调查资料及项目评估研究等资料。

◆ 建设用地、征地、拆迁文件

由建设单位在工程建设前期形成并收集汇编，包括：选址申请及选址规划意见通知书，用地申请报告及县级以上人民政府城乡建设用地批准书，拆迁安置意见、协议、方案，建设用地规划许可证及其附件，划拨建设用地文件，国有土地使用证等资料。

◆ 勘察、测绘、设计文件

由建设单位委托勘察、测绘、设计有关单位完成，建设单位统一收集汇编，包括：工程地质勘察报告，水文地质勘察报告，自然条件，地震调查，建设用地钉桩通知单（书），地形测量和拨地测量成果报告，申报的规划设计条件和规划设计条件通知书，初步设计图纸和说明，技术设计图纸和说明，审定设计方案通知书及审查意见，有关行政主管部门批准文件或取得的有关协议，施工图及其说明，设计计算书，政府有关部门对施工图设计文件的审批意见。

◆ 招投标及合同文件

由建设单位和勘察设计单位、承包单位、监理单位签订的有关合同、文件，包括：勘察设计招投标文件、勘察设计承包合同、施工招投标文件、施工承包合同、工程监理招投标文件、委托监理合同。

◆ 开工审批文件

由建设单位在工程建设前期形成并收集汇编，包括：建设项目列入年度计划的申报文件，建设项目列入年度计划的批复文件或年度计划项目表，规划审批申报表及报送的文件和图纸，建设工程规划许可证及其附件，建设工程开工审查表，建设工程施工许可证，投资许可证、审计证明、缴纳绿化建设费等证明，工程质量监督手续。

◆ 财务文件

由建设单位自己或委托设计、监理、咨询服务有关单位完成，在工程建设前期形成并收集汇编，包括：工程投资估算材料、工程设计概算材料、施工图预算材料、施工预算。

◆ 建设、施工、监理机构及负责人

由建设单位在工程建设前期形成并收集汇编，包括：建设单位工程项目管理部、工程项目监理部、工程施工项目经理部及各自负责人名单。

(2) 监理文件

◆ 监理规划，由监理单位的项目监理部在建设工程施工前期形成并收集汇编，包括：监理规划，监理实施细则，监理部总控制计划等。

◆ 监理月报中的有关质量问题，在监理全过程中形成，监理月报中的相关内容。

◆ 监理会议纪要中的有关质量问题，在监理全过程中形成，有关的例会和专题会议记录中的内容。

◆ 进度控制，在建设全过程监理中形成，包括：工程开工／复工报审表，工程延期报审与批复，工程暂停令。

◆ 质量控制，在建设全过程监理中形成，包括：施工组织设计（方案）报审表，工程质量报验申请表，工程材料／构配件／设备报审表，工程竣工报验单，不合格项目处置记录，质量事故报告及处理结果。

◆ 造价控制，在建设全过程监理中形成，包括：工程款支付申请表，工程款支付证书，工程变更费用报审与签认。

◆ 分包资质，在工程施工期中形成，包括：分包单位资质报审表，供货单位资质材料，试验等单位资质材料。

◆ 监理通知及回复，在建设全过程监理中形成，包括：有关进度控制的，有关质量控制的，有关造价控制的监理通知及回复等。

◆ 合同及其他事项管理，在建设全过程中形成，包括：费用索赔报告及审批，工程及合同变更，合同争议、违约报告及处理意见。

◆ 监理工作总结，在建设全过程监理中形成，包括：专题总结，月报总结，工程竣工总结，质量评估报告。

(3) 施工文件

包括：建筑安装工程和市政基础设施工程两类，建筑安装工程中又有土建工程（建筑与结构）、机电工程（电气、给水排水、消防、采暖、通风、空调、燃气、建筑智能化、电梯）和室外工程（室外安装、室外建筑环境）。市政基础设施工程中又有施工技术准备，施工现场准备，工程变更、洽商记录，原材料、成品、半成品、构配件设备出厂质量合格证及试验报告，施工试验记录，施工记录，预检记录，隐蔽工程检查（验收）记录，工程质量检查验收记录，功能性试验记录，质量事故及处理记录，竣工测量资料等 12 类文件。

1) 建筑安装工程

◆ 土建（建筑与结构）工程

施工技术准备文件：施工组织设计，技术交底，图纸会审记录，施工预算的编制和审查，施工日志；

施工现场准备：控制网设置资料，工程定位测量资料，基槽开挖线测量资料，施工安全措施，施工环保措施；

地基处理记录：地基钎探记录和钎探平面布点图，验槽记录和地基处理记录，桩基施工记录，试桩记录；

工程图纸变更记录：设计会议会审记录，设计变更记录，工程洽商记录。

施工材料预制构件质量证明文件及复试试验报告：砂、石、砖、水泥、钢筋、防水材料、隔热保温、防腐材料、轻集料试验汇总表，砂、石、砖、水泥、钢筋、防水材料、隔热保温、防腐材料、轻集料出厂证明文件，砂、石、砖、水泥、钢筋、防水材料、轻骨料、焊条、沥青复试试验报告，预制构件（钢、混凝土）出厂合格证、试验记录，工程物资选样送审表，进场物资批次汇总表，工程物资进场报验表；

施工试验记录：土壤（素土、灰土）干密度、击实试验报告，砂浆配合比通知单，砂浆（试块）抗压强度试验报告，混凝土抗渗试验报告，商品混凝土出厂合格证、复试报告，钢筋接头（焊接）试验报告，防水工程试水检查记录，楼地面、屋面坡度检查记录，土壤、砂浆、混凝土、钢筋连接、混凝土抗渗试验报告汇总表；

隐蔽工程检查记录：基础和主体结构钢筋工程，钢结构工程，防水工程，高程控制；

施工记录：工程定位测量检查记录，预检工程检查记录，冬季施工混凝土搅拌测温记录，混凝土养护测温记录，烟道、垃圾道检查记录，沉降观测记录，结构吊装记录，现场施工预应力记录，工程竣工测量，新型建筑材料，施工新技术；

工程质量事故处理记录；

工程质量检验记录：检验批质量验收记录，分项工程质量验收记录，基础、主体工程验收记录，幕墙工程验收记录，分部（子分部）工程质量验收记录。

◆ 电气、给水排水、消防、采暖、通风、空调、燃气、建筑智能化、电梯工程

一般施工记录：施工组织设计，技术交底，施工日志；

图纸变更记录：图纸会审，设计变更，工程洽商；

设备、产品质量检查、安装记录：设备、产品质量合格证、质量保证书，设备装箱单、商检证明和说明书、开箱报告，设备安装记录，设备试运行记录，设备明细表；

预检记录；

隐蔽工程检查记录；

施工试验记录：电气接地电阻、绝缘电阻、综合布线、有线电视末端等测试记录，楼宇自控、监视、安装、视听、电话等系统调试记录，变配电设备安装、检查、通电、满负荷测试记录，给水排水、消防、采暖、通风、空调、燃气等管道强度、严密性、灌水、通水、吹洗、漏风、试压、通球、阀门等试验记录，电气照明、动力、给水排水、消防、采暖、通风、空调、燃气等系统调试、试运行记录，电梯接地电阻、绝缘电阻测试记录，空载、半载、满载、超载试运行记录，平衡、运速、噪声调整试验报告；

质量事故处理记录；

工程质量检验记录：检验批质量验收记录，分项工程质量验收记录，分部（子分部）工程质量验收记录。

◆ 室外工程

室外安装（给水、雨水、污水、热力、燃气、电信、电力、照明、电视、消防等）施工文件；

室外建筑环境（建筑小品、水景、道路、园林绿化等）施工文件。

2）市政基础设施工程

◆ 施工技术准备

施工组织设计，技术交底，图纸会审记录，施工预算的编制和审查。

◆ 施工现场准备

工程定位测量资料，工程定位测量复核记录，导线点、水准点测量复核记录，工程轴线、定位桩、高程测量复核记录，施工安全措施，施工环保措施。

◆ 设计变更、洽商记录

设计变更通知单，洽商记录。

◆ 原材料、成品、半成品、构配件设备出厂质量合格证及试验报告

砂、石、砌块、水泥、钢筋（材）、石灰、沥青、涂料、混凝土外加剂、防水材料、粘接材料、防腐保温材料、焊接材料等试验汇总表、质量合格证书和出厂检（试）验报告及现场复试报告，水泥、石灰、粉煤灰混合料、沥青混合料、商品混凝土等试验报告、出厂合格证、现场复试报告和试验汇总表，混凝土预制构件、管材、管件、钢结构构件等出厂合格证、相应的施工技术资料、试验汇总表，厂站工程的成套设备、预应力张拉设备、各类地下管线井室设施、产品等出厂合格证书和安装使用说明、汇总表，设备开箱记录。

◆ 施工试验记录

砂浆、混凝土试块强度、钢筋（材）焊接、填土、路基强度试验等汇总表；

道路压实度、强度试验记录：回填土、路床压实度试验及土质的最大干密度和最佳含水量试验报告，石灰类、水泥类、二灰类无机混合料基层的标准击实试验报告，道路基层混合料强度试验记录，道路面层压实度试验记录；

混凝土试块强度试验记录：混凝土配合比通知单，混凝土试块强度试验

报告，混凝土试块抗渗、抗冻试验报告，混凝土试块强度统计、评定记录；

砂浆试块强度试验记录：砂浆配合比通知单，砂浆试块强度试验报告，砂浆试块强度统计、评定记录；

钢筋（材）连接试验报告；

钢管、钢结构安装及焊缝处理外观质量检查记录；

桩基础试（检）验报告；

工程物资选样送审记录、进场报验记录；

进场物资批次汇总记录。

◆ 施工记录

地基与基槽验收记录：地基钎探记录及钎探位置图，地基与基槽验收记录，地基处理记录及示意图；

桩基施工记录：桩基位置平面示意图，打桩记录，钻桩钻进记录及成孔质量检查记录，钻孔（挖孔）桩混凝土浇灌记录；

构件设备安装和调试记录：钢筋混凝土预制构件、钢结构等吊装记录，厂（场）、站工程大型设备安装调试记录；

预应力张拉记录：预应力张拉记录表，预应力张拉孔道压浆记录，孔位示意图；

沉井工程下沉观测记录；

混凝土浇灌记录；

管道、箱涵等工程项目推进记录；

构筑物沉降观测记录；

施工测温记录；

预制安装水池壁板缠绕钢丝应力测定记录；

预检记录：模板预检记录，大型构件和设备安装前预检记录，设备安装位置检查记录，管道安装检查记录，补偿器冷拉及安装情况记录，支（吊）架位置、各部位连接方式等检查记录，供水、供热、供气管道吹（冲）洗记录，保温、防腐、油漆等施工检查记录；

隐蔽工程检查（验收）记录；

工程质量检查评定记录：工序工程质量评定记录，部位工程质量评定记录，分部工程质量评定记录；

功能性试验记录：道路工程的弯沉试验记录，桥梁工程的动、静载试验记录，无压力管道的严密性试验，压力管道的强度试验、严密试验、通球试验等记录，水池满水试验、消化池气密性试验记录，电气绝缘电阻、接地电阻测试记录，电气照明、动力试运行记录，供热管网、燃气管网等试运行记录，燃气储罐总体试验记录，电信、宽带网等试运行记录；

质量事故及处理记录：工程质量事故报告，工程质量事故处理记录；

竣工测量资料：建筑物、构筑物竣工测量记录及测量示意图，地下管线工程竣工测量记录。

◆ 竣工图

包括：建筑安装工程竣工图和市政基础设施工程竣工图两类。建筑安装工程竣工图包括综合竣工图和专业竣工图两大类。市政基础设施工程竣工图包括：道路，桥梁，广场，隧道，铁路，公路，航空，水运，地下铁道等轨道交通，地下人防，水利防灾，排水、供水、供热、供气、电力、电讯等地下管线，高压架空输电线，污水处理、垃圾处理处置，场、厂、站工程等 13 大类文件。

◆ 竣工验收文件

包括：工程竣工总结，竣工验收记录，财务文件，声像、缩微、电子档案。

工程竣工总结：工程概况表，工程竣工总结；

竣工验收记录：由建设单位委托长期进行的工程沉降观测记录，其中建筑安装工程有单位（子单位）工程质量竣工验收记录、竣工验收证明书、竣工验收报告、竣工验收备案表（包括各专项验收认可文件）、工程质量保修书，市政基础设施工程有单位工程质量评定表及报验单、竣工验收证明书、竣工验收报告、竣工验收备案表（包括各专项验收认可文件）、工程质量保修书；

财务文件：决算文件，交付使用财产总表和财产明细表；

声像、微缩、电子档案：工程照片，录音、录像材料，微缩品，光盘，磁盘。

10.3.2 建设工程监理文件档案资料管理

建设工程监理文件档案资料管理，是建设工程信息管理的一项重要工作。它是监理工程师实施工程建设监理，进行目标控制的基础性工作。在监理组织机构中必须配备专门的人员负责监理文件和档案的收发、管理、保存工作。

1. 建设工程监理文件档案资料管理基本概念

（1）监理文件档案资料管理的基本概念

建设工程监理文件档案资料的管理，是指监理工程师受建设单位委托，在进行建设工程监理的工作期间，对建设工程实施过程中形成的与监理相关的文件和档案进行收集积累、加工整理、立卷归档和检索利用等一系列工作。建设工程监理文件档案资料管理的对象是监理文件档案资料，它们是工程建设监理信息的主要载体之一。

（2）监理文件档案资料管理的意义

◆ 对监理文件档案资料进行科学管理，可以为建设工程监理工作的顺利开展创造良好的前提条件。建设工程监理的主要任务是进行工程项目的目标控制，而控制的基础是信息。如果没有信息，监理工程师就无法实施有效的控制。在建设工程实施过程中产生的各种信息，经过收集、加工和传递，以监理文件档案资料的形式进行管理和保存，会成为有价值的监理信息资源，它是监理工程师进行建设工程目标控制的客观依据。

◆ 对监理文件档案资料进行科学管理，可以极大地提高监理工作效率。监理文件档案资料经过系统、科学的整理归类，形成监理文件档案资料库，当监理工程师需要时，就能及时有针对性地提供完整的资料，从而迅速地解决监理工作中的问题。反之，如果文件档案资料分散管理，就会导致混乱，甚至散失，最终影响监理工程师的正确决策。

◆ 对监理文件档案资料进行科学管理，可以为建设工程档案的归档提供可靠保证。监理文件档案资料的管理，是把监理过程中各项工作中形成的全部文字、声像、图纸及报表等文件资料进行统一管理和保存，从而确保文件和档案资料的完整性。一方面，在项目建成竣工以后，监理工程师可将完整的监理资料移交建设单位，作为建设项目的工程监理档案；另一方面，完整的工程监理文件档案资料是建设工程监理单位具有重要历史价值的资料，监理工程师可从中获得宝贵的监理经验，有利于不断提高建设工程监理工作水平。

(3) 工程建设监理文件档案资料的传递流程

项目监理部的信息管理部门是专门负责建设工程项目信息管理工作的，其中包括监理文件档案资料的管理。因此在工程全过程中形成的所有资料，都应统一归口传递到信息管理部门，进行集中加工、收发和管理。信息管理部门是监理文件档案资料传递渠道的中枢。

首先，在监理组织内部，所有文件档案资料都必须先送交信息管理部门，进行统一整理分类，归档保存，然后由信息管理部门根据总监理工程师或其授权监理工程师的指令和监理工作的需要，分别将文件档案资料传递给有关的监理工程师。当然任何监理人员都可以随时自行查阅经整理分类后的文件和档案。其次，在监理组织外部，在发送或接收建设单位、设计单位、施工单位、材料供应单位及其他单位的文件档案资料时，也应由信息管理部门负责进行，这样使所有的文件档案资料只有一个进出口通道，从而在组织上保证监理文件档案资料的有效管理。

文件档案资料的管理和保存，主要由信息管理部门中的资料管理人员负责。作为资料管理人员，必须熟悉各项监理业务，通过分析研究监理文件档案资料的特点和规律，对其进行系统、科学的管理，使其在建设工程监理工作中得到充分利用。除此之外，监理资料管理人员还应全面了解和掌握工程建设进展和监理工作开展的实际情况，结合对文件档案资料的整理分析，编写有关专题材料，对重要文件资料进行摘要综述，包括编写监理工作月报、工程建设周报等。

2. 建设工程监理文件档案资料管理

建设工程监理文件档案资料管理主要内容是：监理文件档案资料收、发文与登记；监理文件档案资料传阅；监理文件档案资料分类存放；监理文件档案资料归档、借阅、更改与作废。

(1) 监理文件和档案收文与登记

所有收文应在收文登记表上进行登记（按监理信息分类别进行登记）。

应记录文件名称、文件摘要信息、文件的发放单位（部门）、文件编号以及收文日期，必要时应注明接收文件的具体时间，最后由项目监理部负责收文人员签字。

监理信息在有追溯性要求的情况下，应注意核查所填部分内容是否可追溯。如材料报审表中是否明确注明该材料所使用的具体部位，以及该材料质保证明的原件保存处等。

如不同类型的监理信息之间存在相互对照或追溯关系时（如：监理工程师通知单和监理工程师通知回复单），在分类存放的情况下，应在文件和记录上注明相关信息的编号和存放处。

资料管理人员应检查文件档案资料的各项内容填写和记录真实完整，签字认可人员应为符合相关规定的责任人员，并且不得以盖章和打印代替手写签认。文件档案资料以及存储介质质量应符合要求，所有文件档案必须使用符合档案归档要求的碳素墨水填写或打印生成，以适应长时间保存的要求。

有关工程建设照片及声像资料等应注明拍摄日期及所反映工程建设部位等摘要信息。收文登记后应交给项目总监或由其授权的监理工程师进行处理，重要文件内容应在监理日记中记录。

部分收文如涉及建设单位的工程建设指令或设计单位的技术核定单以及其他重要文件，应将复印件在项目监理部专栏内予以公布。

(2) 监理文件档案资料传阅与登记

由建设工程项目监理部总监理工程师或其授权的监理工程师确定文件、记录是否需传阅，如需传阅应确定传阅人员名单和范围，并注明在文件传阅纸上，随同文件和记录进行传阅。也可按文件传阅纸样式刻制方形图章，盖在文件空白处，代替文件传阅纸。每位传阅人员阅后应在文件传阅纸上签名，并注明日期。文件和记录传阅期限不应超过该文件的处理期限。传阅完毕后，文件原件应交还信息管理人员归档。

(3) 监理文件资料发文与登记

发文由总监理工程师或其授权的监理工程师签名，并加盖项目监理部图章，对盖章工作应进行专项登记。如为紧急处理的文件，应在文件首页标注“急件”字样。

所有发文按监理信息资料分类和编码要求进行分类编码，并在发文登记表上登记。登记内容包括：文件资料的分类编码、发文文件名称、摘要信息、接收文件的单位（部门）名称、发文日期（强调时效性的文件应注明发文的具体时间）。收件人收到文件后应签名。

发文应留有底稿，并附一份文件传阅纸，信息管理人员根据文件签发人指示确定文件责任人和相关传阅人员。文件传阅过程中，每位传阅人员阅后应签名并注明日期。发文的传阅期限不应超过其处理期限。重要文件的发文内容应在监理日记中予以记录。

项目监理部的信息管理人员应及时将发文原件归入相应的资料柜（夹）中，并在目录清单中予以记录。

(4) 监理文件档案资料分类存放

监理文件档案经收文发文、登记和传阅工作程序后，必须使用科学的分类方法进行存放，这样既可满足项目实施过程查阅、求证的需要，又方便项目竣工后文件和档案的归档和移交。项目监理部应备有存放监理信息的专用资料柜和用于监理信息分类归档存放的专用资料夹。在大中型项目中应采用计算机对监理信息进行辅助管理。

信息管理人员则应根据项目规模规划各资料柜和资料夹内容。具体实施可参考下例，但不一定机械地按顺序将每个文件夹与各类文件一一对应。例如，合同类文件（A 类）和勘察设计文件（B 类）数量比较少可合并存放在一个文件夹内；工程质量控制申报审批文件（H 类）中建筑材料、构配件、设备报审文件的数量较多，可单独存放在一个文件夹内，在某些大项目中，甚至可以考虑按材料、设备分类存放在多个文件夹内。某些文件内容比较多（如监理规划、施工组织设计）不宜存放在文件夹中，可在文件夹内附目录上说明文件编号和存放地点，然后将有关文件保存在指定位置。

文件档案资料应保持清晰，不得随意涂改记录，保存过程中应保持记录介质的清洁和不破损。

项目建设过程中文件和档案的具体分类原则应根据工程特点制定，监理单位的技术管理部门可以明确本单位文件档案资料管理的框架性原则，以便统一管理并体现出企业的特色。下文推荐的施工阶段监理文件和档案分类方法供监理工程师在具体项目操作中予以参考。

【例】某监理单位监理文件档案资料的基本内容及编号

1. 合同文件（A类）

（1）委托监理合同（包括监理招投标文件）（A-1）；

（2）建设工程施工合同（包括施工招投标文件）（A-2）；

（3）工程分包合同，各类建设单位与第三方签订的涉及监理业务的合同（A-3）；

（4）有关合同变更的协议文件（A-4）；

（5）工程暂停及复工文件（A-5）；

（6）费用索赔处理的文件（A-6）；

（7）工程延期及工程延误处理文件（A-7）；

（8）合同争议调解的文件（A-8）；

（9）违约处理文件（A-9）。

2. 勘察、设计文件（B类）

（1）可行性研究报告（B-1）；

（2）设计任务书、扩大初步设计（B-2）；

（3）工程测绘资料、地形图（B-3）；

（4）工程地质、水文地质勘察报告（B-4）；

（5）测量基础资料（B-5）；

（6）施工图及说明文件（B-6）；

（7）图纸会审有关记录（B-7）；

（8）设计交底有关记录及会议纪要（B-8）；

（9）工程变更文件（B-9）。

3. 监理工作指导文件（C类）

（1）工程项目监理大纲（C-1）；

（2）工程项目监理规划（C-2）；

（3）监理实施细则（C-3）；

（4）工程监理机构编制的工程进度控制计划、质量控制计划、造价控制计划等其他有关（C-4）。

4. 施工工作指导文件（D 类）

（1）施工组织设计（总体或分阶段）（D-1）；

（2）分部工程施工方案（D-2）；

（3）季节性施工方案（D-3）；

（4）其他专项（分项工程）施工方案（D-4）。

5. 资质资料（E 类）

（1）总包单位资质资料及人员上岗证（E-1）；

（2）分包单位资质资料及人员上岗证（E-2）；

（3）材料、构配件、设备供应单位资质资料（E-3）；

（4）工程试验室（包括有见证取样送检试验室）资质资料（E-4）。

6. 工程进度文件（F 类）

（1）工程开工报审文件（F-1）；

（2）工程进度计划报审文件（F-2）；

（3）工程竣工报审文件（F-3）；

（4）其他有关工程进度控制的文件（F-4）。

7. 工程质量文件（G 类）

（1）建筑材料、构配件、设备报审文件（G-1）；

（2）施工测量放线报审文件（G-2）；

（3）施工试验报审文件（G-3）；

（4）有见证取样送检试验报审文件（G-4）；

（5）分项工程质量报审文件（G-5）；

（6）分部／单位工程质量报审文件（G-6）；

（7）工程质量问题处理记录及质量事故处理报告（G-7）；

（8）其他有关工程质量控制的文件（G-8）。

8. 工程造价审批文件（H 类）

（1）工程施工概（预）算报验资料（H-1）；

（2）工程量申报及审批资料（H-2）；

（3）工程预付款报批文件（H-3）；

（4）工程款报批文件（H-4）；

（5）工程变更费用报批文件（H-5）；

（6）工程竣工结算报批文件（H-6）；

（7）其他有关工程造价控制的资料（H-7）。

9. 会议纪要（I 类）

（1）第一次工地会议纪要及监理交底会议纪要（I-1）；

（2）监理例会会议纪要（I-2）；

（3）专题工地会议纪要（I-3）；

（4）其他会议纪要文件（I-4）。

10. 监理报告（J 类）

（1）监理周报（J-1）；

（2）监理月报（J-2）；

（3）专题报告（J-3）。

11. 监理工作函件（K 类）

（1）监理工程师通知单、监理工程师通知回复单（K-1）；

（2）监理工作联系单（K-2）。

12. 工程验收文件（L 类）

（1）工程基础、主体结构等中间验收文件（L-1）；

（2）设备安装专项验收记录（L-2）；

（3）工程竣工预验收报验表（L-3）；

（4）人防工程验收记录（L-4）；

（5）消防工程验收记录（L-5）；

（6）其他有关工程的验收记录（L-6）；

（7）单位工程验收记录（L-7）；

（8）工程质量评估报告（L-8）；

（9）工程竣工验收备案表及竣工移交证书（L-9）。

13. 监理日记（M 类）

（1）项目监理日志（M-1）；

（2）监理人员监理日记（M-2）。

14. 监理工作总结（N 类）

（1）阶段工作小节（N-1）；

（2）监理工作总结（N-2）。

15. 监理工作记录文件（O 类）

（1）监理巡视记录（O-1）；

（2）旁站检查记录（O-2）；

（3）监理抽检记录（O-3）；

（4）监理测量资料（O-4）；

（5）工程照片及声像资料（O-5）。

16. 工程管理往来函件（P 类）

（1）建设单位函件（P-1）；

（2）施工单位函件（P-2）；

（3）设计单位函件（P-3）；

（4）政府部门函件（P-4）；

（5）其他部门函件（P-5）。

17. 监理内部文件（Q 类）

（1）技术性文件（Q-1）；

（2）法规性文件（Q-2）；

（3）管理性文件（Q-3）。

文件档案资料按类保存，A ~ Q 为“类号”-1、-2、-3、……为“分类号”。如委托监理合同（A-1）中“A”为类号，“-1”为分类号。每类文件保存在一个文件夹（柜）中，文件夹（柜）中设分页纸（分隔器）以保存各分类文件。

监理信息的分类可按照本部分内容定出框架，同时应考虑所监理工程项目的施工顺序、施工承包体系、单位工程的划分以及质量验收工作程序并结合自身监理业务工作的开展情况进行分类的编排，原则上可考虑按承包单位、按专业施工部位、按单位工程等进行划分，以保证监理信息检索和归档工作的顺利进行。

信息管理部门应注意建立适宜的文件档案资料存放地点，防止文件档案资料受潮霉变或虫害侵蚀。

资料夹装满或工程项目某一分部或单位工程结束时，资料应转存至档案袋，袋面应以相同编号标识。

如资料缺项时，类号、分类号不变，资料可空缺。

(5) 监理文件档案资料归档

监理文件档案资料归档内容、组卷方法以及监理档案的验收、移交和管理工作，应根据现行《建设工程监理规范》GB/T 50319－2013 及《建设工程文件归档规范》(2019 年版) GB/T 50328－2014 并参考工程项目所在地区建设工程行政主管部门、建设监理行业主管部门、地方城市建设档案管理部门的规定执行。

对一些需连续产生的监理信息，如对其有统计要求，在归档过程中应对该类信息建立相关的统计汇总表格以便进行核查和统计，并及时发现错漏之处，从而保证该类监理信息的完整性。

监理文件档案资料的归档保存中应严格按照保存原件为主、复印件为辅和按照一定顺序归档的原则。如在监理实践中出现作废和遗失等情况，应明确地记录作废和遗失原因、处理的过程。

如采用计算机对监理信息进行辅助管理的，当相关的文件和记录经相关责任人员签字确定、正式生效并已存入项目部相关资料夹中时，计算机管理人员应将储存在计算机中的相关文件和记录改变其文件属性为"只读"，并将保存的目录记录在书面文件上以便于进行查阅。在项目文件档案资料归档前不得将计算机中保存的有效文件和记录删除。

按照现行《建设工程文件归档规范》(2019 年版) GB/T 50328－2014，监理文件有 10 大类 27 个，要求在不同的单位归档保存，现分述如下：

1) 监理规划

◆ 监理规划（建设单位长期保存，监理单位短期保存，送城建档案管理部门保存）；

◆ 监理实施细则（建设单位长期保存，监理单位短期保存，送城建档案管理部门保存）；

◆ 监理部总控制计划等（建设单位长期保存，监理单位短期保存）。

2）监理月报中的有关质量问题（建设单位长期保存，监理单位长期保存，送城建档案管理部门保存）。

3）监理会议纪要中的有关质量问题（建设单位长期保存，监理单位长期保存，送城建档案管理部门保存）。

4）进度控制

◆ 工程开工／复工审批表（建设单位长期保存，监理单位长期保存，送城建档案管理部门保存）；

◆ 工程开工／复工暂停令（建设单位长期保存，监理单位长期保存，送城建档案管理部门保存）。

5）质量控制

◆ 不合格项目通知（建设单位长期保存，监理单位长期保存，送城建档案管理部门保存）；

◆ 质量事故报告及处理意见（建设单位长期保存，监理单位长期保存，送城建档案管理部门保存）。

6）造价控制

◆ 预付款报审与支付（建设单位短期保存）；

◆ 月付款报审与支付（建设单位短期保存）；

◆ 设计变更、洽商费用报审与签认（建设单位长期保存）；

◆ 工程竣工决算审核意见书（建设单位长期保存，送城建档案管理部门保存）。

7）分包资质

◆ 分包单位资质材料（建设单位长期保存）；

◆ 供货单位资质材料（建设单位长期保存）；

◆ 试验等单位资质材料（建设单位长期保存）。

8）监理通知

◆ 有关进度控制的监理通知（建设单位、监理单位长期保存）；

◆ 有关质量控制的监理通知（建设单位、监理单位长期保存）；

◆ 有关造价控制的监理通知（建设单位、监理单位长期保存）。

9）合同与其他事项管理

◆ 工程延期报告及审批（建设单位永久保存，监理单位长期保存，送城建档案管理部门保存）；

◆ 费用索赔报告及审批（建设单位、监理单位长期保存）；

◆ 合同争议、违约报告及处理意见（建设单位永久保存，监理单位长期保存，送城建档案管理部门保存）；

◆ 合同变更材料（建设单位、监理单位长期保存，送城建档案管理部门保存）。

10）监理工作总结

◆ 专题总结（建设单位长期保存，监理单位短期保存）；

◆ 月报总结（建设单位长期保存，监理单位短期保存）；

◆ 工程竣工总结（建设单位、监理单位长期保存，送城建档案管理部门保存）；

◆ 质量评估报告（建设单位、监理单位长期保存，送城建档案管理部门保存）。

（6）监理文件档案资料借阅、更改与作废

项目监理部存放的文件和档案原则上不得外借，如政府部门、建设单位或施工单位确有需要，应经过总监理工程师或其授权的监理工程师同意，并在信息管理部门办理借阅手续。监理人员在项目实施过程中需要借阅文件和档案时，应填写文件借阅单，并明确归还时间。信息管理人员办理有关借阅手续后，应在文件夹的内附目录上作特殊标记，避免其他监理人员查阅该文件时，因找不到文件引起工作混乱。

监理文件档案的更改应由原制定部门相应责任人执行，涉及审批程序的，由原审批责任人执行。若指定其他责任人进行更改和审批时，新责任人必须获得所依据的背景资料。监理文件档案更改后，由信息管理部门填写监理文件档案更改通知单，并负责发放新版本文件。发放过程中必须保证项目参建单位中所有相关部门都得到相应文件的有效版本。文件档案换发新版时，应由信息管理部门负责将原版本收回作废。考虑到日后有可能出现追溯需求，信息管理部门可以保存作废文件的样本以备查阅。

10.3.3 建设工程监理表格体系和主要文件档案

1. 监理工作的基本表式

建设工程监理在施工阶段的基本表式按照《建设工程监理规范》GB 50319－2013 附录执行，该类表式可以一表多用，由于各行业各部门各地区已经各自形成一套表式，使得建设工程参建各方的信息行为不规范、不协调，因此建立一套通用的，适合建设、监理、施工、供货各方，适合各个行业、各个专业的统一表式已显示充分的必要性，可以大大提高我国建设工程信息的标准化、规范化。根据《建设工程监理规范》GB 50319－2013，规范中基本表式有三类：

A 类表共 10 个表（A1 ～ A10），为承包单位用表，是承包单位与监理单位之间的联系表，由承包单位填写，向监理单位提交申请或回复。

B 类表共 6 个表（B1 ～ B6），为监理单位用表，是监理单位与承包单位之间的联系表，由监理单位填写，向承包单位发出的指令或批复。

C 类表共 2 个表（C1、C2），为各方通用表，是工程项目监理单位、承包单位、建设单位等各有关单位之间的联系表。

（1）承包单位用表（A 类表）

本类表共 10 个，A1 ～ A10，主要用于施工阶段。使用时应注意以下内容：

1）工程开工／复工报审表（A1）

施工阶段承包单位向监理单位报请开工和工程暂停后报请复工时填写，如整个项目一次开工，只填报一次，如工程项目中涉及多个单位工程且开工时间不同，则每个单位工程开工都应填报一次。申请开工时，承包单位认为已具备开工条件时向项目监理部申报“工程开工报审表”，监理工程师应从下列几个方面审核，认为具备开工条件时，由总监理工程师签署意见，报建设单位。具体条件为：

- 工程所在地（所属部委）政府建设主管单位已签发施工许可证；
- 征地拆迁工作已能满足工程进度的需要；
- 施工组织设计已获总监理工程师批准；

◆ 测量控制桩、线已查验合格；

◆ 承包单位项目经理部现场管理人员已到位，机具、施工人员已进场，主要工程材料已落实；

◆ 施工现场道路、水、电、通信等已满足开工要求。

由于建设单位或其他非承包单位的原因导致工程暂停，在施工暂停原因消失、具备复工条件时，项目监理部应及时督促施工单位尽快报请复工；由于施工单位原因导致工程暂停，在具备恢复施工条件时，承包单位报请复工报审表并提交有关材料，总监理工程师应及时签署复工报审表，施工单位恢复正常施工。

2）施工组织设计（方案）报审表（A2）

施工单位在开工前向项目监理部报送施工组织设计（施工方案）的同时，填写施工组织设计（方案）报审表。施工过程中，如经批准的施工组织设计（方案）发生改变，工程项目监理部要求将变更的方案报送时，也采用此表。施工方案应包括工程项目监理部要求报送的分部（分项）工程施工方案，季节性施工方案，重点部位及关键工序的施工工艺方案，采用新材料、新设备、新技术、新工艺的方案等。总监理工程师应组织审查并在约定的时间内核准，同时报送建设单位，需要修改时，应由总监理工程师签发书面意见退回承包单位修改后再报，重新审核。

审核主要内容为：

◆ 施工组织设计（方案）是否有承包单位负责人签字；

◆ 施工组织设计（方案）是否符合施工合同要求；

◆ 施工总平面图是否合理；

◆ 施工部署是否合理，施工方法是否可行，质量保证措施是否可靠并具备针对性；

◆ 工期安排是否能够满足施工合同要求，进度计划是否能保证施工的连续性和均衡性，施工所需人力、材料、设备与进度计划是否协调；

◆ 承包单位项目经理部的质量管理体系、技术管理体系、质量保证体系是否健全；

◆ 安全、环保、消防和文明施工措施是否符合有关规定；

◆ 季节施工、专项施工方案是否可行、合理和先进。

3）分包单位资格报审表（A3）

由承包单位报送监理单位，专业监理工程师和总监理工程师分别签署意见，审查批准后，分包单位完成相应的施工任务。审核主要内容有：

◆ 分包单位资质（营业执照、资质等级）；

◆ 分包单位业绩材料；

◆ 拟分包工程内容、范围；

◆ 专职管理人员和特种作业人员的资格证、上岗证。

4）报验申请表（A4）

本表主要用于承包单位向监理单位的工程质量检查验收申报。用于隐蔽工程的检查和验收时，承包单位必须完成自检并附有相应工序、部位的工程质量检查记录；用于施工放样报检时应附有承包单位的施工放样成果；用于分项、分部、单位工程质量验收时应附有相关符合质量验收标准的资料及规范规定的表格。

5）工程款支付申请表（A5）

在分项、分部工程或按照施工合同付款的条款完成相应工程的质量已通过监理工程师认可后，承包单位要求建设单位支付合同内项目及合同外项目的工程款时，填写本表向工程项目监理部申报，附件有：

◆ 用于工程预付款支付申请时：施工合同中有关规定的说明；

◆ 在申请工程进度款支付时：已经核准的工程量清单，监理工程师的审核报告、款额计算和其他有关的资料；

◆ 在申请工程竣工结算款支付时：竣工结算资料、竣工结算协议书；

◆ 在申请工程变更费用支付时："工程变更单"（C2）及有关资料；

◆ 在申请索赔费用支付时："费用索赔审批表"（B6）及有关资料；

◆ 合同内项目及合同外项目其他应附的付款凭证。

工程项目监理部的专业工程监理工程师对本表及其附件进行审批，提出审核记录及批复建议。同意付款时，应注明应付的款额及其计算方法，报总监理工程师审批，并将审批结果以"工程款支付证书"（B3）批复给施工单位并通知建设单位。不同意付款时应说明理由。

6）监理工程师通知回复单（A6）

本表用于承包单位接到项目监理部的“监理工程师通知单”（B1），并已完成了监理工程师通知单上的工作后，报请项目监理部进行核查。表中应对监理工程师通知单中所提问题产生的原因、整改经过和今后预防同类问题准备采取的措施进行详细的说明，且要求承包单位对每一份监理工程师通知都要予以答复。监理工程师应对本表所述完成的工作进行核查，签署意见，批复给承包单位。本表一般可由专业工程监理工程师签认，重大问题由总监理工程师签认。

7）工程临时延期申请表（A7）

当发生工程延期事件，并有持续性影响时，承包单位填报本表，向工程项目监理部申请工程临时延期；工程延期事件结束，承包单位向工程项目监理部最终申请确定工程延期的日历天数及延迟后的竣工日期。此时应将本表表头的“临时”两字改为“最终”。申报时应在本表中详细说明工程延期的依据、工期计算、申请延长竣工日期，并附有证明材料。工程项目监理部对本表所述情况进行审核评估，分别用“工程临时延期审批表”（B4）及“工程最终延期审批表”（B5）批复承包单位项目经理部。

8）费用索赔申请表（A8）

本表用于费用索赔事件结束后，承包单位向项目监理部提出费用索赔时填报。在本表中详细说明索赔事件的经过、索赔理由、索赔金额的计算等，并附有必要的证明材料，经过承包单位项目经理签字。总监理工程师应组织监理工程师对本表所述情况及所提的要求进行审查与评估，并与建设单位协商后，在施工合同规定的期限内签署“费用索赔审批表”（B6）或要求承包单位进一步提交详细资料后重报申请，批复承包单位。

9）工程材料／构配件／设备报审表（A9）

本表用于承包单位将进入施工现场的工程材料／构配件经自检合格后，由承包单位项目经理签章，向工程项目监理部申请验收；对运到施工现场的设备，经检查包装无破损后，向项目监理部申请验收，并移交给设备安装单位。工程材料／构配件还应注明使用部位。随本表应同时报送材料／构配件／设备数量清单、质量证明文件（产品出厂合格证、材质化验单、厂家质量检验报告、厂家质量保证书、进口商品海关报检证书、商检证等)、自检结果文件(如复检、复试合格报告等)。项目监理部应对进入施工现场的工程材料/构配件进行检验(包括抽验、平行检验、见证取样送检等);对进厂的大中型设备要会同设备安装单位共同开箱验收。检验合格,监理工程师在本表上签认,注明质量控制资料和材料试验合格的相关说明;检验不合格时,在本表上签批不同意验收,工程材料/构配件/设备应清退出场,也可据情况批示同意进场但不得使用于原拟定部位。

10)工程竣工报验单(A10)

在单位工程竣工,承包单位自检合格,各项竣工资料齐备后,承包单位填报本表向工程项目监理部申请竣工验收。表中附件是指可用于证明工程已按合同约定完成并符合竣工验收要求的资料。总监理工程师收到本表及附件后,应组织各专业工程监理工程师对竣工资料及各专业工程的质量进行全面检查,对检查出的问题,应督促承包单位及时整改,合格后,总监理工程师签署本表,并向建设单位提出质量评估报告,完成竣工预验收。

(2)监理单位用表(B 类表)

本类表共 6 个,B1 ~ B6,主要用于施工阶段。使用时应注意以下内容:

◆ 监理工程师通知单(B1)

本表为重要的监理用表,是工程项目监理部按照委托监理合同所授予的权限,针对承包单位出现的各种问题而发出的要求承包单位进行整改的指令性文件,工程项目监理部使用时要注意尺度,既不能不发通知,也不能滥发,以维护监理通知的权威性。监理工程师现场发出的口头指令及要求,也应采用此表,事后予以确认。承包单位应使用"监理工程师通知回复单"(A6)回复。本表一般可由专业工程监理工程师签发,但发出前必须经过总监理工程师同意,重大问题应由总监理工程师签发。填写时,"事由"应填写通知内容的主题词,相当于标题,"内容"应写明发生问题的具体部位、具体内容,写明监理工程师的要求、依据。

◆ 工程暂停令(B2)

在建设单位要求且工程需要暂停施工;出现工程质量问题,必须停工处理;出现质量或安全隐患,为避免造成工程质量损失或危及人身安全而需要暂停施工；承包单位未经许可擅自施工或拒绝项目监理部管理；发生了必须暂停施工的紧急事件时。发生上述五种情况中任何一种，总监理工程师应根据停工原因、影响范围，确定工程停工范围，签发工程暂停令，向承包单位下达工程暂停的指令。表内必须注明工程暂停的原因、范围、停工期间应进行的工作及责任人、复工条件等。签发本表要慎重，要考虑工程暂停后可能产生的各种后果，并应事前与建设单位协商，宜取得一致意见。

◆ 工程款支付证书（B3）

本表为项目监理部收到承包单位报送的“工程款支付申请表”（A5）后用于批复用表，由各专业工程监理工程师按照施工合同进行审核，及时抵扣工程预付款后，确认应该支付工程款的项目及款额，提出意见，经过总监理工程师审核签认后，报送建设单位，作为支付的证明，同时批复给承包单位，随本表应附承包单位报送的“工程款支付申请表”（A5）及其附件。

◆ 工程临时延期审批表（B4）

本表用于工程项目监理部接到承包单位报送的“工程临时延期申请表”（A7）后，对申报情况进行调查、审核与评估后，初步做出是否同意延期申请的批复。表中“说明”是指总监理工程师同意或不同意工程临时延期的理由和依据。如同意，应注明暂时同意工期延长的日数，延长后的竣工日期。同时应指令承包单位在工程延长期间，随延期时间的推移，应陆续补充的信息与资料。本表由总监理工程师签发，签发前应征得建设单位同意。

◆ 工程最终延期审批表（B5）

本表用于工程延期事件结束后，工程项目监理部根据承包单位报送的“工程临时延期申请表”（A7）及延期事件发展期间陆续报送的有关资料，对申报情况进行调查、审核与评估后，向承包单位下达的最终是否同意工程延期日数的批复。表中“说明”是指总监理工程师同意或不同意工程最终延期的理由和依据，同时应注明最终同意工期延长的日数及竣工日期。本表由总监理工程师签发，签发前应征得建设单位同意。

◆ 费用索赔审批表（B6）

本表用于收到施工单位报送的“费用索赔申请表”（A8）后，工程项目监理部针对此项索赔事件，进行全面的调查了解、审核与评估后，做出的批复。本表中应详细说明同意或不同意此项索赔的理由，同意索赔时，同意支付的索赔金额及其计算方法，并附有关的资料。本表由专业工程监理工程师审核后，报总监理工程师签批，签批前应与建设单位、承包单位协商确定批准的赔付金额。

（3）各方通用表（C 类表）

◆ 监理工作联系单（C1）

本表适用于参与建设工程的建设、施工、监理、勘察设计和质监单位相互之间就有关事项的联系，发出单位有权签发的负责人应为：建设单位的现场代表（施工合同中规定的工程师）、承包单位的项目经理、监理单位的项目总监理工程师、设计单位的本工程设计负责人、政府质量监督部门的负责监督该建设工程的监督师，不能任何人随便签发，若用正式函件形式进行通知或联系，则不宜使用本表，改由发出单位的法人签发。该表的事由为联系内容的主题词。若用于混凝土浇灌申请时，可由工程项目经理部的技术负责人签发，工程项目监理部也用本表予以回复，本表可以由土建工程监理工程师签署。本表签署的份数根据内容及涉及范围而定。

◆ 工程变更单（C2）

本表适用于参与建设工程的建设、施工、勘察设计、监理各方使用，在任一方提出工程变更时都要先填该表。在建设单位提出工程变更时，填写后由工程项目监理部签发，必要时建设单位应委托设计单位编制设计变更文件并签转项目监理部；承包单位提出工程变更时，填写本表后报送项目监理部，项目监理部同意后转呈建设单位，需要时由建设单位委托设计单位编制设计变更文件，并签转项目监理部，施工单位在收到项目监理部签署的“工程变更单”后，方可实施工程变更，工程分包单位的工程变更应通过承包单位办理。该表的附件应包括工程变更的详细内容，变更的依据，对工程造价及工期的影响程度，对工程项目功能、安全的影响分析及必要的图示。总监理工程师组织监理工程师收集资料，进行调研，并与有关单位磋商，如取得一致意见时，在本表中写明，并经相关的建设单位的现场代表、承包单位的项目经理、监理单位的项目总监理工程师、设计单位的本工程设计负责人等在本表上签字，此项工程变更才生效。本表由提出工程变更的单位填报，份数视内容而定。

2. 监理规划

监理规划应在签订委托监理合同，收到施工合同、施工组织设计（技术方案）、设计图纸文件后一个月内，由总监理工程师组织完成该工程项目的监理规划编制工作，经监理公司技术负责人审核批准后，在监理交底会前报送建设单位。

监理规划的内容应有针对性，做到控制目标明确、措施有效、工作程序合理、工作制度健全、职责分工清楚，对监理实践有指导作用。监理规划应有时效性，在项目实施过程中，应根据情况的变化作必要的调整、修改，经原审批程序批准后，再次报送建设单位。

为规范监理规划的书写，具体书写监理规划时要求注意的有以下几点：

（1）内容应符合《建设工程监理规范》GB/T 50319-2013 的要求。

（2）监理工作目标应包括工期控制目标、工程质量控制目标、工程造价控制目标。

（3）工程进度控制，包括工期控制目标的分解、进度控制程序、进度控制要点和控制进度的风险措施等；工程质量控制，包括质量控制目标的分解、质量控制程序、质量控制要点和控制质量风险的措施等；工程造价控制，包括造价控制目标的分解、造价控制程序、控制造价风险措施等；工程合同其他事项的管理，包括工程变更管理、索赔管理要点、程序以及合同争议的协调方法等。

（4）项目监理部的组织机构：主要写明组织形式、人员构成、监理人员的职责分工、人员进场计划安排。

（5）项目监理部监理工作制度，包括信息和资料管理制度、监理会议制度、监理工作报告制度、其他监理工作制度。

3. 监理实施细则

对于技术复杂、专业性强的工程项目应编制“监理实施细则”，监理实施细则应符合监理规划的要求，并结合专业特点，做到详细、具体、具有可操作性，监理实施细则也要根据实际情况的变化进行修改、补充和完善，内容主要有：专业工作特点，监理工作流程，监理控制要点及目标值，监理工作方法及措施。

4. 监理日记

根据《建设工程监理规范》GB/T 50319−2013：由专业工程监理工程师根据本专业监理工作的实际情况做好监理日记：（监理员应履行以下职责）做好监理日记和有关的监理记录。显然，监理日记由专业监理工程师和监理员书写，监理日记和施工日记一样，都是反映工程施工过程的实录，一个同样的施工行为，往往两本日记可能记载有不同的结论，事后在工程发现问题时，日记就起了重要的作用，因此，认真、及时、真实、详细、全面地做好监理日记，对发现问题、解决问题，甚至仲裁、起诉都有作用。

监理日记有不同角度的记录，项目总监理工程师可以指定一名监理工程师对项目每天总的情况进行记录，通称为项目监理日志；专业工程监理工程师可以从专业的角度进行记录；监理员可以从负责的单位工程、分部工程、分项工程的具体部位施工情况进行记录。侧重点不同，记录的内容、范围也不同。项目监理日志主要内容有：

20. 监理日志和施工日志

（1）当日材料、构配件、设备、人员变化的情况；

（2）当日施工的相关部位、工序的质量、进度情况，材料使用情况，抽检、复检情况；

（3）施工程序执行情况，人员、设备安排情况；

（4）当日监理工程师发现的问题及处理情况；

（5）当日进度执行情况，索赔（工期、费用）情况，安全文明施工情况；

（6）有争议的问题，各方的相同和不同意见，协调情况；

（7）天气、温度的情况，天气、温度对某些工序质量的影响和采取措施与否；

（8）承包单位提出的问题，监理人员的答复等。

5. 监理例会会议纪要

监理例会是履约各方沟通情况，交流信息、协调处理、研究解决合同履行中存在的各方面问题的主要协调方式。会议纪要由项目监理部根据会议记录整理，主要内容包括：

（1）会议地点及时间；

（2）会议主持人；

（3）与会人员姓名、单位、职务；

（4）会议主要内容、议决事项及其负责落实单位、负责人和时限要求；

（5）其他事项。

例会上意见不一致的重大问题，应将各方的主要观点，特别是相互对立的意见记入“其他事项”中。会议纪要的内容应准确如实，简明扼要，经总监理工程师审阅，与会各方代表会签，发至合同有关各方，并应有签收手续。

6. 监理月报

《建设工程监理规范》GB/T 50319-2013 对监理月报有较明确的规定，对监理月报的内容、编制组织、签认人、报送对象、报送时间都有规定。监理月报由项目总监理工程师组织编写，由总监理工程师签认，报送建设单位和本监理单位，报送时间由监理单位和建设单位协商确定，一般在收到承包单位项目经理部报送来的工程进度，汇总了本月已完工程量和本月计划完成工程量的工程量表、工程款支付申请表等相关资料后，在最短的时间内提交，大约 5 ～ 7 天。

监理月报的内容有七点，根据建设工程规模大小决定汇总内容的详细程度，具体为：

（1）工程概况：本月工程概况，本月施工基本情况。

（2）本月工程形象进度。

（3）工程进度：本月实际完成情况与计划进度比较；对进度完成情况及采取措施效果的分析。

（4）工程质量：本月工程质量分析；本月采取的工程质量措施及效果。

（5）工程计量与工程款支付：工程量审核情况；工程款审批情况及支付情况；工程款支付情况分析；本月采取的措施及效果。

（6）合同其他事项的处理情况：工程变更；工程延期；费用索赔。

（7）本月监理工作小结：对本月进度、质量、工程款支付等方面情况的综合评价；本月监理工作情况；有关本工程的建议和意见；下月监理工作的重点。

有些监理单位还加入了①承包单位、分包单位机构、人员、设备、材料构配件变化；②分部、分项工程验收情况；③主要施工试验情况；④天气、温度、其他原因对施工的影响情况；⑤工程项目监理部机构、人员变动情况等的动态数据，使月报更能反映不同工程当月施工实际情况。

7. 监理工作总结

《建设工程监理规范》GB/T 50319−2013 对监理工作总结有所规定：

监理总结有工程竣工总结、专题总结、月报总结三类，按照《建设工程文件归档整理规范》的要求，三类总结在建设单位都属于要长期保存的归档文件，专题总结和月报总结在监理单位是短期保存的归档文件，而工程竣工总结属于要报送城建档案管理部门的监理归档文件。

工程竣工的监理总结内容有六点：

（1）工程概况；

（2）监理组织机构、监理人员和投入的监理设施；

（3）监理合同履行情况；

（4）监理工作成效；

（5）施工过程中出现的问题及其处理情况和建议（该内容为总结的要点，主要内容有质量问题、质量事故、合同争议、违约、索赔等处理情况）；

（6）工程照片（有必要时）。

8. 其他监理文件档案资料

按照《建设工程监理规范》GB/T 50319−2013 的规定，监理文件档案资料有两种，一种是施工阶段的监理文件档案资料 28 条，另一种是设备采购监理和设备监造工作的监理文件档案资料 22 条。除上述主要监理文件外，其他监理文件档案资料详见《建设工程监理规范》GB/T 50319−2013。

【知识拓展】

工程监理企业从工程项目投标开始，直到完成工程项目监理任务，必须编制与监理工作密切相关的三大文件：监理大纲、监理规划、监理实施细则。

【思考与练习题】

一、填空题

1. 在大型建设工程项目中，信息交流的问题导致工程变更和工程实施的错误约占工程总成本的（　）。

2.（　）、（　），可以使监理工程师耳聪目明，可以更加有效地完成监理任务。

3. 建设工程的信息流由建设各方各自的（　）组成，监理单位的信息系统作为建设工程系统的一个（　），监理的信息流仅仅是其中的一部分（　）。

4. 对建设项目的信息进行分类必须遵循以下基本原则：（　）、（　）、（　）、（　）、综合实用性。

二、单选题

1. 建设工程项目（　）的费用增加与信息交流存在的问题有关。

A．5%　　B．20%

C．40%　　D．60%

2. 建设工程文件档案资料中监理文件是监理单位在工程（　）阶段监理过程中形成的文件。

A．设计　　B．施工

C．设计、施工　　D．以上都不是

3. 以下不属于建设工程项目信息形态的新技术信息是（　）。

A．电报　　B．录音

C．广播　　D．信函

三、判断题

1. 口头分配任务也属于工程项目信息之一。（　）

2. 按照信息的层次来划分，信息可分为内部信息和外部信息。（　）

3. 竣工图属于监理单位负责完成的竣工资料。（　）

4. 所有的竣工图都必须加盖竣工图章。（　）

5. 相关工程的视频资料也要归档。（　）

四、简答题

1. 信息技术对工程项目管理有哪些影响？

2. 简述建设工程项目信息管理的基本任务。

3. 简述监理文件档案资料管理的基本概念。

五、案例题

背景：

某工程项目，建设单位与施工总承包单位签订了施工承包合同，并委托某监理公司承担施工阶段的监理任务。施工总承包单位将桩基工程分包给一家专业施工单。竣工验收时，总承包单位完成了自查、自评工作，填写了工程竣工报验单，并将全部竣工资料报送项目监理机构，申请竣工验收。总监理工程师认为施工过程中均按要求进行了验收，即签署了竣工报验单，并向建设单位提交了质量评估报告。建设单位收到监理单位提交的工程质量评估报告后，即将该工程正式投入使用。

问题：

1. 指出工程竣工验收时，总监理工程师在执行验收程序方面的不妥之处，写出正确做法。

2. 建设单位收到监理单位提交的工程质量评估报告，即将该工程正式投入使用的做法是否正确？说明理由。

监理实务A卷

一、填空题（每题2分，共16分）

1. 工程监理企业资质分为综合资质、________和________。

2. 监理规划是在________的主持下编制。

3. 监理实施细则作为指导开展具体监理工作的________文件

4.《工程开工令》由________签发

5. 建设工程进度控制的总目标是________。

6. 生产性建设工程项目总 投资包括________和________两部分

7. 在建设工程中，劳动安全卫生设施必须与主体工程________、________，同时投入生产和使用。

8. 索赔事件发生后，承包人应在索赔事件发生后的________天内向监理工程师递交索赔意向通知。

二、单选题（每题2分，共20分）

1. 安全生产的基本方针中（ ）是手段和途径。

A．以人为本　　B．安全第一

C．预防为主　　D．综合治理

2. 对施工安全隐患不正确的处理方式是（ ）。

A．进行返工以达到要求

B．对有不安全行为的人进行教育或处罚

C．继续使用、暂不封存

D．指定专人进行整改以达到要求

3.（ ）可以起到及时发现问题、第一时间采取措施、防止偷工减料、确保施工工艺和工序按施工方案进行，避免其他干扰正常施工的因素发生等作用。

A．巡视　　B．平行检验

C．旁站　　D．见证取样

4. 经工程监理单位法定代表人同意，由总监理工程师书面授权，代表总监理工程师行使其部分职责和权力的监理人员叫做（ ）。

A．总监理工程师代表　　B．总监理工程师

C．专业监理工程师　　D．监理员

5. 监理实施细则可根据实际情况按（ ）、分阶段进行编制

A．质量　　B．安全

C．进度　　D．投资

6. 监理总结中（ ）属于要报送城建档案管理部门的监理归档文件

A．工程竣工总结　　B．专题总结

C．月报总结　　D．年度总结

7. 项目监理机构批准工程延期应满足（ ）条件：

A．施工单位在施工合同约定的期限内提出工程延期

B．因非施工单位原因造成施工进度滞后

C．施工进度滞后影响到施工合同约定的工期

D．以上都是

8. 建设工程投资控制使用按合同规定，及时答复承包单位提出的问题及配合要求，避免造成违约和对方索赔的条件属于（ ）

A．事前控制　　B．事中控制

C．事后控制　　D．以上都是

9. 单位工程完工后，由（ ）组织由建设单位、设计单位和施工承包单位参加的单位工程竣工验收。

A．建设单位负责人　　B．施工单位负责人

C．专业监理工程师　　D．总监理工程师

10. 建设工程项目信息形态中属于文字图形信息是（ ）。

A．汇报　　B．电报

C．报表　　D．录音

三、判断题（每题2分，共14分）

1. 建筑工程安全监理可以适用于建筑工程决策阶段、勘察设计阶段和施工阶段，目前主要用于建筑工程施工阶段。（ ）

2. 工程监理按监理阶段可分为设计监理和施工监理。（　）

3. 国际工程的金融市场的汇率变化不是项目监理机构处理索赔的依据。（　）

4. 建设投资可分为静态投资部分和动态投资部分。（　）

5. 对于大型工程项目，若建设单位采取分期分批发包或由若干个承包单位平行承包，项目监理机构有必要编制施工总进度计划。（　）

6. 监理单位在工程开工前负责办理有关施工图设计文件审查、工程施工许可证和工程质量监督手续，组织设计和施工单位认真进行设计交底。（　）

7. 监理文件是监理单位在工程设计、施工等阶段监理过程中形成的文件。（　）

四、问答题（每题 8 分，共 32 分）

1. 简述见证监理人员工作内容和职责。

2. 监理实施细则内容里面的监理工作方法和措施是什么？

3. 简述监理单位在控制建设工程质量的责任？

4. 项目监理日志主要内容有哪些？

五、案例分析题（每小题3分，共18分）

工程概况：某建筑工程，施工总承包单位与建设单位签订合同，建筑面积4000m^2，工期为6个月，工程总造价2千万元。

事件一、总监理工程师由于某种原因主动负责建筑工程的费用，工期的协商工作。

事件二、总监理工程师由于工作较忙，指示专业监理工程师负责全权处理安全监理工作。

事件三、施工总承包单位以人手不足为由，只设置了1个专职安全员管理工程的安全生产工作。

事件四、建设单位驻场代表吩咐总监理工程师，以后施工方的专项施工方案只需报送建设单位即可，这样就可以减少工作环节，提高了工作效率。

事件五、总监理工程师安排了一名监理员负责主持监理资料的整理。

事件六、工程开工一个月后，总监理工程师通知施工总承包单位开始进行工程预付款扣除。

问题：请问以上事件的安排是否妥当，如有不当，请写出正确做法。

监理实务B卷

一、填空题（每题2分，共16分）

1. 工程监理企业所拥有的专业技术人员数量主要体现在________的数量。

2. 监理规划是用来指导项目监理机构全面开展监理工作的________文件。

3. 监理实施细则根据监理规划，由________编写。

4. 只有上一道工序被确认________后，方能准许下道工序施工。

5. 建设工程进度计划的表示方法有多种，常用的有______和______两种表示方法。

6. 投资事后控制要求监理认真审核施工单位提交的________。

7. 当发现严重安全事故隐患时，总监理工程师应签发________。

8. 监理工程师收到承包人送交的索赔报告和有关资料后，于____天内给予答复或要求承包人进一步补充索赔理由和证据。

二、单选题（每题2分，共20分）

1. 造成10人以上30人以下死亡，或者50人以上100人以下重伤，或者5000万元以上1亿元以下直接经济损失的事故属于（　）。

A．特别重大事故　　B．重大事故

C．较大事故　　D．一般事故

2. 项目监理机构组织协调方法有（　）。

A．会议协调法　　B．交谈协调法

C．书面协调法　　D．以上都是

3. 工程监理单位应于委托监理合同签订（　）日内，将项目监理机构的组织形式、人员构成及对总监理工程师的任命书面通知建设单位。

A．7日　　B．10日

C．14日　　D．28日

4. 下列属于监理员应履行的职责是（　）。

A．组织编写监理日志　　B．复核工程计量有关数据

C．参与编写监理月报　　D．组织编制监理规划

5. 以下属于建设工程项目信息中按照建设工程的目标划分的是（ ）。

A．战略性信息　　B．质量控制信息

C．项目内部信息　　D．流动信息

6. 项目监理机构收到工程变更价款报告（ ）内，专业监理工程师必须完成对变更价款的审核工作并签认。

A．7 天　　B．14 天

C．28 天　　D．90 天

7. 以下不属于建设工程项目投资的特点的是（ ）。

A．投资数额巨大　　B．投资需动态跟踪调整

C．投资确定依据简单　　D．投资差异明显

8. 进度控制监理程序中总监理工程师主持编制（ ）。

A．三级总控进度计划　　B．施工总进度计划

C．施工月进度计划　　D．施工资金使用计划

9. 以下不属于建筑工程中混凝土基础子分项的质量控制点是（ ）。

A．持力层土质　　B．后浇带处理

C．基础埋探　　D．钢筋品种规格

10. 在施工阶段进度控制中由总监理工程师负责处理工期索赔工作是属于（ ）控制程序。

A．事前　　B．事中

C．事后　　D．以上都是

三、判断题（每题 2 分，共 14 分）

1. 监理工程师是项目安全生产的第一责任人，对施工现场的安全监理负有重要领导责任。（ ）

2. 合同管理是项目监理机构控制建设工程质量、安全、进度三大目标的重要手段。（ ）

3. 项目专业监理工程师是监理规划编写的主持人。（ ）

4. 项目总监理工程师应及时建立月完成工程量和工作量统计表，正确处理工程变更和工程索赔。（ ）

5. 工程质量控制按工程质量形成过程，包括全过程各阶段的质量控制，主要是决策阶段的质量控制、工程勘察设计阶段的质量控制、工程施工阶段的质量控制、工程竣工阶段的质量控制。( )

6. 对小型及以上项目和危险性较大的分部分项工程，监理企业应当编制专项安全监理实施细则。( )

7. 监理合同的当事人双方应当具有民事权力能力和民事行为能力、不一定取得法人资格。( )

四、问答题（每题 8 分，共 32 分）

1. 监理规划主要内容的监理工作范围与依据是什么？

2. 项目监理机构在施工阶段投资控制中针对合同作出哪些具体措施？

3. 在施工阶段的安全管理中监理的主要工作内容。

4. 在合同管理中工程延期审批的依据。

五、案例分析题（每小题3分，共18分）

工程概况：某市政工程的工地范围处于城市老城区，对城市交通影响较大，因工程建设期间出现交通堵塞，被社会媒体多次报道，所以建设单位承受的社会压力很大，施工现场出现了以下事件，

事件一，建设单位以工期紧张为由，要求边施工边办理开工许可证，并吩咐监理单位、施工单位遵照执行。

事件二，由于总监理工程师临时出差2天，在工期紧张情况下，总监代表签发了工程开工令。

事件三，由于总监理工程师临时出差2天，在工期紧张情况下，总监代表主持当天的监理例会。

事件四，总监理工程师在巡视过程中发现施工单位有较大的安全隐患，立即要求施工单位进行整改。施工单位整改了6天才符合安全规范要求。由于整改及时，没有发生安全事故。对此次停工整改，施工单位向总监理工程师递交了索赔申请。强调没有发生安全事故，停工整改完全没必要。

事件五，在监理资料整理时，监理员认为没盖章签资的工程表格、工程验收视频均不属于工程资料归档的范围。

事件六，监理员回监理公司办事，总监代表就替代监理员进行基坑开挖的检查验收。

问题：请问以上事件的行为是否妥当，如有不当，请写出正确做法。

参考文献

[1] 韦海民，郑俊耀. 建设工程监理实务. 北京：中国计划出版社，2006.

[2] 胡兴国，王逸鹏. 建设工程现场监理工作实务. 武汉：武汉大学出版社，2013.

[3] 王立信. 建设工程监理工作实务应用. 北京：中国建筑工业出版社，2005.

[4] 刘志麟. 工程建设监理案例分析教程. 北京：北京大学出版社，2011.

[5] 步晓进. 建设工程监理实务. 大连：大连理工大学出版社，2012.

[6] 中国建设监理协会. 建设工程进度控制. 北京：中国建筑工业出版社，2014.

[7] 中国建设监理协会. 建设工程投资控制. 北京：中国建筑工业出版社，2014.

[8] 中国建设监理协会. 建设工程信息管理. 北京：中国建筑工业出版社，2013.

[9] 张敏，林滨滨. 工程监理实务模拟. 北京：中国建筑工业出版社，2009.

[10] 郭嵩. 监理员实用手册. 北京：中国建筑工业出版社，2017.

[11] 杨效中. 建筑工程监理基础知识. 北京：中国建筑工业出版社，2021.

[12] 汤振华. 监理员专业基础知识. 北京：中国建筑工业出版社，2020.

[13] 刘在辉. 监理员专业管理知识. 北京：中国建筑工业出版社，2020.

[14] 广东省建设监理协会. 建设工程监理实务. 北京：中国建筑工业出版社，2017.

[15] 曹林同. 建设工程监理概论与实务. 武汉：华中科技大学出版社，2018.

[16] 尹伟，张俏，孙建波. 建设工程监理概实务与案例分析. 北京：化学工业出版社，2020.